JN016498

社会はどう進化するのか

進化生物学が拓く新しい世界観

デイヴィッド・スローン・ウィルソン
高橋 洋 訳

THIS VIEW OF LIFE

Completing the Darwinian Revolution

DAVID SLOAN WILSON

AKISHOBO

世界全体を対象にした倫理を求めている、すべての人々に本書を捧げる。

この生命観には荘厳さがある。生命は、もろもろの力と共に数種類あるいは一種類に吹き込まれたことに端を発し、重力の不変の法則にしたがって地球が循環する間に、じつに単純なものからきわめて美しくきわめてすばらしい生物種が際限なく発展し、なおも発展しつつあるのだ。

——チャールズ・ダーウィン『種の起源』〔光文社刊行、渡辺政隆訳『種の起源（下）』を参照〕

世界の悪は、ほぼつねに無知からやって来る。啓蒙されていない善意は、悪意と同程度のダメージを引き起こし得る。（……）能う限りの明晰さを持っていなければ、真の善やすばらしい愛などというものは存在しない。

——アルベール・カミュ『ペスト』

社会はどう進化するのか

進化生物学が拓く新しい世界観

目次

序 6

はじめに この生命観 12

第1章 社会進化論をめぐる神話を一掃する 28

第2章 ダーウィンの道具箱 52

第3章 生物学の一部門としての政策 73

第4章 善の問題 105

第5章 加速する進化 128

第6章 グループが繁栄するための条件 152

第7章　グループから個人へ　199
第8章　グループから多細胞社会へ　235
第9章　変化への適応　271
第10章　未来に向けての進化　297
訳者あとがき　318
図版クレジット　(21)
参考文献　(9)
巻末注　(1)

序

科学者でイエズス会士でもあったピエール・テイヤール・ド・シャルダン（一八八一～一九五五）は、キリスト教の教義とも、彼が生きていた時代の科学の知見とも袂を分かつ人間観を提起した。それは、「私たち人間は、ある観点から見れば大型類人猿に分類されるもう一つの生物にすぎないが、別の観点から見た場合には、進化の新たなプロセスを示す存在でもある」という考えだ。この考えは、人類の起源を独自の意味で生命の起源と同程度に重要なものにする。

テイヤールは、依然としてカトリック教会が、神に至る正当な道として科学をとらえていた時代に生きていた。彼の先駆者ガリレオ・ガリレイ（一五六四～一六四二）と同様、彼は自然界の研究を教会から許可されていたと同時に、その研究が教会の教義の脅威にならないよう制限されていた。ガリレオが天空を見上げていたのに対し、テイヤールは地面を掘って化石を探索していた。古生物学者であったテイヤールは、現在ではホモ・エレクトスに分類されている北京原人を発掘したチームの一員でもあった。その化石は、類人猿に近かった頃の人類の祖先と私たちのあいだを橋渡しする「ミッシングリンク」になる最初の頭蓋骨の一つであった。ガリレオが拷問で脅されたのに対し、テイヤールは栄誉ある学問的な地位の受諾を妨害され、業績の刊行を禁じられた。もっともよく知られている彼の著書『現象としての人間』は一九三〇年代に書かれているが、彼は生涯にわたり辛抱強く刊行を待たねばならず、結局私家版として死後に出版されている。[*1]

テイヤールはこの俯瞰的な著書で、生命が誕生する以前の地球を、物理的なプロセスによって形成された不毛な惑星の一つとして描いている。その後、一種の皮膚のごとく生物が地球の表面を覆い始めるが、彼によれば、それもまた「単なる」物理プロセスにすぎなかった。つまり彼は、生命の起源を説明するにあたり、神という火花を持ち込もうとする誘惑に屈しなかったのだ。とはいえ生物は、ダーウィンが『種の起源』の結語として書いているように、自己複製し「最高に美しい無限の形態」に多様化する能力を持つ点で、非生命的な物理プロセスとは異なる。悠久の時の流れのなかで、生命プロセスは、非生命的な物理プロセスと張り合いながら地球とその大気を形成していっ

ピエール・テイヤール・ド・シャルダン：科学者にしてカトリック司祭

た。その結果地球は、宇宙空間から眺めると多彩な宝石にも似た独自の外観を呈するようになったのである。テイヤールは、地質学者のエドアルト・ジュースが一八七五年に造語した言葉を用いて、地球に対する生命の影響を生物圏《バイオスフィア》と呼んだ。

次にテイヤールは、生命の木のある一つの枝に属し、他の枝の生物よりはるかに迅速に増殖し多様化し始めた生物を想像するよう読者に求める。驚くほど短い期間で、新しい皮膚が地球を覆い、地球とその大気の形成において、他の生命プロセスや非生命的な物理プロセスに対抗し始める。その生物とはホモ・サピエンスのことであり、彼はこの二番目の皮膚を指す、ノウアスフィアという言葉を造語した。

「ノウアスフィア」という語は、心を意味するギリシア語「nous」に由来し、この新しい皮膚には、物理的な側面に加えて心的な側面がともなうことを示唆する。テイヤールは、自己を反省する進化のプロセスとして意識を描き、さらには「砂粒のように小さい無数の思考」として始まり、やがてそれらが融合して、地球大の意識と自己調節能力を持つ、オメガポイントと呼ばれるスーパーオーガニズムを形成する過程として、人類による地球の征服をとらえた。

私たちは、自分たちより大きな何か、それ自体で一種の生物とも見なし得る何ものかの一部であるという考えは、世界各地の文化のもとでさまざまな形態によって表現されてきた。また、「何か」が広がって、最後に全人類と地球を包み込むとする、あるいは少なくともそうでなければならないとする考えも同様だ。これらの考えは、宗教的な、あるいはスピリチュアルな形態が与えられることもあるが、適正な政府や経済を構築し、その規模を拡大しようとする実践的な試みの背景をなすものでもある。純粋に世俗的な観点から見ると、テイヤールが提唱するオメガポイントは、市民の安寧のために各国政府が協調し合い、地球に宿る他の生命とバランスをとりつつ存続していく世界という展望に対応する。私たちは、政治や経済を宗教や精神性と結びつけて考えることはめったになく、さまざまな方法で両者を分離したままにしておこうとする。教会と国家の分離は、その最たる例であろう。とはいえ、身体を意味するラテン語から派生した「団体《コーポレーション》」、あるいは「国家《ボディ・ポリティク》」などの用語は、「生物《オーガニズム》」という言葉によって意味される事象のすべてが、個々の生物より大きな、人間社会や生態系《エコシステム》などの実体にも適用可能であることを示唆している。

　テイヤールの宇宙論《コズモロジー》は、キリスト教の教義や、その他の既存の宇宙論に比べれば新しい。なぜなら、ダーウィンの進化論に基づいているからだ。彼は科学者として、科学的事実に関して当時最高の知識を持つ権威として自己を位置づけることができた。また司祭として書いた著作は、純粋な科学論文を超えた、読者の洞察力を鼓舞する力を備えている。科学だけでは、事実しか語れず、いかにあるべきかを語ることはできない。前者から後者に移行するためには、事実と価値を結びつけなければならない。たとえば拷問によって苦痛が引き起こされるのは事実だが、拷問を行なってはならないと結論するには、苦痛を引き起こすことは間違っているとする価値観が前提として必要とされる。テイヤールは、単なる理論的な可能性としてではなく、心と魂を込めて追求する価値のある地上の天国としてオメガポイントを描いている。

テイヤールの死から半世紀以上が経過した今日、彼の著書はそのスピリチュアルな性格ゆえに広く読まれているものの、彼の名は科学者にはほとんど忘れ去られている。これは残念なことだ。というのも、彼の著書『現象としての人間』は、科学的な見地からも、さまざまな側面で未来を予見するものだからである。事実、地球とその大気の形成に生命プロセスが果たす役割は、非生命的な物理プロセスが果たす役割に匹敵する。私たちは、人類が、他の生物の文化的伝統をはるかにしのぐ新たな進化のプロセス、すなわち文化的進化を代表する存在であることを次第に理解し始めている。文化的進化を達成する能力を獲得したことで、私たちの祖先は地球全体に広がり、あらゆる気候帯のさまざまな生態的地位《エコロジカルニッチ》のもとで暮らせるようになったのだ。それから小規模社会、すなわち「砂粒のように小さい無数の思考」は、過去一万年にわたり、次第により大きな社会へと融合していった。現在では、人類の活動は地球と大気の形成において、他の生命プロセスや非生命的な物理プロセスに匹敵する役割を果たしている。これはまさに、テイヤールが述べたところでもある。インターネットをはじめとする最新の驚異的なテクノロジーは、地球に脳を与えることができると言っても過言ではなかろう。

本書は、『現象としての人間』のバージョンアップ版と見ることもできる。それと同時に、テイヤールが生きていた時代から長足の進歩を遂げた進化の研究で得られた最新の高度な知識に基づく科学書でもある。さらに本書は、大胆にも事実に関する記述を超え、どうなるべきかに関する青写真をも提供する。現代の進化論は、オメガポイントという用語でテイヤールが言及した状態が、近い将来達成される可能性があることを示している。とはいえ同じ進化論によって、それが確実に達成されるとは言い切れないことも示されている。というのも、進化は問題を解決するとともに、新たな問題を提起するからである。「生物」という言葉に私たちが結びつけてとらえている調和や秩序は、実のところ生態系、人間社会、そしてもしかすると地球全体を包摂するべく拡張することのできる可動的な境界を持つ。しかしそれには特殊な条件が満たされねばならず、満たされなかった場合には、進化は私たちが望まぬ方向へと人類を誘導していくだろう。私たちの旅に、熟練の航海士はいない。各人が航海士になって、人類の集合的な未来を意識的に作り出さなければならない。進化論が与えてくれる羅針盤がなければ、遭難という運命が確実に待ち構えているだろう。

はじめに

この生命観

あなたが進化について何を知っていると思っていようが、そのことはとりあえず脇に置き、これから私が読者と共有しようとしている知見に耳を傾ける準備を整えてほしい。おそらくあなたは、本書の議論が既存のいかなる範疇にも分類できないことがわかるはずだ。政治的に言えば、本書の議論は左でもなければ右でもなく、リバタリアニズムでもない。反宗教的な立場をとるわけでもなく、むしろ本書を読めば、これまでより深く宗教について考えられるようになるだろう。そしてとりわけ、あらゆる尺度で持続可能《サステナブル》な生活を送れるよう私たちを導いてくれるだろう。自己の健康、家族や隣人との関係、学校やビジネスでの成功、政治経済、自然保護などに関して改善したいと思わない人などいるだろうか？　これらの目標は、私たちの手の届く範囲にある。ただし、正しい理論のレンズを通して世界を見る限りにおいてだが。

まず科学とは何かについて、もう少し明瞭に理解しておく必要がある。科学は一般に、観察事実をめぐる共有知識に基づいて立てられたさまざまな理論の競い合いとして描かれる。科学者は、まず観察し、しかるのちに理論を構築する。観察事実についてもっともすぐれた説明を提示できる理論が受け入れられるが、やがてその理論は別の理論に挑戦される。そしてそのようなせめぎ合いを繰り返すことで、現実《リアリティ》に近似する、世界に関する知識が獲得されていく。

　このような科学観の問題は、観察事実をめぐる共有知識の蓄積がばく大なものになり得るという点にある。私たちは、あらゆる事象に注意を向けることなどできない。したがって理論（周囲の世界を解釈する方法としておおざっぱに定義できる）は、何に注意を払い、何を無視すべきかを開示する能力を持つことが前提とされる。観察するためには、理論を構築しなければならない。新たな理論は、既存の観察結果の新しい解釈を提起するだけでなく、古い理論では見えていなかった未知の観察事実の発見に門戸を開く。

アルベルト・アインシュタイン

　アルベルト・アインシュタインは「何が観察可能なのかは、理論によって決まる」と書いて、同様の見解を表明している。彼は、原子内の電子の軌道に関して同僚のヴェルナー・ハイゼンベルクと文通していた。当時、電子の軌道を直接観察する手段はなく、ハイゼンベルクは観察可能な現象に基づいて理論を構築したほうが妥当だと考えていた。それに対しアインシュタインの理解では、現時点では観察可能でない実体に関して理論を構築することは、観察可能ながら気づかれていない事象に関する有益な予測を導いてくれる可能性があった。

若き日のチャールズ・ダーウィン

　若き日のチャールズ・ダーウィンは、彼の師アダム・セジウィック教授と化石探索に出かけたおりに、正しい理論の欠如に起因する盲目を経験していた。二人が訪れたウェールズの谷は氷河にえぐられて、化石が残されていなかった。そこには刻み目のついた岩、高みに乗った丸石、側方堆積、末端堆積など、氷河の侵食を受けたことを典型的に示す風景が広がっており、二人はかつて氷河が存在していたことを示す証拠に取り巻かれていた。それにもかかわらず、ダーウィンとセジウィックはそれらの証拠に気づかなかった。なぜなら、北半球の広大な領域が、かつては巨大な氷のシートで覆われていたという理論がまだ提起されておらず、二人には、何を探すべきかがわかっていなかったからだ。ダーウィンは自伝のなかで、次のように書いている。「この谷は、焼け落ちた家より明瞭にその歴史《ストーリー》を物語っていた。かつて氷河が谷を覆っていた頃は、これらの現象は今ほど明瞭に判別できなかっただろう」

ダーウィンはやがて、自分が提唱した自然選択の理論を適用することで、独自の開明的な発見を行ない続けた。この理論は、次のように驚くほど単純である。「個体間には差異がある」「個体間の差異は、しばしば生存と生殖に影響を及ぼす」「子どもは両親に似る」という三つの条件のもとで、個体群は時間の経過につれ変化する。生存や繁殖に資する特徴は、より広く普及する。個体は環境にうまく適応するようになる。[*1]

自然選択の理論は非常に単純で、きわめて堅固な前提に基づくため、あとから振り返ると、自明であるかのように思える。とはいえ、初めてこの理論を知ったトマス・ハクスリーが、「そんなことも思いつかなかったとは、私はなんと愚かだったのか！」と叫んだというエピソードがよく知られているように、その意義を探究し始めたばかりの人たちにしてみれば、自然選択理論との出会いは、目から鱗が落ちるような経験だったのだ。化石記録、比較解剖データ、生物の地理的分布、そして生物を環境に適応させるあまたの驚異的な仕掛けなど、どこを見ても、自然選択の作用を裏づける証拠を見出すことができた。理論という文脈のもとでは、聖書に基づく創造説にはまったく勝ち目がない。一九七三年になる頃には、遺伝学者のテオドシウス・ドブジャンスキーが、「生物学では、進化の光のもとでなければ何ごとも意味をなさない」と宣言するまでになっていた。[*2]

私の物語

一九七三年当時、私はミシガン州立大学に通う大学院生であった。当時の私の個人的な経験は、ドブジャンスキーが、そのいかにも威圧的に聞こえる言葉によって何を言わんとしたのかを説明するのに役立つだろう。屋外での活動を好み、それとともに科学者になりたかった私は、自然環境のもとで動物を観察する機会が得られる、生態学者になろうと決意した。専門家はごくわずかなことがらに関して多くを知るようになり、しまいにはないに等しいことについてすべてを知るに至るという古いジョークを地でいくかのように、私はカイアシと呼ばれる微細な海洋甲殻類の摂食行動に研究の焦点を絞っていた。そのような浮き世離れしたテーマをめぐっても、可能性は無限にある。カイアシはさまざまな方法でエサを摂取すると考えられるため、その可能性を限定する理論が必要になった。進化論の教えによれば、カイアシは、自己の生存と繁殖の可能性を高めるような方法でエサを摂取するはずだ。その焦点は、摂食によって得られるエネルギー量を最大化することにあるのかもしれないし、捕食者の餌食にならないような方法でエサを摂食することにあるのかもしれない。あるいは些細な環境条件に基づく、それ以外の可能性に対処することにあるのかもしれない。そのいずれが正しいのかという問いに、じかに答えられるような理論は存在しない。理論がとれる最善の方策は、可能性の幅を狭めることである。このケースで言えば、カイアシは大きさを無視して藻類を摂取するのではなく、より大きな藻類を選択して摂取するだろうと、私は予測した。そうすればエネルギー摂取率を向上させることができるからだ。私のこの予測は正しいことがわかり、それが一九七三年に発表した私の最初の論文につながった。[*3] それによって私は、科学知識の殿堂にごく小さなものではあれ、一片の堅実なレンガをつけ加えることができたのだ。生物学のあらゆる分野にドブジャンスキーの言葉が当てはまると言い切ることはできないが、自分の選んだ狭い関心領域を理解するにあたって進化論が役立ったということなら確言できる。

同じ年、熱帯研究機構（ＯＴＳ）の主催する熱帯生態学の講座に参加するため、私はコスタリカに出かけた。ちなみにＯＴＳは、ある大学コンソーシアムが運営する野外ステーションのネットワークで、それから五〇年後の今日でも活発に活動している。その体験は、私の人生を変えた。自然を愛《め》でる人なら誰であれ、熱帯に魅了される。しかし私たちは、私の浮き世離れした研究を導いてくれた進化論というレンズを通して、熱帯のすばらしい植物や動物を見ていた。そのとき私は、自分の一生をカイアシの研究に捧げる必要はないと悟った。いかなるものであれ自分の関心を惹いた生物やトピックを選んで、進化論の論理に基づいて知的な問いをすぐにも立てられる。そう思ったのだ。専門家はごくわずかな事象に関して多くを知るようになるという、くだんの古いジョークとは正反対だった。進化論の専門家になるということは、生命のあらゆる側面を研究するためのパスポートを手にするようなものだった。

それ以来、私は進化論を用いていくつかの生物やトピックを研究するようになった。また、私が選んだ生物学の分野で、観察技術がますます洗練していく過程を目撃することができた。現代の

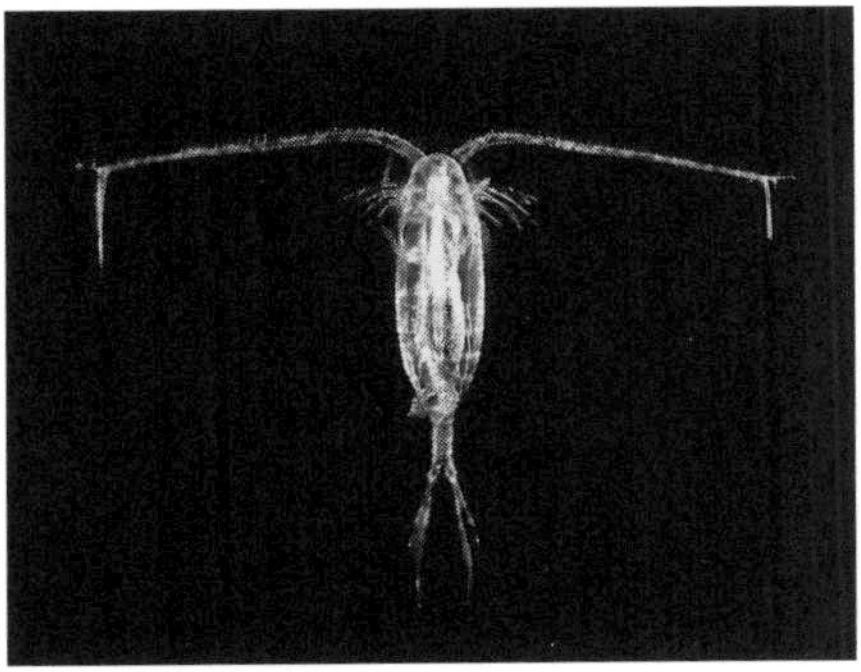

カイアシ：私の最初の科学への愛

生物学者は、超人的な観察力を備えたダーウィンのようなものだ。[*4] 彼らは全ゲノムを列挙し、遺伝子の発現パターン（エピジェネティクス）を追跡することができる。また脳内の神経経路を追跡することもできれば、人工衛星を利用して動物の移動を監視することもできる。さらには、遠い過去の気候変動を高い精度で測定することもできれば、微生物を用いて研究室で進化の実験を行なうこともできる。その際、特定の微生物を一旦凍結し、のちに生き返らせてその微生物の子孫と比較してみることさえ可能だ。

これらの驚異的な技術は、ダーウィンが生きていた時代には想像さえできなかったような観察事実の共有財産をもたらしつつある。これらの情報を解釈するにあたって、進化論の役割は、かつてなく重要なものになっている。「生物学では、進化の光のもとでなければ何ごとも意味をなさない」という一九七三年のドブジャンスキーの言葉は、それから長い年月が経過した今日でも有効である。しかし多くの人々にとって「生物学」という用語は、「人間」や「文化」などの言葉とは異なる一連の連想を引き起こす。議論を進めるために、ここで私たちが一般に考えている、生物学という用語の意味範囲を拡大しておく必要がある。

人間とは？

ダーウィンは、彼の理論が、一般に生物学に結びつけて考えられているあらゆる事象に加え、人間性が意味するもののすべてを説明し得ると確信していた。彼は、フジツボやランを観察したときと同じ鋭い目で、自分の子どもたちを観察し、その記録をとっていた。そして『種の起源』に続き、『人間の由来』をはじめとする著作で自分の考えを徹底して発展させた。

しかし進化生物学が科学の一分野になっても、人間性の研究はそれと同じ軌跡をたどらなかった。問題は、現在でも見られる宗教的信念との衝突だけではなかった。世界に関する自然主義的な概念に十分に馴染んでいても、人間的な事象との関連で進化論を持ち出すことにはアレルギー反応を示す人々がいた。早くも一八七〇年代には、彼らが感じている脅威には、名前がついていた。社会進化論という名前が。

SOCIETY FOR THE PREVENTION OF CRUELTY TO ANIMALS.
MR. BERGH TO THE RESCUE.
THE DEFRAUDED GORILLA. "That *Man* wants to claim my Pedigree. He says he is one of my Descendants."
MR. BERGH. "Now, Mr. DARWIN, how could you insult him so?"

〈バーグ氏が助けに入る〉
騙されたゴリラ：「あの男は、わが血統に便乗したがっている。自分をわが子孫だと主張しているんだ」
バーグ氏：「おやおや、ダーウィンさん。どうしてそこまで彼を侮辱できるんだね？」
風刺画家のトマス・ナストは、人類が類人猿の子孫だとするダーウィンの理論を揶揄している。

一般の人々が考えている社会進化論の概念に従えば、社会における持てる者と持たざる者は、進化論で言う適応者と非適応者に等しい。適応者が非適応者を置き換えるのは自然の摂理である。このプロセスへの干渉は、種の劣化をもたらし、社会の崩壊に至る。適応者による非適応者の置き換えは利己的なものではなく道徳的要請だ。この論理に基づいて、自由放任資本主義、貧困の放置、不妊手術の強制、集団虐殺《ジェノサイド》などの政策が実施されてきたのである。

金ぴか時代の浪費、アメリカとイギリスにおける優生学に基づく政策決定、第二次世界大戦の恐るべき大虐殺を経験したあとでは、進化論に依拠して公共政策を立案するという考えは、想像すらできなくなった。その不名誉は、社会科学や人文科学として分類される学問の世界にも及んだ。それらの分野の研究が、高度な知識体系へと発展するなか、ほとんどの研究者は進化論に関わらないようにしていた。[*5] 人文学者の多くは、他の生命、私たちの身体、あるいは食べる、セックスするなどの基本的な本能を研究するにあたってはダーウィンの理論を喜んで受け入れたが、人間の豊かで多様な行動や文化は、それとは異なる一連の規則に従うと主張した。

知性のアパルトヘイト

エドワード・O・ウィルソンの一九七五年の著書『社会生物学』の刊行は、二〇世紀も四分の三が経過した時点で生じた知性のアパルトヘイトを詳《つまび》らかにする。この本のテーマは、「進化の考えは、微生物から人間に至る、あらゆる生物の社会的行動を理解するための包括的な理論的枠組みを提供する」というものである。人間に関する最終章を除けば、ウィルソンの本は大成功と見なされた。だが問題の最終章は騒動を巻き起こし、ファシズムの汚名さえ着せられた。会議で彼の頭にピッチャーの水を浴びせた者もいた。彼の議論の帰結を勝手に推測して激怒したからだ。

このようにドブジャンスキーが「生物学では、進化の光のもとでなければ何ごとも意味をなさない」と宣言したまさにその時代に、進化論は社会科学や人文科学から用心深く除外されていたのだ。こうしてまるまる一世紀が失われた。進化心理学、進化人類学、進化経済学などの用語は、一九八〇年代に入ってからようやく作られ、進化の観点から心理学、人類学、経済学を再考する、装いを新たにした試みの始まりを告げたが、それらの分野でさえ、一つや二つはスキャンダルに耐えねばならなかった。

今日私は、進化の観点からの人間の研究が、再びもとの軌道に戻ったことを報告できてとても嬉しい。『サイエンス』、『ネイチャー』、『米国科学アカデミー紀要』などの権威ある科学雑誌や、他の何百もの専門誌のどの号を開いても、ちょうど生物学者が人間以外の生物を研究する場合と同様、ごく当たり前のように、進化論のレンズを通して人間性のありとあらゆる側面を概観した論文を見つけることができるはずだ。とはいえ、やらねばならないことはたくさんある。依然として進化は、ほとんどの大学でおもに生物学の講座として教えられている。また、学生の頃に進化論のトレーニングをまったく受けたことのない、社会科学や人文科学の多くの教授たちは、自分の見方をあえて更新しようとはしないだろう。進化生物学者でさえ、そのほとんどが、進化を遺伝と結びつけて考え、ほぼ一世紀も前にテイヤールが提起した重要な洞察である、文化的な変化も進化の過程の一つであるという事実を依然として無視している。もとの軌道に戻った科学者や他の分野の学者の数は、おそらく数千人にはなるだろうが、世界全体からすれば、その数はきわめて少ない。

学問の世界から政治や公共政策の世界に目を移すと、状況はそれ以上に悪化している。政治の世界では、進化は現在でも有害な言葉として扱われている。それは、創造論者〔宇宙や生命の起源を神に求める立場〕の票をふいにすることに加え、多くの人々の心に社会進化論の亡霊を呼び起こすだろう。進化を無条件に受け入れている政治家や政策専門家でさえ、彼らの政策のどの部分に進化論が役立つのかが、たいていわかっていない。

巡礼の歩み

旅に出る前に、持ち物を点検しておこう。現代の問題を解決するためには、人間を含めた進化論に関する確かな知識が必要とされる。これが本書の主張である。とはいえ現在私たちが持っている人間性に関する知識や、現状を改善しようとする数々の試みは、そのほとんどが前ダーウィン的なものにすぎない。

多くの読者は、この主張を奇異に感じることだろう。私が言及しているのは、進化論と宗教的信念の対立についてではない。いかなる理由であれ進化論の否定ではないのである。これらのトピックに関しては、少なくとも当面は脇に置く。人は、かたや進化の事実を含めて世界に関する自然主義的な見方を強く擁護しながら、同時に前ダーウィン的でもあり得るのだ。

ここで私が何を言いたいのかを説明するために、ダーウィンとセジウィックが氷河にえぐられたウェールズの谷で化石を探索したエピソードに戻ろう。彼らのまわりに横たわっているものを理解するには、特定の理論が必要とされていた。それ以外の理論では、説明のしようがなかっただろう。人間性に関して私たちが持つ知識や、公共政策によって生活状況を改善しようとする数々の試みは、無数の理論や、理論と呼ぶにはあまりにも日常的な根拠から成るが、それでも特定の可能性に私たちの目を向けさせ、別の可能性に対しては目をくらませる。それらはたいてい「局所的な《ローカル》」理論であり、より一般的な説明として通用するふりをせず、限られた範囲の現象を説明しようとする。個々の理論が相互に関連し合うことはめったになく、一般的な理論的枠組み、ましてや進化論に関連することなどほとんどない。このようなあり方は、すべてのトピックにたった一つの理論的な視点からアプローチしようとする従来の生物科学とは劇的に異なる。

科学者、その他の学者、政治家、政策専門家は、自分が抱いている理論や根拠が、進化論に符合すると考えていいるのかもしれないが、その是非は、明確な検証なくしては知りようがない。進化論の観点からこれらのトピックを眺めると、それらが概念化されてきた方法につきまとう大きな問題が露呈することが多い。そして、あとになって振り返ってみれば、焼け落ちた家より明瞭にそれ独自の歴史を物語っているかのような、新たな可能性が立ち現れる。

以後の章で多数の事例を取り上げるが、ここでは手始めに経済学について考えてみよう。経済学にはさまざまな学派があるが、もっとも有力な学派はダーウィンの進化論ではなく、一九世紀の物理学に啓発されている。あたかも、太陽を周回する諸惑星の軌道の計算と同種の数学的正確さをもって、経済システムを予測できると考えられているかのように。[*6] 一八九八年にノルウェー系アメリカ人の経済学者ソースタイン・ヴェブレンが、「経済学はなぜ進化の科学ではないのか?」という題の論文を書いているとはいえ、「進化経済学」という言葉は、先に言及した、より一般的なレベルでの知性のアパルトヘイトのせいで一九八〇年代になるまで造語されなかった。[*8] 進化経済学は今日でも、小さな周縁の学派にすぎず、経済政策への影響はほとんどない。経済政策を正しくとらえている著名な経済学者の一人にロバート・フランクがいる。彼は、一〇〇年以内にアダム・スミスではなくダーウィンが、経済学の創始者と見なされるようになるだろうと予測している。[*9] 彼の予測が正しければ、経済の分野でダーウィンの革命が成就するには二世紀を要する勘定になる。私たちは、その道程の半分にようやく達したばかりにすぎないのだ！

[*7]

経済学は、社会科学や人文科学のなかでも、少なくとも統一的な理論的枠組みを備えているふりをしてみせる数少ない学問の一つである。政治学、社会学、歴史学、心理学、教育学のような他の学問のほとんどは、相互の、ましてや進化論との関連性が希薄なもろもろの学派の集合にすぎない。

進化論の世界観に向けて

したがって、ダーウィンの革命を成就するためには人間性に関する私たちの理解を大きく見直す必要がある。それには、数十年とは言わずとも数年はかかるだろう。私たちが必要としているのは、科学的知識の枠内に完全に留まりながら、事実のみならずいかに行動すべきかを教えてくれる理論である。ここで、本書でこれから乗り出す旅の概観を示しておこう。

私たちはまず、社会進化論の暗い過去と対決することから始めなければならない。ダーウィンの理論が社会的不平等を正当化する有害な政策の実施という災厄を解き放ち、他の理論より本質的に危険であるというのは真実なのか？　この問いに対する答えは、読者が考えている以上に複雑で興味深い。
次に、「進化論はあらゆる生命プロセスを理解するための道具箱《ツールキット》を提供する」という、生物学ではすでに受け入れられている事実を示す。「道具箱」という言葉をここで使ったのは、現場にやって来て仕事に取りかかり、適切な道具を取り出して仕事を完成させるという、配管工や大工の心構えを喚起するためである。読者を含め、誰でもその種の仕事に熟達できる。その章を読めば、とりあえず仕事に取りかかれるようになるだろう。

　ひとたび道具箱を手に入れたら、私たちは心身の健康や最適な育児方法をめぐる課題など、誰もが解決を望む問題に対処する仕事にさっそく取りかかる権利を得ることができる。またその過程で、「生物学」と「人間」と「文化」を分かつ境界など存在しないことを知るだろう。というのも、同じ一連の概念的な道具が、以上三つの言葉に関連するあらゆる事象の理解に役立つからだ。

　本書の旅における次のステップでは、宗教信奉者が「悪の問題」と呼ぶものをひっくり返す。「悪の問題」とは、慈悲深い全能の神が創造した世界で、「悪」という言葉に関連する事象がいかに存在し得るのかを説明することである。それに対し進化論者の問題は、ダーウィンの進化論によって説明される世界で、「善」という言葉に関連する事象がいかにして進化し得るのかを解明することにある。現代の進化論は、「善性は進化し得るが、それにはもろもろの特殊な条件が満たされねばならない」ということを教えてくれる。だから私たちは、進化のプロセスの賢明な管理者にならなければならない。さもないと、進化は私たちを、望んでもいない場所へと連れていくことになろう。私たちはこのステップで、がん、精神病質のニワトリ、人間の道徳性などといったさまざまな事象を、同じ道具を用いて理解できることを見ていく。

たいていの人は、私たちにとって意味のある時間尺度では静止して見えるくらい非常に遅いプロセスとして進化を見ているはずだ。しかしその見方は、遺伝的進化を対象にしてさえ必ずしも正しくはない。遺伝的進化はたった一世代でも起こり得るのだから。それでも、進化は遺伝的進化を超えて生じ得るということをひとたび正しく認識すれば、手にした道具を用いて、私たちの周囲や内部の至るところで渦巻いている文化の迅速な変化を、能動的に進化する独自の実体として把握する試みに着手することができる。

私たちが注意を向けるべき問題は、個人の健康から地球の持続可能性に至るまで、あらゆる規模で存在する。進化論は、個人の健康にも、また、より大規模なレベルでの有効な行動にも必要とされる、人間の社会組織の基本単位として小グループを特定する。本書の読者の大多数は、小グループを形成したりそれに参加したりすることで、個人として幸福感が増し、市民として活発な活動を行なうことができるだろう。とはいえ小グループは、必ずしもうまく機能するとは限らない。また機能したとしても、ストリートギャング、テロリストの下部組織、悪徳企業、ならず者国家など、より高次のレベルで生じる問題の一部と化すことも考えられる。したがって私たちは、個人にも社会全体にも資する小グループを築くよう意識的に努力しなければならない。

ある生物が特定の環境にうまく適応することと、環境の変化一般に適応可能であることは同一ではない。同じことは人間文化にも当てはまり、つねに変化している世界についていけるほどの適応能力を備えている文化などほとんど存在しない。したがって空前の空間的、時間的規模で作用し得る、文化継承の新システムの構築には、意識的な進化が必要になる。これは途《と》轍《てつ》もなく困難な課題だが、進化論はその課題を達成するために必要な道具を提供してくれる。

私たちの旅は、世俗的な想像力と、宗教的でスピリチュアルな想像力が、集合的な未来に向けての意識的な進化へといかに収斂し得るのかを考えることで幕を閉じる。これら二つの想像力は対立し合う場合が多いように思われるにもかかわらず、両者が同じ結論に至るのは驚嘆すべきことである。その結論とは、「生物」という概念は可動的な境界で画されており、現代の問題を解決するためには、その範囲を拡張しなければならないというものだ。それは、二つの異なる言語のおのおのが独自の方法で同一のリアリティをとらえていながら、おのおのの言語の話者のほとんどが互いに相手の言っていることを理解できないという状況にもたとえられよう。私自身の旅では、両言語を話せるよう、そしていかに両者が集合的な未来に向けた意識的な進化を価値あるものにするかについて、正しく認識できるよう学んできた。本書を読み終える頃には、読者もバイリンガルになっていることを、私は切に願っている。

第1章 社会進化論をめぐる神話を一掃する

進化論の世界観を肯定的に確立するためには、まず問題に満ちた社会進化論の歴史を振り返らなければならない。ダーウィンの名のもとで、貧困の放置、不妊手術の強制、人種差別、ジェノサイドなどの由々しき社会的不正義がなされたのであれば、進化論の領域はまぎれもなく危険地帯であることになる。しかしその種の社会進化論の描写はほとんどが神話であり、真の歴史ははるかに興味深く複雑だ。ダーウィンの理論を正しく理解すれば、協調に焦点が置かれていることがわかるだろう。ダーウィンらは、最初からその点を明確に述べていた。

今と昔

「社会進化論」の現代的な意味を検討することから始めよう。「社会進化論」という言葉を検索エンジンに入力してみれば、左の漫画にあるような記事への参照が、参照頻度が高い順に何千件と表示されるはずだ。バラク・オバマ前大統領は、共和党の対立候補を攻撃するためにこの言葉をよく使っていた。たとえば二〇一二年の演説では、ポール・ライアン議員が提出した予算案を「薄いヴェールに覆われた社会進化論」と呼んだ。[*1]

〈社会進化論の今日における意味〉
（左）「社会進化論って何?」（右）「富者生存でしょ」

これらの用法に関して、二つの事実を確認することができる。一つは、「社会進化論」（あるいは「社会進化論者」）という言い方が、ほぼつねに他者の立場を揶揄するための中傷として使われていることだ。自分で自分を社会進化論者だと言う人はいない。敵対する人々がそう呼ぶのである。二つ目は、社会進化論者と呼ばれている人が、実際にダーウィンの進化論を利用して自分の立場を正当化することはめったにないということだ。ポール・ライアンや彼の同僚が、自分たちの提起する予算案を喧伝するためにダーウィンの理論を用いたとする見解は、まったく滑稽であるとしか言いようがない。なぜなら、彼らの声高な支持者たちは、進化そのものを完全に否定しているからだ！

一九世紀の昔から今日に至るまでに書かれた無数の本や論文がデジタル化されているので、「社会進化論」をネットで検索すれば、その起源や用法の歴史を包括的に追跡することができる。人間的事象との関連でダーウィニズムを研究している現代の学者ジェフリー・M・ホジソンは、学術誌の電子データベースJSTORで、「社会進化論」という言葉のあらゆる用法を追跡するという途方もない課題を遂行している。[*2] それによって彼は、その用語が一九世紀終盤に使われ始め、使われている文脈は現在とまったく同じであることを明らかにしている。彼が述べるように、「このレッテルはおもに、左翼の人々が政敵に貼るために使っている」

ホジソンはまた、一九四四年に歴史家のリチャード・ホフスタッター（一九一六〜一九七〇）の著書『アメリカにおける社会進化論（*Social Darwinism in America*）』によって広められるまで、この用語がほとんど使われていなかったことを発見している。つまり、アメリカやイギリスにおける優生学的政策、第二次世界大戦時のホロコーストに至るナチスの政策など、社会進化論に結びつけられている悪事の多くが発生した時期に、それらの政策の支持者も反対者も、「社会進化論」という言葉をめったに使っていなかったということだ。

端的に言えば、「社会進化論」という言葉は当初から終始一貫して、強者があの手この手を尽くして弱者から巻き上げることを正当化する政策を揶揄するための中傷として使われていたのだ。自分で自分を社会進化論者と呼ぶ人はまずいないし、そのレッテルを貼られて非難を浴びた人々も、実際にダーウィンの理論を用いて自分の立場を正当化することはほとんどなかった。かくしてダーウィンの理論は、誤解に基づいて過剰に非難されてきたのである。

このように、「社会進化論」という用語は、何かを判断するために使うにはあまりにも信頼性に欠

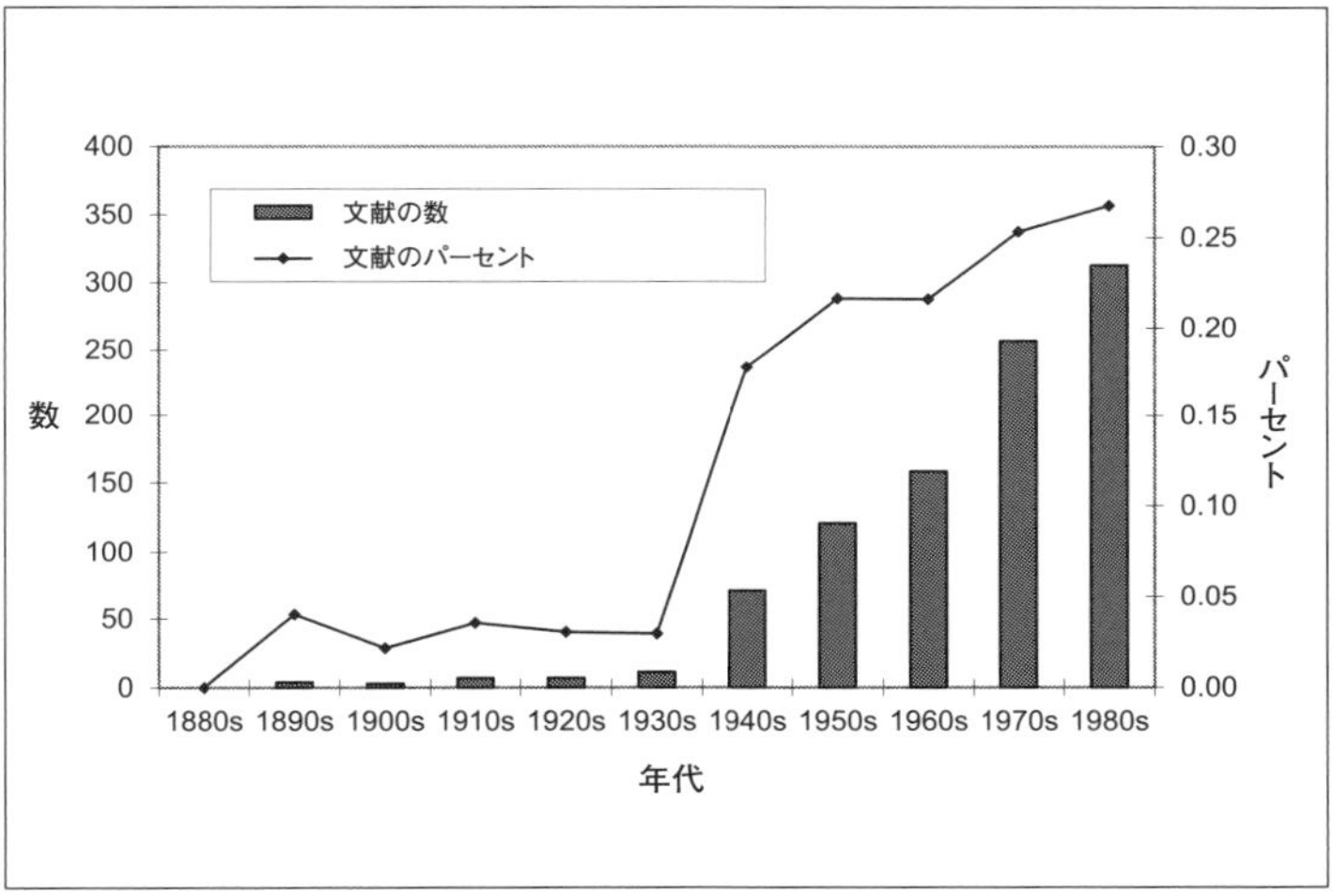

「社会進化論」という用語は、1940 年代になるまでめったに使われていなかった。

ける。そこで、ダーウィンの先駆者、ダーウィンその人、彼に影響を受けた人々を含め、初期の名だたる進化論者を何人か取り上げ、彼らが社会の改善における競争の役割についてどのように考えていたのかを検討してみよう。

牧師

トマス・ロバート・マルサス（一七六六～一八三四）は、イギリスの牧師であり学者であった。人口増加に関する彼の論考は、ダーウィンとアルフレッド・ラッセル・ウォレスが、おのおの独立して自然選択の理論を定式化する手助けとなった。[*3] マルサスの観察によれば、人口は、それを養うために利用できる資源の量を超えて必然的に増加し、それゆえ飢餓や疾病によって抑制される。牧師でもあった彼は、有徳な行動について教えるために、神が人間にこの状況を課したのだと結論づけた。不幸は神の計画の一部であり、よって貧者の悲惨な生活状況を改善するために、善意からとはいえ近視眼的な試みを行なうことで妨害してはならない。神の計画は、滞りなく実施されねばならないのだ。言うまでもなく、この考えは、貧者に対する施しを義務づけるキリスト教の伝統的な教義から逸脱する

マルサスは、不幸を有徳な行動を教えるための神の計画の一部と見なしていた。

マルサスは、彼の論考を繰り広げるにあたり完全に無慈悲であったわけではない。たとえば、貧者自身による道徳的抑制によって飢餓や疾病を克服できると彼は考えていた。とはいえ、どちらにしても当時の政府の社会福祉制度の一環をなす救貧法には反対した。彼の業績は、進化論を生む契機の一つになったのに加え、経済学の初期の発達に影響を及ぼした。

博識家

ハーバート・スペンサー（一八二〇～一九〇三）は、ダーウィンが生きていた時代に知的巨人と見なされ、ダーウィンに先立って独自の進化の理論を考案した。[*4] 今日では、彼の輝かしき名声はほぼ完全に色あせ、進化に関する彼の考えが真剣に取り上げられることはまったくない。そのような派手な浮

き沈みを理解するためには、スペンサーが同僚たちに何を言わんとしていたのかを正しく評価する必要がある。彼は、科学的探究によって発見可能で、自然法則に基づいてすべてを説明できる包括的な宇宙論を提起しようとする試みを代表する人物だった。つまり、科学を中心とする、伝統宗教の代替物を提示しようとしていたのである。フランスの哲学者で博識家《ポリマス》のオーギュスト・コント（一七九八〜一八五七）は、「人類教」を生むためにそれと同じ包括的な目標を抱いていたが、スペンサーは、彼自身が進化の原理と呼ぶ、あらゆる知識分野に適用可能な、進歩的な発展を司るたった一つの法則を基盤として、独自の宇宙論を考案しようと試みた。このプロジェクトが、長期的には暗雲を招き寄せる運命のもとにあったにせよ、啓蒙主義の思想家の目には魅力的に映ったであろうことは想像に難くない。

スペンサーは年齢を重ねるにつれ保守的になっていったが、若い頃には過激な政治思想を抱いていた。貴族の権力に反対し、女性や、それどころか子どもにも参政権を与えることを訴えていたのだ。さらには生涯を通じて、イギリスの帝国主義や軍事侵略に反対していた。それにもかかわらず、彼の「進歩的な」見方は、国家が掌握する他の多くの活動とともに救貧に反対するよう彼を仕向けた。彼にとって人類は、邪魔にしかならない政府の支援なしに完成に向かって進化しつつあったのである。そのようなスペンサーの見方と、今日の自由放任経済政策のあいだには、明らかな家族的類似がある。彼は、宗教ではなく科学に依拠して宇宙論を構築したという点ではマルサスと袂を分かつが、「適者生存」（スペンサーが造語した言葉）が、人間性の完成に重要な役割を果たすのであって、したがってその実現が人道主義的な衝動や、とりわけ国家が管理するプログラムによって妨害されてはならないという見解をマルサスと共有していた。

水源

さてこれで、私たちは人間社会における「適者生存」の役割をめぐるダーウィンの見方を検討する準備が整った。[*5] 彼は当時の基準からすれば進歩主義者であったとしても、大筋においてヴィクトリア朝文化の落とし子であった点に相違はない。奴隷制度に敢然と反対し、あらゆる民族を人類の一員と見なしていたが、ヨーロッパ文化を至上のものと見なし、ビーグル号の航海で出会った先住民の一部に対して嫌悪の感情を隠せなかった。さらには、知性において男性は女性よりすぐれていると、当然のことのように信じていた。優生学に関して言えば、選択的な繁殖は、植物や動物と同様、人間にも有効だと考えてはいたが、誰が生殖する権利を持つのかを規定することは、人間社会を維持するための接着剤と彼が見なしていた、同情《シンパシー》という感情に背くがゆえに、人間を対象にする優生学の実践には反対していた。彼が述べるように、「利己的で争いを好む人々はまとまれないだろう。まとまりがなければ、何ごともなし得ない」[*6]。こうしてみると、明らかにダーウィンは競争より協調に力点を置いていた。

「社会進化論（Social Darwinism）」という用語が使われ始めたときには、この言葉は、ダーウィン自身の見方ではなく、彼が登場する以前にすでに通用していた、スペンサーやマルサスに関連づけられる自由放任の概念に言及するものだった。この言葉にダーウィンの名が含まれているのは、彼が提起した進化論がもっとも広く受け入れられ、スペンサーの進化論は時代遅れのものになっていたからである。「社会進化論」という言葉を使っていた少数の人々は、ダーウィンとスペンサーの見方を学問的に区別することより、敵に汚名を着せることに強い関心を抱いていたのだ。

しかしいかにダーウィンが慎重であろうと、ダーウィンの理論が公共政策に対して持つ意味についてあれこれ考える者が現れるのは必然の流れであった。よく知られているのは、フランシス・ゴルトン、トマス・ハクスリー、ピョートル・クロポトキンの三人である。

ダーウィンは奴隷制に強く反対したが、当時のほとんどすべてのヨーロッパ人と同じく、ヨーロッパ文化を至上のものと見なしていた。

いとこ

フランシス・ゴルトン（一八二二～一九一一）は、ダーウィンの半いとこ〔自分の親と相手の親が異父または異母きょうだいであるケースを指す〕であり、ゴルトン自身多産な科学者であった。[*7] ゴルトンは、他の業績に加え初期の統計学研究に貢献している。政治的には当時としては進歩主義的だった。あらゆる科学的トピックに手を染めようとする彼の傾向は、牧師の寿命とそれ以外の人々の寿命を比

ゴルトンは厳格な能力主義を好み、世襲特権に反対し、有能な移民の受け入れに賛成した。

べることで祈りの効果を調査する研究へと彼を駆り立てすらした（両者のあいだに差はなかった）[*8]。栽培植物や家畜の質の向上を目的としてそれまで長く用いられてきたものと同じ原理を応用して、人間の改良を目指す人為選択を促進するために、「優生学」という言葉を造語したのは彼だった。

　ゴルトン自身の記述によると、彼はダーウィンの『種の起源』に啓発されて、指紋から顔面の形態、さらには心的属性に至るまで、人間の持つありとあらゆる特徴の遺伝率を調査した。また彼は、一八六九年に刊行された著書『遺伝的天才（*Hereditary Genius*）』で、人間の能力が世代間で受け渡されることを裏づける証拠を提示したとしている。有能な人々の生殖を優遇するプログラムを政府が実施することは、彼にとっては妥当だった。彼が特に支持した計画は、今日の基準からするとリベラルと保守主義の奇怪なつぎはぎ細工のようなものだった。誰もが一流の教育を受け、一流の職業に就くべきで、収入は遺産ではなく仕事によって確保し、誰もが持って生まれた能力を示す機会を与えられるべきだった。国家は公平な競争の場を提供し、しかるのちに弱者が生殖せずに気楽に暮らせる、男女の区別のない修道院を建設すべきであった。移民は能力によって選抜され、そのなかでもとりわけすぐれた者は、帰化させるべきだった。

番犬

トマス・ヘンリー・ハクスリー（一八二五～一八九五）は、苦境にあった中流家庭に生まれた。[*9] 学校に通ったのは二年間だけだったが、それでも独学で当時の重要な生物学者の一人になり、比較解剖学を専攻した。ダーウィン同様、若い頃（ラトルスネーク号の船医の話し相手として）航海に乗り出し、その途上、生物学の調査を行なって、それにより母国に戻ってから名声を得た。また二六歳のときに王立協会フェローに選ばれている。ダーウィン以前の進化論には懐疑的だったが、『種の起源』を読んで進化の事実を確信した。ただし自然選択の中心的な役割に関しては、それほどの確信は持っていなかった（一般に、進化を駆り立てる力としては、自然選択より家系同一性の概念のほうが、すぐにダーウィンの同僚に受け入れられた）[*10]。戦闘的で雄弁で外向的なハクスリーは、ダーウィンを批判者から擁護し、自らを「ダーウィンの番犬《ブルドッグ》」と呼んだ。

人間に関してのハクスリーの進化の見方は、死の数年前に書かれ、現在でも手に入る論文「進化と倫理」に見て取れる。ハクスリーは、ゴルトンの優生思想を否定し、「ハト愛好家の政体」だとして揶揄した。人間、とりわけ若者の能力を見極められるほど賢い人などいないというのがその理由である。ハクスリーは、「人物を評価するにあたってもっとも鋭い目を持つ人でさえ、一四歳以下の一〇〇人の少年少女を前にして、現政体に役立つことが確実であるがゆえに社会の一員として迎え入

ハクスリーは優生学を「ハト愛好家の政体」と呼んで嘲笑した。

れるべき子どもと、愚かで怠惰で悪辣であることが確実であるがゆえにクロロフォルムをかがせてしかるべき子どもを、少しでも的確に選別できるとはとても思えない」と書いたとき、特権階級の家庭に生まれなかった自分の経験が、心に浮かんでいたに違いない。[11]

とはいえハクスリーは、道徳的な社会の形成にはある種の選択が必要だと考えていた。自然界は道徳的ではない。管理されていない人間社会もしかり。人間が進化を通じて獲得した、自己利益を追求しようとする熱意は、何らかの手段で抑制されなければ社会の崩壊を招く。幸いにも私たちは、自己を拡張しようとする本能に加えて、とりわけ名声を維持しようとする熱意など、道徳的な社会の形成に動員できる能力も備えている。彼は、「町をたむろする少年に思い切り軽蔑されて、いらだちを覚えずにいられるような哲人がいるとは、あるいはかつていたとはとても思えない[12]」と述べている。それゆえ私たちは、進化が与えてくれたものを利用して、誰もの利益になる道徳的な社会を、庭の植物を育てるかのごとく培っていく必要がある。

ハクスリーは当時のもっとも才能ある著者の一人で、マルサス、スペンサー、ゴルトンの「適者生存」に基づく世界観に対する彼の批判は、ここに取り上げるに値する（ここまで見てきたように、三人は互いに異なるバージョンの世界観を定式化した点に留意されたい）。

弱者、不幸な人々、社会の役に立たない人々の根絶を積極的に、もしくは誰かの言いなりになって実行するところを想像するのに馴れ、そのような行為を宇宙のプロセスの制裁として、また民族の発展を確実なものにするための唯一の方法として正当化し、医術を魔術として位置づけ、病弱者を保護する迷惑な輩として医師を見下し、種付けの原理に基づいて結婚を企て、これらがゆえに自分の一生が自然な愛情や同情を抑圧する高貴な技術の教育課程と化している人たちには、愛情や同情という大切な売り物が手元にたくさん残っているとはとても考えられない。しかしそれらがなくては、良心も、人間の行動に対するいかなる抑制もあり得ず、自己利益の計算ばかりがはびこることだろう[*13]（……）。

その点で、ハクスリーの見方はダーウィンのものに似ているが、はるかに力強く表明されている。番犬は番犬らしく、どう猛に咬み付いたのだ。

無政府主義者

ピョートル・クロポトキン（一八四二〜一九二一）は、名高い無政府主義者になったロシアの貴族

クロポトキンは相互扶助を人間や他の動物が持つ、生存のための主たる道具と見なしていた。

で、中央政府のコントロールを受けない共産主義社会を擁護した。[*14] 彼の父親は、一〇〇〇人以上の農奴が暮らす広大な土地を所有する大地主であった。平等を希求するピョートルの気質は早くから見られ、一二歳のときには貴族の称号を使うのをやめている。ダーウィンやハクスリーと同じように、彼は、（海ではなく陸路ではあったが）広く旅して科学的な調査を行なった。調査の中心は地質学的なものであったが、動物の観察や、ロシア帝国を構成する多数の土着文化の視察も行なっている。また彼は、革命活動のために繰り返し投獄され、イギリス、スイス、フランスで亡命生活を送っていたこともある。一九一七年に英雄としてロシアに帰還したが、ボルシェビキが権力を掌握したとき幻滅を感じた。

　クロポトキンの、進化論への主たる貢献は、一九〇二年に刊行された著書『相互扶助論』だが、彼の主張によれば、個人間の競争を強調することは英国資本主義の産物であり間違いであった。実のところ、ほとんどの生物は集団で暮らし、そのメンバーは助け合いながら環境と格闘する。また、人間の土着社会は主として協調に依拠し、その協調の形態は、強力な中央政府を必要としない現代社会のモデルになると、彼は主張する。この自由主義的《リバタリアン》な観点において、クロポトキンの見方がいかにスペンサーの見方に収斂するのかについて考えてみることは実に興味深い。他の側面では二人のあいだに深淵な隔たりがあるとしても。

さまざまな見方のジャングル

マルサス、スペンサー、ダーウィン、ゴルトン、ハクスリー、クロポトキンという六人の主要な理論家は、人間社会の改善における競争の役割に関して、各人が独自の見解を抱いていた。マルサスは宗教の用語で、またスペンサーは「進化」という言葉を用いてはいるものの、それ以外の点ではダーウィンの理論とほとんど共通点のない世俗的な宇宙論の用語で、自身の見方を正当化した。社会福祉に関するスペンサーの見方は社会進化論の紋切り型《ステレオタイプ》に合致するが、貴族制、帝国主義、軍事侵略に対する彼の見解は合致しない。優生学に関するゴルトンの見解も社会進化論のステレオタイプに合致するが、公平な競争の場を提供すべしとする考えは合致しない。マルサス、スペンサー、ゴルトンは、競争を社会の改善の源泉と見ていた。それに対しダーウィン、ハクスリー、クロポトキンは、たがはずれた自己利益の追求の有害な影響や、協調の本質的な役割を強調した。

これらの多様な見方をどうとらえればよいのか？　人によって進化論の意味が異なっていたことになるが、新たに提起された重要な考えが、人々がすでに抱いている世界観に抵触する場合には、そのような事態が起こることが当然予想される。彼ら六人も、他の多くの同時代人も、ダーウィンの理論が広く普及し、それについて世界各地で議論されるようになった当時にあって、まさにそのような状況のもとに置かれていたのだ。[*15] 初期の進化論を取り巻く議論は、さまざまな見解が交錯する正真正銘のジャングルの状態にあり、生物学におけるダーウィンの理論の意義を整理するのに数十年を要したのと同じように、それらの見解を整理するのに数十年がかかった。しかし人間社会をめぐる論点に関して言えば、「ダーウィンの理論は有害な結果しか生まない」とする誤解によって、整理のプロセスは停止したも同然の状態に陥ってしまったのである。

ヒトラーとダーウィン

ダーウィニズムに関してよくある主張の一つは、それがナチスドイツの恐るべきジェノサイドにつながったというものだ。その真偽を検証する前に、この主張が真ならいかなる結論が得られるのかを考えてみよう。公共政策を策定するにあたり進化論を参照するのは避けるべきだということになるのか？

少し考えてみただけで、その答えは「ノー」であることがわかるはずだ。道具として使えるものはほぼ何でも、武器としても使える。原爆の開発に至ったからといって、物理学を忌避するだろうか？ナチスがガス室で化学物質を使ったからと言って、化学を放棄するだろうか？　遺伝学が悪用されたからといって、メンデルを責めるのか？　科学理論やその提唱者を、当該理論の悪用を理由に道徳的に断罪しようとする考えは、根本的に誤っている。

その点に留意したうえで話を続けると、ヒトラーと彼の取り巻きが、ダーウィンのドイツ人の同僚でもあり友人でもあったエルンスト・ヘッケルを介して直接的にせよ間接的にせよダーウィンの影響を受けたことを裏づける証拠はない。著名な科学史家のロバート・リチャーズは、「ヒトラーはダーウィン主義者だったのか?」と題する論文でその点を明確にしている。[16]

ダーウィンに焦点を絞ることは、人種差別一般、個別的にはとりわけ西洋思想における反ユダヤ主義の深い起源を無視する結果につながる。ヨーロッパ人を頂点として人類を階層化してとらえる見方をとらなかった主要な人物を見出すのはむずかしい。植物と動物を分類した偉大な学者カロルス・リンネウス〔カール・フォン・リンネ〕（一七〇七〜一七七八）は、ホモ・サピエンスを、アメリカ人（銅褐色、胆汁質、慣習に支配される）、アジア人（暗色、黒胆汁質、評判に支配される）、アフリカ人（色黒、粘液質、気まぐれに支配される）、ヨーロッパ人（色白、楽天的、法に支配される）という、独自の気質によって定義される四つの分類項目《カテゴリー》に分けた。リンネウスは創造論者だったので、それらの差異が神によって定められたのだと考えていた。

ダーウィン自身は、人種の階層を自明なものと考えていたが、ユダヤ人に関してはほとんど何も書き残していない。ヘッケルは彼が唱える人種の階層にユダヤ人を含めていたものの、ドイツ人や他のヨーロッパ人と同じレベルに位置づけていた。一八九〇年代に行なわれたインタビューで、ヘッケルは次のように述べている。「私は、洗練された高貴なユダヤ人をドイツ文化の重要な構成員と見なしています。彼らが啓蒙と自由のためにつねに勇敢に闘ってきたことを、忘れるべきではありません」[17]。ということで、ヒトラーがヘッケルの影響を受けていたという考えは捨てるべきだ。

実のところヒトラーと彼の取り巻きは、ジョゼフ・アルテュール・ド・ゴビノー伯爵（一八一六～一八八二）の『人種の不平等に関する論考（*Essay on the Inequality of the Human Races*）』や、作曲家リヒャルト・ワーグナー（一八一三～一八八三）を中心に形成されたカルト集団の一員であったヒューストン・スチュアート・チェンバレン（一八五五～一九二七）の『一九世紀の基盤（*The Foundations of the Nineteenth Century*）』などの本に影響されていた。ゴビノーは、人種の混淆がダーウィン以前の人間社会の衰退の原因であるという考えを発展させ、ダーウィンの理論をさげすみ無視した。チェンバレンは、人間が類人猿に似た祖先に由来するというダーウィンとヘッケルの主張を、「エセ科学的なファンタジー」として退けた。

ヒトラーとチェンバレンの関係は明々白々である。ヒトラーは、一九一九年から一九二一年のあいだのいずれかの時点でチェンバレンの著書を読んでいる。また二人は、一九二三年にヒトラーがワーグナーの生家と殿堂を訪ねたおりに会っている。さらに言えば、チェンバレンは最初のヒトラー支持者の一人であり、一九二七年にヒトラーはチェンバレンの葬式に参列している。それに対し記録に基づいて言えば、ヒトラーは一九四二年に次のように語るまで、進化論には一切言及していない。「最初の人類は現在の人類と異なっていたと信じるべき理由がどこにあるのか？　自然界を一目見渡せば、動植物界では変化や新たな形態の形成が起こっていることがわかるが、人類が類人猿のような状態から現在の状態へと変わっていったなどといった大きな跳躍が、ある一つの種の内部で生じたことを示す証拠は何もない」

このヒトラーの言葉を引用したあとでリチャーズが述べているように、ダーウィンの進化論の人間への適用を、これほど明確に否定する言明が他に考えられるだろうか？　リチャーズは論文の別の箇所で、ダーウィンをヒトラーに結びつけようとする所業を、雲に動物の形状を見出すことや、ダーウィンのみならずアリストテレスやイエス・キリストとヒトラーを結びつける遊びとして楽しめる六次の隔たりゲーム〔介在する人物をできるだけ少なくして任意の二人を結ぶ最短経路を探すゲーム〕に似たものとして比較している。こうして見ると、ナチスドイツの恐るべきジェノサイドに影響を及ぼしたか否かという点では、ダーウィンの理論には責任がまったくないことが明らかである。

デューイとダーウィン

典型的な社会進化論者とは正反対の人物を探すコンテストを開催したら、アメリカの哲学者、心理学者、教育家、社会改革主義者であったジョン・デューイ（一八五九〜一九五二）が勝者になるだろう。[*18] とはいえデューイに対するダーウィンの影響は、ヒトラーに対するチェンバレンの影響と同じくらいはっきりしている。それにもかかわらず誰もデューイを社会進化論者と呼ばない理由は、この言葉がもっぱら中傷を目的として使われており、ダーウィンに魅了された者は誰であれ、ヒトラーのごとく考え始めるという誤った印象を与えるからだ。

デューイは、一九世紀終盤から二〇世紀初頭にかけて、オリバー・ウェンデル・ホームズ、チャールズ・サンダース・パース、ウィリアム・ジェイムズらのアメリカの知識人から成る小さな集団から始まった、プラグマティズムと呼ばれる哲学学派を代表する人物である。ちなみに彼らの物語は、ピューリッツァー賞に輝いたルイ・メナンドの著書『メタフィジカル・クラブ――米国１００年の精神史』にみごとに描かれている。彼らの考えでは、人間の心が自然選択の産物なら、知識は、神によって与えられた客観的現実の把握能力ではなく、実践に基づいて獲得されねばならなかった。この見方は、知識の本質の理解に専念する哲学の一分野である認識論に対する革新的なアプローチであった。

ジョン・デューイがバーモント大学、ならびにジョンズ・ホプキンス大学大学院に通う頃には、ダーウィン、スペンサー、プラグマティズムは彼が受けた教育の一環に含まれていた。今日では、スペンサーといえば、貧者に対する自由放任主義的な態度を思い起こさせるが、より包括的なレベルでの彼の哲学的な見方は、生物と環境の密接な関係を強調するものだ。実のところ、今日では実に奇妙に思えるかもしれないが、「環境（environment）」という言葉は、一九世紀中盤になるまではめったに使われなかった。この言葉を広めたのは、ダーウィンではなくスペンサーであった。ダーウィンは「条件（conditions）」や「状況（circumstances）」などといった言葉こそ用いても、「環境」という用語は、経歴が終わりを迎える頃になってようやく使い始めたにすぎない。

デューイにとっては、生物と環境の関係を強調するスペンサーの考えは受け入れやすかったものの、貧者に対する自由放任主義的な態度には同意できなかった。デューイは、プラグマティズムを「実地に適用される実験的な心の習慣」を意味するものとしてとらえていた。彼が「進化的方法」と呼ぶものでは、いかなる道徳規範も推論も「特定の環境状況に対する調節や適応の道具」として扱われる。言い換えると、彼は進化を、過去に生じた遺伝子間の選択としてのみならず、現在における信念や実践方法のあいだで生じる選択プロセスとしても考えていたのだ。これはテイヤール・ド・シャルダンの見方や、のちの章で検討する「ニッチ構築」の概念に近い。

デューイは自分の実験的なアプローチを推進するにあたって、現在でも強い影響力を持つラボラトリー・スクールをシカゴ大学に開設している。学校は最高の教育実践を進化させるための実験室たるべしとする考えは、当時にあっては非常に革新的なものであった。また彼は、第二世代のプラグマティストたちとも密接に協力し合っていた。それには、ジェーン・アダムズ、ジョージ・ハーバート・ミード、W・E・B・デュボアらが含まれ、彼らは社会改革主義者、民主主義の擁護者として親しまれていたのであり、よって社会進化論と結びつけられることなどまったくなかった。

デューイは、ダーウィンの影響を強く受けたプラグマティズムの哲学学派を代表する人物である。

デューイは一九一〇年の著書『哲学へのダーウィンの影響（*The Influence of Darwin on Philosophy*）』で、ダーウィンについて次のように述べている。

絶対的な永遠性という神聖な箱舟に手をつけ、完全で固定的な類型と見なされてきた形態を、起源を持ち、過ぎ去るものとして扱うことで、『種の起源』は、やがて知識の論理、ひいては道徳、政治、宗教の扱いを変えざるを得なくなった思考様式を提示した。[*19]

デューイは、「変化」を意味するものとして「進化」をとらえ、道徳的な社会の建設には人間の主体性が本質的な役割を果たすと考えていた。

ブギーマンの創造

ジェフリー・ホジソンの緻密な分析に見たように、「社会進化論」という用語は、歴史家のリチャード・ホフスタッターが一九四四年の著書『アメリカにおける社会進化論』によって広めるまでは、めったに使われていなかった。第二次世界大戦中は、冷静な学問的分析が顧みられる時代ではなかった。ホジソンが述べるように、「偉大な歴史家の能力は、ファシズムやジェノサイドに対抗するための、イデオロギー的な戦争努力につぎ込まれた」のだ。ホフスタッターの本では、人種差別主義、国家主義《ナショナリズム》、競争的な争いを擁護する見方は何であれ、社会進化論の範疇に括られている。

ダーウィンの理論をめぐって、純粋に生物学的な側面と、人間との関係という側面を区別しようとする人々もいた。遺伝子についてまったく何も知らなかったダーウィンは、自分の理論を変異、選択、形質遺伝（heredity：何らかのメカニズムによって子が親に似ること）という用語で定式化した。しかし二〇世紀初期に遺伝学が誕生すると、子が親に似る方法は他には何もないかのように、遺伝子が遺伝の唯一のメカニズムであると見なされるようになる。この見方は明らかに誤りだが、生物学において、文化的遺伝の研究は一九七〇年代になるまで復活することがなかった。[*20]

社会学者は社会学者で、生物学から独立を宣言すべき独自の根拠を持っていた。そしてその根拠は、社会進化論＝悪という図式とは何ら関係がなかった。社会の研究を独立した分野として確立するためには、社会学は、生物学的事実にも、それどころか心理学的事実にさえ還元し得ないと断言しなければならなかったのだ。アメリカの社会学者タルコット・パーソンズは、その文脈で「社会進化論」という言葉を使い、デューイなら喜んで進化論的と呼んだに違いない社会構成主義（Social Constructivism）を除外しつつ、厳密に生物学的な影響に言及している。[*21]

かくして進化論は、人間以外の生命、人間の身体、いくつかの基本的な生存本能を説明する一方で、強力ではあるが人間の行動や文化の多様性については何も語らない理論として広く見なされるようになった。またその過程で、人間の持つ変化の能力は進化の軌跡の埒外にあるとされ、進化と「生物学」は、（遺伝子に釘付けにされていることに起因する）変化の能力の欠如に結びつけられるようになったのだ。

「社会進化論」という言葉は、ひとたび澄んだ目で見れば子どもじみているとしか思えないようなあり方で、この異様な考え方を強化したのである。それに関して、ジェフリー・ホジソンは次のように述べている。

森は危険な場所にもなる。だから私たちは、森に住む野獣やブギーマン〔伝説上の怪物〕が登場する物語を子どもたちに語って聞かせ、森に近づかないよう警告する。同様に、世に普及している「社会進化論」の何たるかを説明する物語は、生物学という暗い森に近づかないよう社会科学者に警告するための、ブギーマンの物語として考案されたものだ。私たちは、社会科学で生物学に由来する考えや類推《アナロジー》を使うのは、どんなものでも危険だと教えられる。いつものように怖ろしいことが起こるから、生物学という領域に足を踏み入れてはならないと警告される。だが、科学者を子どものように扱うべきではない。（……）歴史の捏造はやめて、ものごとをそれにふさわしい名前で呼ぶようにしようではないか。

最大の犠牲者

ダーウィンの理論は誤用され得るし、実際にされてきた。しかし同じことは、どんな理論にも、それどころかほとんどいかなる種類の道具にも当てはまる。ダーウィンの理論が特に誤用されやすいという証拠はどこにもない。したがって「社会進化論」という言葉をブギーマンに仕立てることは、まっとうな学問や科学の分野ではまったくの見当違いである。これまで社会進化論に結びつけられてきた政策は、実際にはダーウィンの理論の正当な解釈や理解とはほとんど何の関係もない。

この烙印行為《スティグマライゼーション》の最大の犠牲者は誰であろうか？　私たち全員である。進化論は生物学の内部では大きな進歩をなし遂げてきたのに、社会科学や人文科学、そして実践面への応用に関連する多くの分野からはほぼ完全に除外されてきた。さて、ブギーマンとしての社会進化論という神話を一掃した今や、集合的な未来を意識的に進化させるために、進化論の世界観を肯定的に活用する方法を探究する準備が整った。

第2章

ダーウィンの道具箱

民主党支持者にとっても共和党支持者にとっても、二〇一六年の米大統領選挙で思い知らされたもっとも由々しき現実とは、真実のもろさであった。私たちのほとんどは、真実を語るよう、いつのときにも忠告される。しかし誰にでも覚えがあるように、ときに私たちはうそをつく。なぜなら、うそをつくことは、無数のあり方で自己に有利な状況をもたらし得るからだ。しかし私たちは、誰もがうそをつけば、信頼に足る情報という貴重な何かが失われることも知っている。だからたいていの人は、真実を口にするよう心がけ、うそをつけば罰せられると想定し、自分以外のうそつきを熱心に罰しようとするのだ。

しかしそれは、二〇一六年の米大統領選挙で変わってしまったように思われる。特定の人々や組織は、真実を語るべしとする規範を自己の利益のために放棄し、自分の党派的な目標を達成するために悪辣にも「フェイクニュース」を広めたらしい。さらに悪いことに、社会は、虚偽に対して反応しなくなってしまったように思われる。フェイクニュースやその他の欺瞞が明るみに出たとき、誰も罰せられなかったのだから。こうしてあっという間に、フェイクニュースはがん細胞のように人々のあいだで蔓延していった。

　世の地獄を想像するなら、いかなる事実も信用されない世界ほどそれにふさわしいものはないだろう。それに比べれば、学問や科学の規範は、まったく天国そのものであるように思えてくるはずだ。前章に登場したジェフリー・ホジソンやロバート・リチャーズらの学者や、本書でこれから紹介する多数の科学者たちは、聖人ではない。しかし彼らは、強い決意をもって真実の発見に身を捧げている。さらに重要なのは、遵守を強く義務づけられている、真実を語るべしとする規範への説明責任を彼らが負っていることだ。学者や科学者として情報を伝達するためには、自分が言いたいことのすべてを文書化しなければならず、自分の業績が公刊される前にピアレビューを受けなければならない。参照文献を明記しなかったなどの小さな違犯でさえ、自分の評判を傷つけかねない。データの捏造などの言語道断の欺瞞を行なえば、学界追放の憂き目に遭うだろう。その意味において、学者や科学者は、真実を自分たちの宗教と見なしている[*1]。

　とはいえ、私たちはそれについてあまり考えてみようとしない。学者や科学者は、日夜　道具箱を抱えて配管工や大工のように働く。何とか仕事をもらい、それにふさわしい道具を求め、事実の解明を目指して仕事に着手するのだ。道具には物質的なものもあれば、例外的な洞察をもたらしてくれる情報分析方法など、概念的なものもある。私は本章で、ダーウィンの道具箱に収められているおもな概念ツールを紹介する。それらは、主として人間以外の生物の遺伝的進化の研究のために考案されたものではあるが、人間の遺伝的進化と、公共政策の立案を含めた文化的進化の研究にも役立つ。

ニコ・ティンバーゲンと四つの問い

ニコ・ティンバーゲン（一九〇七～一九八八）は、動物行動学《エソロジー》と呼ばれる分野の開拓者として、一九七三年にコンラート・ローレンツ、カール・フォン・フリッシュとともにノーベル医学・生理学賞を受賞したオランダの生物学者である。[*2] 攻撃性などの行動特性が、シカの角のような解剖学的特徴や、糖代謝のような生理学的特徴と同じあり方で進化し得るとする考えは、当時はまだ広く受け入れられていなかった。生物学の一分野として動物行動学を確立する努力を続けるなかで、ティンバーゲンは、いかなるものであれ進化の産物を十全に理解するために、解明が必要になる四つの問いに着目した。これら四つの問いは、進化を研究する科学者の道具箱に収められたもっとも重要な道具であり、本書の議論を理解するにあたって、それなしでは済ませられないものである。

第一の問いは、「ある特徴に機能があるなら、それはいったい何か?」「他のあり得るさまざまな特徴を差し置いて、なぜその特徴が存在しているのか?」である。第二の問いは、「その特徴の世代を超えた進化の歴史はいかなるものか?」である（以下系統発生と訳す）。第三の問いは、「対応する身体のメカニズムは何か?」だ。行動特性を含めたあらゆる特徴には、機能に加え、解明されるべき身体的基盤が存在する。そして第四の問いは、「その特徴は個体の一生を通じていかに発達するのか?」である

〔以下個体発生と訳す〕。ダーウィンの道具箱の基本コンセプトは、これら四つの問いをそれぞれ別ものとして認識し、相互に組み合わせながらそれらを解明していくことから成る〔以下本書を通じてティンバーゲンの四つの問いにたびたび言及されるが、それらの箇所では、基本的に【機能】【系統発生】【メカニズム】【個体発生】と略記する。したがってたとえば、【機能】は「ティンバーゲンの機能に関する問い」と読み替えられたい〕。

たとえば手は、物体の把握（【機能】）に関連して、脊椎動物の一部の系統に沿って自然選択によって進化した適応器官であり、解剖学的に魚類の鰭《ひれ》に類似する（【系統発生】）。身体組織という点では、物体をつかむのに最適なあり方で筋肉、骨、腱、神経が組み合わされている（【メカニズム】）。そして手は、早ければ妊娠後五週目で出現し始める（【個体発生】）。手に関する完全な説明は、このように四つの問いのすべてに答えることから成る。

ティンバーゲンは動物行動学を開拓した。

「よろしい。だがいったいどうすれば、政策立案者の道具箱に収める道具としてティンバーゲンの四つの問いを使えるのか？」と、読者は訝《いぶか》しく思っていることだろう。そこで四つの問いをもっと詳しく見ていくことにしよう。

これは何に使う道具か？

この道具《ガジェット》（次頁）が何かをするために設計されているのは明らかだ。だが、何のためか？　しば

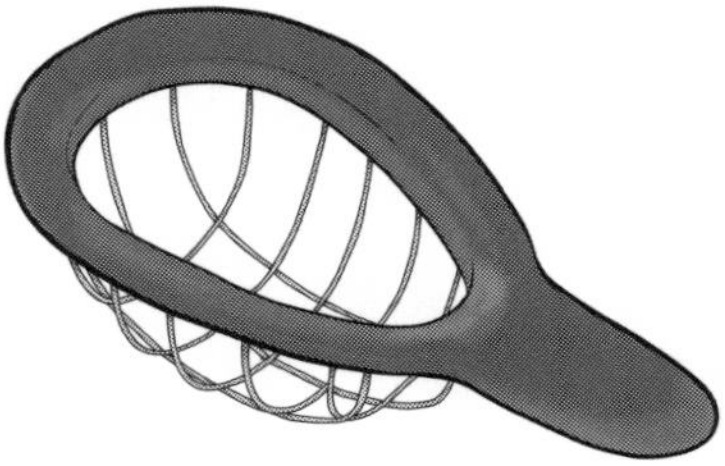

これは何に使う道具か?

らく自分の頭で考えてみよう。ザルだろうか？　しかしたいていのザルは、網の目がこれほど大きくはない。猫用トイレの砂から糞を掬《すく》い取るための道具だろうか？　それにはもっと長い柄がほしい。あるいは、男性アスリート用の風通しのよい急所プロテクターかもしれない。違う、違う、違う！　これはアボカドキューバー〔アボカドを四角く細切れにする器具〕だ。

講義や講演で私がこのゲームを始めると、屋内はゲームショーのような雰囲気に満たされる。いつもは人前でしゃべりたがらない人が、勢いよく手をあげたりする。間違った答えよりはるかにうまくこの道具の使い道を教えてくれる正解を知ると、爆笑したり満足そうな表情を浮かべたりする。正解を知れば、網の目の大きさや柄の長さは謎ではなくなる。そして、それまでは無意味であるように思われていた、（アボカドに合致した）全体的な形状や縁のあいだの幅は、重要な設計部分であることが判明する。

読者のためにもう一つなぞなぞを出そう。雪の結晶は、何のために設計されているのか？　左の図を見ればわかるとおり、雪の結晶は、アボカドキューバーよりはるかに複雑な形をしている。それにもかかわらず、なぞなぞの答えは、「雪の結晶は何かのために設計されているのではない」というものである。人間が製作したものでもなければ、生物でもない。そうではなく雪の結晶は、低い気温のもとで小さな粒子のまわりに水の分子が結晶化するときに生じる物理プロセスの結果として形成される。

雪の結晶に目的などないということは、それに価値がないことを意味するのではない。価値とは主観的なものであり、私は、日没、雲の景色、夜空などとともに雪の結晶の美しさに紛うかたなき価値を感じる。しかしそれらはいずれも、人間が製作した道具や進化の産物たる生物のように、何らかの目的のために設計されたものではない。雪の結晶や天候などの物理プロセスを、あたかも特定の目的のために設計されたかのように説明すれば、それを聞いた人は混乱するだろう。また、アボカドキューバーのような人間が設計した道具や鳥の羽のような生物学的に適応した器官を、あたかも特定の目的のために設計されていないかのように説明すれば、同じような混乱を招くだろう。

機能設計を前提とする説明と、しない説明の決定的な違いを強調するもう一つのたとえがある。山を登っていて、前方で何かが砕ける音がするのを耳にしたとする。すぐに動かなければ、あなたは落ちてくる巨大な丸石に押し潰されてしまう！　あなたは落ちてくる石の軌跡をすばやく計算し、避けようとして一歩を踏み出す前に石がコースを変える可能性にも留意する。間一髪！　さてここで何かが砕ける音が、落ちてくる丸石ではなく、襲いかかってくるクマがたてたものだったとしよう。クマ相手に丸石と同じように推論すれば、あなたの命はない。クマの攻撃を回避するには、丸石を避ける場合とはまっ

雪の結晶は美しい構造をしているが、機能を持たない。

たく異なる思考様式が必要とされるのだ。

ここで、アボカドキューバー、鳥の羽、襲いかかるクマについて考えるあり方を「機能的推論モード」と、また、雪の結晶、天候、転がり落ちてくる丸石について考えるあり方を「物質的推論モード」と呼ぶことにしよう。私たちの誰もが、生涯にわたり両モードの推論を行ないつつ生きている。しかし私たちは、両者を取り違えやすい。たとえば雪の結晶のような純粋に物質的な事象を、鳥の羽のように機能的に設計されたものとしてとらえることがある。逆もまたしかり。あるいは、アボカドキューバーをアスリートの急所プロテクターと取り違えるなど、機能的に設計されたものとして正しくとらえながら、その物体に間違った機能を見出すこともある。その種の間違いが起こると、ダーウィンとセジウィックがウェールズの谷で化石を探し回ったときのように、現実が見えなくなるのだ。

ダーウィン以前の世界観

ダーウィンの進化論が登場するまでは、その種の誤りが壮大なスケールで生じていた。キリスト教の世界観では、全宇宙が慈悲深い全能の神によって創造されたとされる。小さな昆虫から天空の星々に至るまで、神の偉大な計画のなかで割り当てられた役割を演じているのである。また人間の苦しみや悪の顕現にさえ目的があり、私たちはその解明に努めなければならない。だからマルサスは、飢饉や疾病を、道徳にかなう振る舞いをするよう人間に教えるために、神が課したものと見なしていたのだ。今日の知見に基づけば、それらの誤りのほとんどは、純粋に物質的なプロセスを設計されたプロセスと取り違えたり、設計された物体に見当違いの機能を割り当てたりした結果によって生じたと言える。

啓蒙時代における科学の勃興は、その種の誤りを正すために始まったとはいえ、放置した誤りもある。アイザック・ニュートンは、方程式を用いて惑星の運動を予測する能力を見せつけて世界を驚かせた。しかしその彼も、天空の事象に意図や設計を見出していた。彼や啓蒙時代の他の多くの思想家にとって、科学的な探究は、創造物を研究することで神を理解するための新たな方法だったのだ。科学的な知識は、聖書の言葉に符合しない場合が多く、そのため啓蒙時代の思想家たちと伝統的な教会のあいだで争いが生じた。それでも科学者でさえ、科学的な探究が、あらゆる部品が全体の働きに貢献する巨大な時計、すなわち調和に満ちた秩序ある宇宙の解明に至ると想定していたのである。

経済の理論と実践における自由放任《レッセフェール》の概念は、キリスト教思想と、ダーウィンに先立つ啓蒙思想の直系の子孫である。自由放任とは、余計な介入をすることなく事態を起こるにまかせる政策や態度をいう。一八世紀初期におけるこの言葉の用例の一つとして、「自然の成り行きにまかせる」があげられるが、[*3]この方法は、自然全体が調和に満ち、自己調節能力を持つ場合に限って意味をなす。生態学者は、「余計な介入をしなければ、自然はバランスのとれた調和を達成できる」とする考えを現在ではほぼ捨てている。[*4]それどころか生態系は、頻繁にバランスを失い、人間の観点から見れば望ましいこともあれば望ましくないこともある、さまざまな「吸引流域（局所的に安定した配置）」へとはまり込むことがある。賢明な環境保全政策は、複雑なシステムの性質を念頭に置きつつ積極的な管理を行なうことを求める。同じことは賢明な経済政策にも当てはまるが、前ダーウィン時代の自由放任の概念は、その事実をはっきりと認識するにあたって妨げになる。[*5] 経済政策に関しては以後おいおい述べていくが、差しあたって指摘しておきたい重要なポイントは、「現在でも私たちは、機能的推論で大きな間違いを犯している」ということだ。

ダーウィンの進化論は、自然界における機能的設計の存在や欠如に関する正しい見方の提起という点で、画期的であった。鳥の羽、トラの牙、ガゼルの足の速さなど、精巧に設計されているように見える自然界のほぼいかなる特徴も、その特徴を持つ個体が別の特徴を持つ個体よりうまく生き残って繁殖するという、歴史的なプロセスのおかげで存続している（【系統発生】）。進化論の言葉を用いれば、それらの特徴は、よりよく環境に適応している。他の特徴と比較しての適応度の高さは、自然界における設計の唯一の源泉なのだ。

この単純な言明は、ときに「適応主義的思考」あるいは「自然選択的思考」と呼ばれる、ダーウィンの道具箱に収められた最強の道具の一つを導く。アボカドキューバーの特徴を理解したのと同じ方法で、ある生物の特徴を理解したければ、その生物が、自身を取り巻く環境内で生存し繁殖するために、いかなる構造が必要とされるのかを検討すればよい（【機能】）。一九七〇年代当時、まだ大学院生だった私は、かくしてカイアシの摂食行動について推論したのだが、私が自然選択的思考を採用したのは、そのときが初めてであった。

「適応主義的思考は有益な探究方法である」と宣言することは、それが単純であることを意味するのではない。また、機能的設計の正しい解釈に直接導いてくれるということを意味するのでもなければ、生物のあらゆる部位が適応的であると主張するのでもない[*6]。血管を流れる赤血球について考えてみよう。その第一の機能は、酸素を体内の他の細胞に送り届けることにある。また赤血球は、たまたま赤い。では、赤いことは赤血球の機能的設計の一部なのか？　この問いは、まったくの的はずれではない。もしかすると血液の色は、人間などの特殊な動物において信号としての価値を持つのかもしれない。たとえば負傷して出血すると、周囲の人々が助けに駆けつけてくれるよう、赤という非常に目立つ色をしているのかもしれない。しかしそれが正しければ、血液の色は、個体が互いに助け合う動物と、そうでない動物のあいだで異なってしかるべきだ。ところが、協調的な脊椎動物でも、協調的でない脊椎動物でも血液の色は赤なので、血液の色の社会的信号仮説が真である可能性はきわめて低い。ゆえにもっとも妥当な結論は、血液の色にはいかなる機能もないというものであろう。つまりそれは、酸素の運搬というヘモグロビンの主たる仕事の副産物にすぎないのである。その線で調査を進めていくためには、物理的な分子としてのヘモグロビンについてもっと詳しく知ることが役に立つが、そのためには【メカニズム】に目を向ける必要がある。進化論者は、真実の解明という仕事の一部として、その種の仮説の考案、検証、そして承認もしくは棄却をつねに行なっている。つまりそれは、私たちの概念的な道具箱の一部をなしているのである。

もう一つの例として、孤島における鳥類の行動について考えてみよう。ダーウィンがガラパゴス諸島を訪れたとき、驚いたことに、木と見間違えたかのように鳥が彼の肩や腕に止まった。ガラパゴス諸島の鳥は、人間のいない島の生活にうまく適応していたが、人間や、ネズミ、ヤギ、ブタ、ネコ、イヌなどの哺乳類の存在にはうまく適応していなかったのだ。そうした状況の中で、人々と彼らが連れてきた哺乳類が孤島に足を踏み入れた途端、島の環境は、すべての土着の生物にとって劇的に変わってしまい、古い環境に適応していた生物は、新しい環境に対して、悲劇的にも完全な不適応の状態に陥ってしまったのである。土着の動植物が人間によって保護されるか、新たな環境に適応するかしない限り、それらの生物は絶滅に至る可能性が高い。適応は、それに至る歴史的な環境のもとでの生存と繁殖という言葉で理解されねばならない（【系統発生】）。ひとたび環境が変化すると、変化した環境に既存の生物がうまく適応できると考えるべきいかなる理由もなく、新たな環境に適応するまでには、数世代が必要とされる。[*7]

進化によって生じた不整合は、人間以外の生物だけに生じるのではない。私たちは多くの点で、孤島に生息する鳥類に似ている。存在しなくなった環境に適応し、悲しいことに現在の環境にうまく適応できていないからだ。次章では、それに関して三つの事例を取り上げるが、差しあたって、進化論者の道具箱に収められている二つの道具、【機能】と【系統発生】が、政策立案者の道具としても有用であることを理解しておこう。

生きた雪の結晶

雪の結晶の本質を知りたければ、物理的なプロセスだけに着目すればよい。雪の結晶は、零下の気温のもとで、水分子が塵埃や花粉などの空中を漂う微粒子を核として結晶化することで生まれる。水分子は、互いに集まって結晶を形成するとき六角形をなすよう形を整える。結晶が成長するにつれ、結晶の縁に不規則に新たな水分子が追加されて腕をなし、それを新たな縁としてさらに成長していく。雪の結晶は一般に、10^{19}個というぼう大な数の水分子から構成されるので、子どもの頃に教えられたとおり、個々の雪の結晶は実のところ特異である。雪片が地表に向かって落下するにつれさまざまな状況に遭遇するため、結晶の成長が気温などの気象状況に依存せざるを得ないという事実が、個々の雪の結晶が持つ特異性に寄与しているのだ。

雪の結晶と違い、このエンジェルフィッシュの骨格は美しい構造とともに機能を持つ。

雪の結晶の形成と成長の理解は、物質的推論モードの一例であり、水の化学的な特性と物質的環境の相互作用に完全に基づいている。雪の結晶は人工物でも進化の産物でもないので、この説明に機能的推論は不要であり、それどころか誤解のもとになる。

生物に関しても、人工物に関しても、物質的推論モードと機能的推論モードの両方を駆使して考える必要がある。それゆえ【メカニズム】と【個体発生】は、【機能】と【系統発生】によって補完されねばならない。上の図の美しいイメージ、エンジェルフィッシュの骨格は、雪の結晶と同様、時間の経過につれて成長し発達する、物質的なプロセスの産物である。しかし雪の結晶とは異なり、生物の物理的プロセスは、数十億年をかけて驚くほどの精度で複製を繰り返し、自然選択によって形成されてきたものであり、その詳細を学べば学ぶほど、驚異的なものに思えてくる。生物化学、分子生物学、遺伝学、神経科学など、メカニズムを研究する生物学の分野は、生命の物質的基盤の解明に専心している。

いかにすれば物体の機能と物質的基盤を相互に独立したものとして研究できるのかという問いは、言及に値する。たとえば、先に図に示したものとはまったく違う材料を用いてアボカドキューバーを製作せよという課題を出したとする。おそらくその課題を達成するのは、それほどむずかしくはないはずだ。同様に、砂漠に生息する動物の多くが、捕食者や餌食にする動物から身を隠すために砂と同じ色をしているというありきたりの事実について考えてみよう。そのことは、砂漠に生息するカタツムリ、昆虫、両生類、爬虫類、鳥類、哺乳類に当てはまる。どの動物に関しても、その理由は明らかである。体色を変えられる個体や、背景色と符合する体色を持つ個体は、生き残って生殖できる確率がもっとも高い。だが、ちょっと待ってほしい！　これらの動物の体表面は、それぞれまったく異なる素材でできている。たとえばカタツムリは炭酸カルシウム、昆虫はキチン〔窒素を含有する多糖類〕、爬虫類はケラチンなどである。砂と同じ色になることを予測するために、それぞれの生物の物質的な構成について知っておく必要はない。各生物の物質的構成は、遺伝的変異の素材になる限り、自然選択によって形状が付与される柔軟な粘土のようなものになり得るからだ。[*8]

しかし生物はいかなる方向へも進化し得ると主張すれば、それは言い過ぎになる。遺伝子や発達経路によって課される制限があるからだ。したがって生物の特徴には、機能的設計ではなく物質的構成の観点からのみ理解できるものがある。またどんな適応であれ、十全に理解したければメカニズムについて把握しておかねばならない。砂漠に生息するカタツムリの殻が砂と同色のはずだと予測するために、それが炭酸カルシウムでできていることを知る必要はないが、どのような仕組みで砂と同じ色をしているのか、あるいはときにそれに失敗するケースがあるのはなぜか、などといったことを理解するためには、その事実を知っておく必要がある。

巨匠の仕事

名人芸を学ぶための最善の方法は、巨匠《マスター》が仕事をしているところを観察することだ。そのようなわけで、一人の巨匠進化論者が、いかにティンバーゲンの四つの問いを結びつけて進化の作用を研究しているのかを紹介することで、ダーウィンの道具箱について検討してきた本章を締めくくろう。[*9] その巨匠進化論者とは、リチャード・レンスキーのことだ。彼は、社会学者ゲルハルト・レンスキーと詩人ジーン・レンスキーを両親として、一九五六年に生まれている。生態学と進化に興味を抱いていた彼は、自然環境下における昆虫の研究を専攻するようになった。しかし一九八二年にノースカロライナ大学で博士号を取得した直後、気を変えた。生態学と進化における基本的な問題を真に追求したいのであれば、大腸菌と呼ばれる微生物を研究すべきだと思い直したのだ。

なぜか？ 人間の内臓に生息する細菌の一種である大腸菌は、最適な成長条件のもとではわずか二〇分ごとに繁殖するというのが、その第一の理由である。この繁殖速度なら、毎日七二世代、毎週五〇四世代が誕生する勘定になる。人間の一世代に対応する期間がおよそ二〇年とすると、(最大成長率での)大腸菌の一週間の進化は、人間に換算すると一万年以上の進化に相当する。これは人間の文明がまさに誕生せんとしていた時代までさかのぼるものだ。

大腸菌はまた、世界でもっともよく研究されている生物の一つでもある。これまで生物学者は、多数の生物に関してわずかなことしか知らないより、わずかな生物に関して多くのことを知ったほうが有益だとする戦略に基づいて、賢明にも数種の生物をモデル生物として選択してきた。代表的なモデル生物のリストには、大腸菌の他に、線虫のカエノラブディティス・エレガンス、キイロショウジョウバエ、ハツカネズミ、ドブネズミが含まれる。ただし、以上のモデル生物が、保有遺伝子の一覧や、さまざまな遺伝子がいかに相互作用して生体を組み立てているのかなどの詳細情報(【メカニズム】【個体発生】)に関して、どの程度生物学者によって徹底的に調査されているのかを見積もるのはむずかしい。

大腸菌のような微生物には、進化の研究に非常に役立つもう一つの利点がある。つまりその細胞を凍結して長期間保存したあと、解凍して生き返らせることができるのだ。だからレンスキーは、大腸菌を新たな実験環境のもとに置き、定期的に標本個体を凍結し、やがて祖先の大腸菌を生き返らせて子孫と比較することができたのである。まさに生きた化石記録と言えよう!

レンスキーが一九八八年に着手した実験は、単純そのものだった。特定の大腸菌の、遺伝的に同一なただ一つの分枝系《クローン》を用いて、実験室で三角フラスコのなかに一二の個体群を作り出した。おのおののフラスコには、おもなエネルギー源としてブドウ糖《グルコース》を含有する一〇ミリリットルの液体増殖培地が加えられていた。フラスコは振盪《しんとう》培養器に収納され、一定の温度と照明のもとで十分に攪拌された。そして毎日抜かりなく、各フラスコから〇・一ミリリットルの液体培地を抽出し、九・九ミリリットルの殺菌した新たな液体培地とともに別のフラスコに移した。一二の個体群の大腸菌は混合されることはなかった。つまり、振盪培養器の内部にきっちりと並べられていても、数千マイル離れた孤島に生息する生物同士のように、遺伝的に完全に隔離されていたのだ。

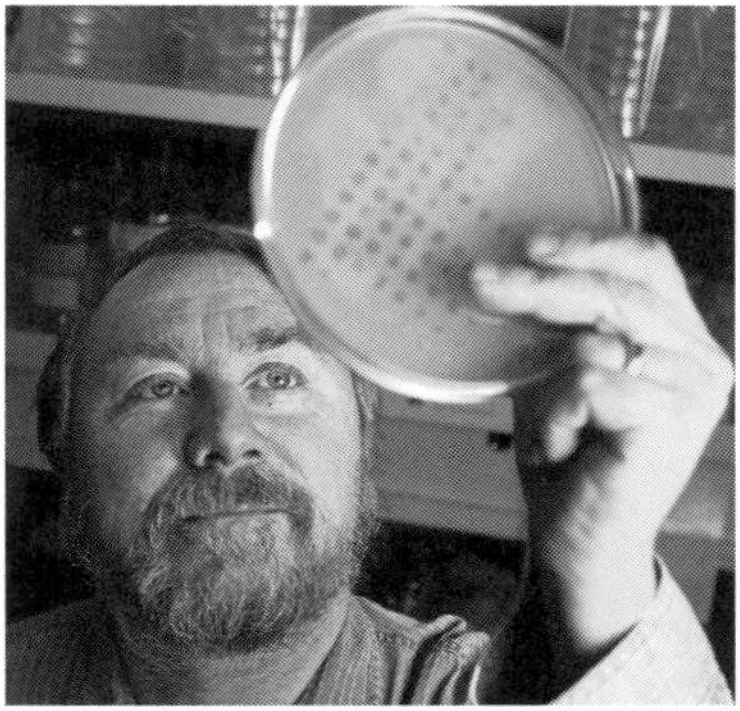
リチャード・レンスキー：仕事に余念のない巨匠

大腸菌は新たな実験環境のもとで順調に成長し始め、資源が枯渇するまで毎日およそ七世代が誕生した。五〇〇世代ごとに、フラスコから標本が抽出され、凍結して保存されることで生きた化石記録の一部になった。この手順は単純であるかのように聞こえるかもしれないが、レンスキーらには修道僧のような献身が求められた。一部の培地を別のフラスコに移す作業は、毎日怠りなく行なわなければならない。つねに誰かがついていなければならない。バックアップフラスコと凍結した標本の維持管理、定期的な汚染チェック、停電や故障の対応も必要とされる。それらの作業を毎日毎日、現在になるまで行なっているのだ（およそ七万世代に達している）。これは人類の種としての全歴史に匹敵する！

さて、一二個のフラスコのそれぞれで、遺伝的変異が発生し、他の株より成長速度の速い株が出現した。それらの株は勢力を増し、成長の遅い株を置き換えていった。レンスキーは、凍結されていた標本を解凍し、祖先の成長率と子孫の成長率を比較することでそれを確実に知ることができた。競走馬を走らせるかのごとく並べて成長させてみると、子孫は祖先より成長が六〇パーセント速かったのである（【機能】【系統発生】）。

また分子生物学の技術を用いることで、レンスキーは発生した遺伝的変化と、新たな遺伝子がいかに大腸菌の構造と生理作用を変え、実験環境への適応をもたらしたのかをピンポイントで指摘することができた（【メカニズム】【個体発生】）。遺伝的変化は、一二の個体群のあいだで同一だったのだろうか、それとも異なっていたのだろうか？　この問いに対する答えは、はっきりしない。すべての個体群が、まったく同じ化学的、物質的環境のもとに置かれていたので、ある個体群に有効な解剖学的変化や生理学的変化はすべて、他の個体群にも有効であってしかるべきだと考えられる。しかし他方では、遺伝的変異は偶然的な事象であり、異なる個体群のあいだでまったく同じ変異が生じるとは考えにくい（【系統発生】）。

しかしレンスキーは、まさにそのような、一二の個体群間での（すべての株がグルコースの消化に長けるという）機能的な類似性と遺伝的相違の結びつきを見出したのである。たとえば一二の個体群すべてで大腸菌のサイズが増大したが、メカニズムの観点から見ると、それを引き起こした変異は個体群ごとに異なっていた。ものごとの解決方法は一つではないとよく言われるように、大腸菌のサイズの増大やその他の適応事象に限れば、機能的に等価であるような大腸菌の遺伝的変化は多数あるということだ。

ところでレンスキーは、二〇〇〇世代にわたって一二の個体群を相互に隔離し続けたあと、従来の実験を続けながら、新たな実験に着手している。新たな実験では、一二の個体群のエネルギー源をグルコースからマルトースと呼ばれる別種の糖に代えた。何が起こったか？　一二の個体群はただ一つの分枝系に由来し、グルコースをエネルギー源とするまったく同一の実験環境に適応してきた。それにもかかわらず、エネルギー源をマルトースに代えると、繁栄の度合いにおいて個体群間で大きな差が生じた（【機能】）。つまりグルコースというエネルギー源にそれぞれ異なるあり方で適応し、その差異が、マルトースをエネルギー源とする成長率の違いをもたらしたのだ。一二の個体群はそれぞれ、一〇〇〇世代が経過するうちには、マルトースをエネルギー源とした場合の成長率を向上させてはいったが、もとの実験の出発点とは異なり、新しい実験の出発点は一二の個体群間で異なっていたのである。こうして各個体群は、独自の遺伝的実体を構成するようになった（【系統発生】）。

もとの実験に戻ろう。一二の個体群は、不変の実験環境に適応する方法を使い果たしてしまったのだろうか？　実験開始直後に、個体群はより迅速に環境に適応したことは確かだが、ピークに達することはなかった。数千世代を経たあとでさえ、成長率をさらに向上させる変異が生じていたのだから。これらの変異は、以前の世代でも生じていた可能性はあるが、そうであったとしても他の必要な遺伝的変化を欠いていたために個体群全体に広がっていくことがなかった。言い換えると、一二の個体群が多様化するにつれ、後続の変異が生じるための遺伝的背景も互いに異なったものになっていった。それゆえ同じ変異が、ある個体群では有益な作用をもたらしても、別の個体群では無効であったり、有害な作用をもたらしたりしたのである（【メカニズム】【個体発生】）。

レンスキーが実験に着手してから一五年が経過したあと、驚くべきことが起こった。ある個体群が、増殖培地の成分として当初から加えられていた、クエン酸塩と呼ばれる化合物を消化する能力を進化させたのである。クエン酸塩をエネルギー源にする細菌は存在するが、大腸菌はそれに含まれない。したがって、大腸菌がクエン酸塩を消化できるようになることは、人間が干し草を消化できるようになるにも等しい。それにもかかわらず、ある個体群はクエン酸塩を消化できるようになったのである。これは、一二の個体群のいずれにも起こり得たただ一回の偶然の変異のゆえに生じたのだろうか？　それとも、過去の世代の遺伝的変化の蓄積によって、その個体群だけが、まったく新たな資源に適応する準備を整えることができたのか？　レンスキーらは、クエン酸塩の消化を可能にする変異をもたらした進化に先立つ世代の凍結した化石記録を解凍し、その時点から実験を再開することで、その問いに答えることができた。すると確かに、クエン酸塩を消化する能力を初めて進化させた個体群は、再びその能力を進化させた。この個体群は、独自の遺伝的進化の旅を経て、それまでいかなる大腸菌の個体群もなし得なかったことを実行できるようになったのである（【系統発生】）。

科学ではよく道具《ツール》が用いられる。微生物学者は、三角フラスコ、ペトリ皿、加圧滅菌器《オートクレーブ》などを使うが、それらは一世紀以上前から用いられていた。それに加え、分子生物学の知見に基づくはるかに高度なツールも使っている。たとえば、一文字ずつ遺伝子コードを読むツール、あるゲノム配列から遺伝子を切り出して別のゲノム配列に挿入するツールなどである。これらのツールを使いこなすには訓練が必要だが、注目すべきことに、レンスキーは博士号を取得したあとで訓練を始めている。微生物学者になるために必要なツールを操れるようになることは、大工が配管工になるために必要なツールを使えるようになることとそれほど変わらない。努力は必要だが、その気がありさえすれば可能だ。

物質的なツールよりはるかに重要なのは概念的なツール（以下概念ツールと訳す）であり、レンスキーはそれを用いて実験を考案し、その結果を分析した。第一に、彼は適応主義的思考を駆使して、彼が作った実験環境のもとで、大腸菌が成長率を向上させていくだろうと予測した（【機能】）。しかも大腸菌の物質的な構造について何も知ることなく、そのような予測を立てることができた。なぜなら、成長率に関連し得る遺伝的変異の存在を、確信をもって前提にできたからである。進化が偶然的な変異に依存する歴史的なプロセスである点に鑑みて、彼は各個体群がまったく同じ進化の経緯をたどるわけではなく、時間が経過するにつれ各個体群間の差異が増大していくだろうと予測した（【系統発生】）。各個体群で生じる遺伝的変化を研究するためには、機能的推論モードから物質的推論モードへと頭を切り替える必要がある。遺伝子は物質的な実体であり、大腸菌の発達を導く遺伝子の相互作用の交響楽は、雪の結晶の発達と同じく純粋に物質的なプロセスである（【メカニズム】【個体発生】）。

【機能】【系統発生】【メカニズム】【個体発生】――これら四つのツールは、進化生物学の博士課程で受けた訓練の一部としてレンスキーが身につけた概念ツールであった。彼は大腸菌の研究に転じる前に、すでに昆虫の研究にそれらを適用していた。ニコ・ティンバーゲンが賢くも記しているように、これら四つのツールは、生物学者がどんな生物のいかなる側面を研究する際にも用いる概念ツールなのである。ひとたび使い方を習得すれば、自転車の乗り方と同様、ごく自然なものとして身につく。非常に単純なので、革新的な道具であるようにはまったく思えないかもしれない。しかしそれは、進化論の世界観を取り入れた人のみが駆使できるツールなのだ。さて次に、進化論の道具箱を、政策立案者の道具箱として、誰もが解決を望んでいる現代の問題に対処するためにどのように活用できるのかを考えてみよう。

第3章
生物学の一部門としての政策

二〇世紀中盤におけるニコ・ティンバーゲン、コンラート・ローレンツ、カール・フォン・フリッシュの課題は、「動物行動学は生物学の一分野である」、つまり「行動は他の特徴と同じあり方で進化する」ことを示す点にあった。一九七三年に三人がノーベル医学・生理学賞を受賞した頃には、彼らの課題は、彼ら自身の努力のみならず、きわめて有益な四つの問いのアプローチを駆使する他の多くの研究者の手によってほぼ達成されていた。さらには、それまで個別のテーマをなしていた進化（evolution）、生態（ecology）、行動（behavior）が、一つの分野として融合し始めていた。この融合された分野は、略称のEEBで表記されることが多く、私が大学院生の頃には、訓練の一環として組み込まれていた。

本書の課題は、政策立案が生物学の一分野であることを示す点にある。政策の標準的な定義は、「政府や集団や個人によって提案、採用される行動の指針や原理」というものである（この定義にあるとおり、政策（policy）には、政府のみならず特定の集団や個人によって提案、採用されるものも含まれる。やや違和感があるかもしれないが、それらに関しても「政策」という訳語で統一した〕。リベラリズムを奉じる政治家と保守主義を奉じる政治家は、経済を改善するためにそれぞれ独自の政策を提案する。多くの宗教は、少なくとも特定の状況下では「自分がしてほしいことを他者になすべし」とする政策を奨励する。「タイガー・マザー」〔エイミー・チェアのベストセラーにちなんだ流行語で、いわゆる「スパルタ教育」のこと〕は、子どもは厳しくしつけるべしとする政策を採る。政策を生物学の一部門として見ることは、すべしとされる行動が、深く進化に依拠したものでなければならないことを意味する。世界のどこで暮らしていても、私たちは、制度、政治イデオロギー、聖典、個人の哲学を参考にするのと少なくとも同程度に、進化論を参考にすべきである。

現在のところ、政策決定の世界から進化論の観点がほぼ完全に抜け落ちていることを考えれば、この提言はかなり過激だ。とはいえ私は、ティンバーゲンらの主張が科学界に認められるようになったのと同様に、読者が本書を読み終わる頃には、この主張を受け入れられるようになっていることを切に願っている。本章では、三つのストーリーを語ることで旅を続けるが、その順序には意図がある。最初のストーリーは、なぜ大勢の人々が、モノをはっきり見るためにメガネをかけたり、コンタクトレンズをはめたりしているのかを説明する。二つ目のストーリーは、脊椎動物の系統内で五億年をかけて適応してきた私たちの免疫系が、いかに現代の環境のもとでは負債と化しているかについて語る。三つ目のストーリーは、子どもの発達に関するものだ。三つのストーリーはすべて、ティンバーゲンの問い【個体発生】の重要性と、過去の環境への適応が現代の環境のもとでは悲劇的な不適応をもたらし得るという進化的な不整合に光を当てる。

目の発達

私たちの目は、機能的に設計されたものの完璧な例である。カメラと同様、目はレンズと光に感応する表面、さらには光量と焦点距離を調節するメカニズムを備えている。

目が見るために設計されているということを疑う人はいないだろう。目は人間によって設計されたわけではないので、神のような人間以外の設計主体、もしくは自然選択のような設計プロセスのいずれかの存在を示唆する。科学界では、この議論はとうの昔に決着がついている。実のところ、目に関して今日知られていることは、大腸菌を対象にリチャード・レンスキーが行なった実験の大規模バージョンのようなものだ。一二の個体群のおのおのが、同じ選択圧力に個別に反応したように（グルコースをエネルギー源として用いる能力）、〔進化の過程で〕一〇〇を超える生物種の系統が、光を情報源として用いるよう導く選択圧力に独自の反応を示したのである。[*1] 最近発見された生物の一つに、ワルノヴィアと呼ばれる海洋単細胞生物がある。単細胞生物の多くが向日性に基づく眼点を進化させてきたのに対し、ワルノヴィアは、細胞内構成要素から成る角膜、水晶体《レンズ》、網膜体を持つ十全な目を進化させてきた。[*2]

大腸菌がエネルギー源としてグルコースを処理する方法は、限りがあったとしても一つではないのと同様に、光を情報として処理する方法もいくつかある。しかしどの生物系統がいかなるメカニズムを用いているのかは、偶然と進化の歴史が大きく左右している。よく知られた例は、タコをはじめと

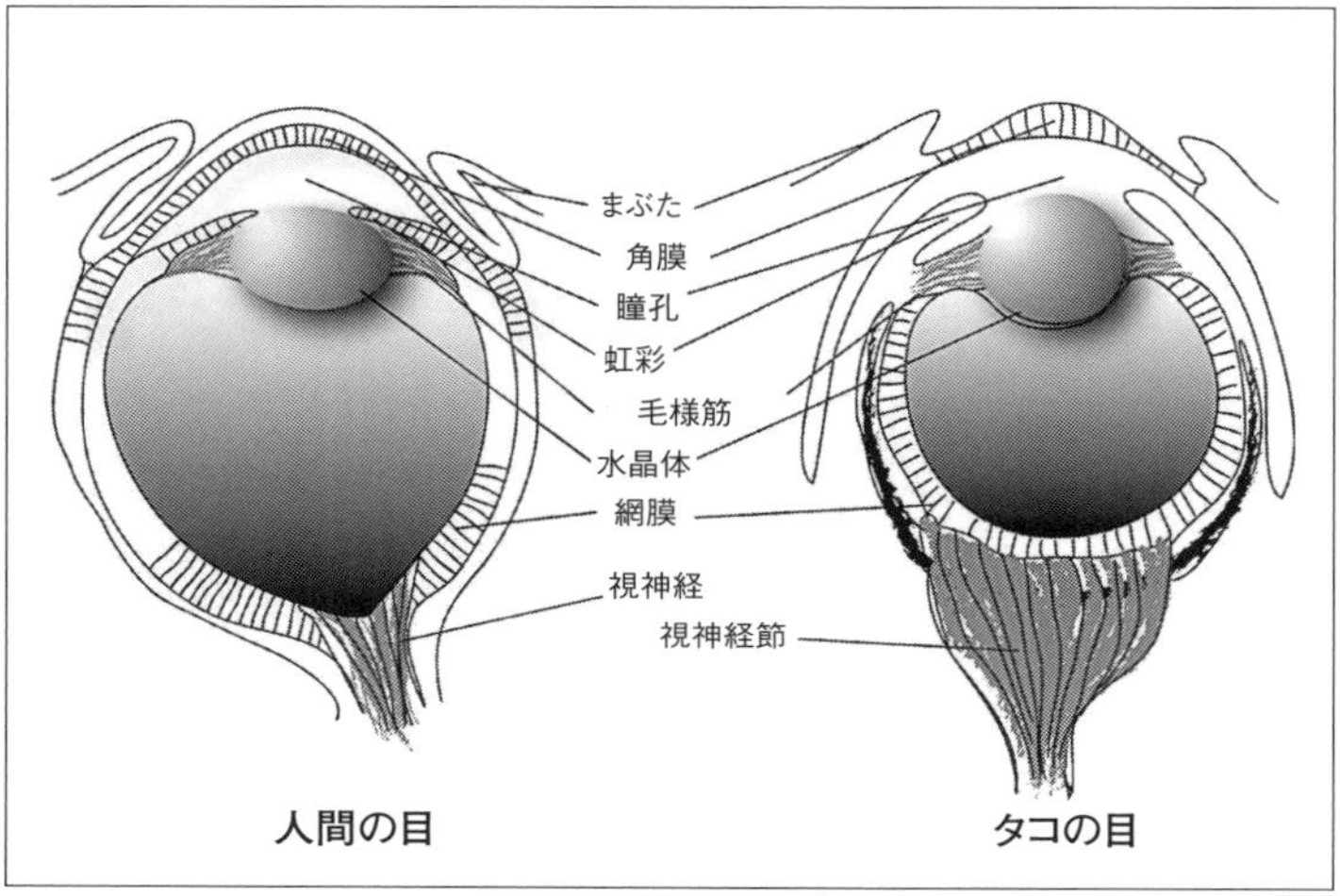

収斂進化のあらゆる例に、類似性と差異性の組み合わせが認められる。

する頭足類の目で、それは不気味なほど脊椎動物の目に似ている。しかしよく調べてみれば、両者のあいだには違いがあることがわかる。タコの目は皮膚組織から発達するのに対し、脊椎動物の目は脳組織から発達する。また光は、タコにおいては網膜細胞に直接当たるが、脊椎動物においては神経や血管から成る層を通過してから当たる。タコの目と脊椎動物の目が異なるのは、おのおのが独立して進化したからであり（【系統発生】）、それらが類似しているのは、目として機能するためには特定の解剖学的構造が必要とされるからだ（【機能】）。収斂進化のあらゆる例に、この類似性と差異性の組み合わせが認められる。

ティンバーゲンの言う【メカニズム】と【個体発生】に注目した場合、目は雪の結晶と同様、純粋に物質的なプロセスによって生まれる。物質的プロセスそれ自体は自然選択によって形作られたのではないので、結果として多様になりやすい。たとえば雪の結晶は、環境との遭遇によって、あらゆる個体が特異なものになる極端な例の一つである。目にとってその種の可変性は、破壊的に思える。しかし悠久の昔から作用してきた自然選択は、目の発達の物質的プロセスを形成し、目という同じ複雑な器官を何度も生んできたのである。このような品質管理の奇跡が、どのようにして起こったのだろうか？[*3]

時折、目の正常な発達という高度に統制のとれたプロセスを垣間見させてくれる異常が発生することがある。たとえば白内障は、水晶体が透明性を失うと発症する。この症状は、普通は高齢者に生じるが、ときに新生児にも生じる。人工水晶体の移植手術が最初に考案された頃、医師は幼い子どもにその手術を施すことを躊躇し、子どもの成長を待った。しかしこの善意による決定は、悲劇的な結果を招いた。というのも患者は、元来の原因を取り除いても、盲目、もしくは視力が著しく損なわれた状態のままだったからである。

何がかくも不都合な結果をもたらしたのか？　医師たちは知らず識らずのうちに、目の解剖学的構造と視覚情報の神経処理が、外界からの入力がなくても発達し得ると想定していたのだ。彼らが高い代価を支払って学んだのは、目の正常な発達には、網膜に投射されるイメージという形態で外界との相互作用が必要とされるという事実だった。白内障は、この相互作用を妨げる。外界からの入力なくしては、目の解剖学的構造と脳の機能の正常な発達は見込めない。かくして阻害された発達プロセスは、子どもが大きくなったあとで外界からの入力を導入したところで回復しない。

この事例は、（白内障を持って生まれた新生児を対象とする手術の時期に関する）政策を生物学に基づいて決定する必要性を示す格好の例になる。医師たちは、白内障の手術を遅らせることで、正しいことをしていると考えていた。しかし目の発達に関する生物学的知識の欠如は、彼らを悲劇的な誤りへと導いてしまった。そして目の発達と外界からの入力の必要性についてより多くを知るようになると、医師たちは幼い子どもに白内障の手術を施す時期に関して、賢明な医療政策をとれるようになったのである。

目の発達と脳内の視覚処理は、私が「硬直した柔軟性（rigid flexibility）」と呼ぶ原理の例になる。税金計算のためにパソコンソフトを使っている人なら、この原理についてすでに知っているだろう。税金計算ソフトは使用者に必要な情報の入力を促し、いくら納めるべきか、そして（願わくは）いくら還付されるのかを正しく計算する。税金計算ソフトは税金の計算という点では目を瞠《みは》るほどの柔軟性を示すが、他の仕事にはまったく使えず、間違った情報を入力したり、プログラムを数行でも変えたりすれば、正しい結果さえ得られない。つまりその柔軟性は硬直しており、簡単に失われる。「硬直した柔軟性」という言い方は撞着そのものであるように響くが、正しい視点から見ればまったく理解可能なものだ。

目の発達と脳内の視覚処理は、この「硬直した柔軟性」を帯びている。税金計算ソフトが正しい情報を入力するよう利用者に求めるのと同じように、発達途上の目は、正常な発達のために外界からの正しい入力を必要とする。悠久の時を超えて作用してきた自然選択は、外界に確実に存在する入力情報を必要とする発達プロセスを形成してきた。そのため、目という機能する器官が何度も進化したのである。しかし遺伝子コードをわずかに変えたり（有害な変異を引き起こしたり）、正しい入力が得られない環境を人為的に作り出したりすれば、目の発達のプロセスは破壊されるだろう。

一例をあげよう。視覚情報の神経処理は、輪郭線の認識を必要とする。メカニズムの観点から言うと、これは、ある細胞が水平線を、別の細胞が垂直線を、さらに別の細胞が斜線をとらえたときに発火することで達成される。各タイプの神経細胞の発火傾向は、生まれつき固定配線されている。しかし神経細胞は、発達初期において実際に発火する機会がなければ、他の神経細胞と、情報処理のための正しい結合を形成することができない。通常は、その点が問題になることはない。というのも、いかなる自然環境にも、水平線、垂直線、斜線が十分に含まれているからだ。ならば、水平線しか、あるいは垂直線しか存在しない視覚環境のもとで子どもを育てたら何が起こるのだろうか？　この問いに答えるために、二〇世紀中盤に子ネコを用いた実験が行なわれており、被験体のネコは重大な視覚障害を発症するに至った。

この装置は目に触れることなく目の発達を阻害する。

注目すべきことに、人間が自分たちのために構築する環境は、(子ネコの実験のように)輪郭線の種類を限定することによってではなく、他のあり方で目の発達を阻害する。その種の異常な人為的環境で育った人は、遠方の物体に焦点を合わせられなくなる。要するに、近視になるということだ。解剖学的に言えば、近視は、眼球、角膜の厚さや曲率、水晶体の形状などの物理特性の歪みによって引き起こされる。幸いにもこの歪みは、メガネやコンタクトレンズを使用すれば矯正できる。それらの文化的な発明がなければ、メガネをなくしたことのある近視者なら誰でもよく知っているように、近視は恐ろしく本人を消耗させる。

近視はおもに常軌を逸した環境によって引き起こされるという事実は、ずいぶん前から知られていた。一九七五年には、カナダ北部の二つの居留地で暮らすイヌイットを対象に研究が行なわれている。[*4]近視は高齢者より若者にはるかに多く見られ、男性より女性に多かった。また男女ともに、学校教育を受けた期間の長さに相関した。どうやら狩猟採集民の生活から定住生活への移行によって近視の流行がもたらされ、さらに学校教育が関与していることは明らかだった。

もっと最近になって行なわれた、ユダヤ人のティーンエイジャーを対象とする研究の結果によれば、正統派ユダヤ教の学校に通う少年の八〇パーセントが近視であった。それに対し、正統派の少女や非正統派のユダヤ人少年少女の近視者は、およそ三〇パーセントであった。[*5]正統派ユダヤ教の学校に通う少年は、長いときには一日に一六時間、学校で過ごしている。一九九八年から二〇〇四年にかけて行なわれた比較研究によると、近視の有病率は、(学校で過ごす時間が非常に短い)ネパールでは三パーセント未満、(学校で過ごす時間が非常に長い)中国の広州では六九パーセント以上であった。

明らかに人間が作り出した環境や、（多くの時間を読書に割くなどの）現代における人間の活動様式は、目の発達の正常なプロセスを混乱させている。一つの可能性としては、読書や、繊維産業における織物の欠陥チェックなどのある種の仕事に求められる、目の前の物体を注視する作業にかける時間の長さが悪影響を及ぼしているということが考えられる。ちなみに繊維業界では、遅発性近視の有病率が並はずれて高い。しかし第一の環境的要因は、目の前の物体を注視する時間ではなく、屋内で過ごす時間であることを示す証拠が集まりつつある。

自然実験〔巻末注6を参照〕に基づくある研究では、シンガポールで暮らす中国系の子ども（六～七歳）と、オーストラリアで暮らす中国系の子どもが比較されている。[*6] 両者のあいだには近視の有病率に九倍という大きな差があり、二つのグループの主たる環境的相違は、勉学に費やした時間の長さではなく、屋外で過ごした時間の長さであった。具体的な数値をあげると、一週間のうち屋外で過ごした時間の長さは平均して、オーストラリアで暮らす子どもは一四時間、シンガポールで暮らす子どもは三時間であった。二〇一二年に実施された、関連するすべての既存の研究を概観するメタ研究は、一週につき一時間余分に屋外で過ごすごとに、近視になる率が二パーセント低下すると見積もっている。

研究者たちは、近視の環境要因に関する理論を改善しようと、現在でも努力している。目の前の物体を長時間注視することで近視が引き起こされるとする理論は、一連の政策的な勧告を導く。同様に屋内で過ごす時間の長さが近視を引き起こすとする理論も、それとは別の一連の政策的な勧告を導く。一方の理論が間違っている可能性もあれば、どちらもある程度は正しい可能性もある。あるいは、両者の要因が複雑に絡み合っているということも考えられる。真実は、今後の科学的探究によってのみ判明するだろう。そして真実のみが、公共政策を導く指針になるべきである。したがって政策は、生物学の詳細な理解に基づいていなければならない。このことは、目の発達のような純粋に「生物学的な」事象に関しては明らかであるように思われるかもしれないが、次にあげる二つ目のストーリーは、「生物学的」と見なされている事象から、「行動的」あるいは「社会的」と見なされている事象へと対象範囲を拡大する。

きれい好きは敬神に次ぐ美徳ではない

一八四七年、イグナーツ・センメルヴェイスという名の産科医は、ウィーン総合病院の医師の検査を受けた妊婦が、助産師につき添われて出産した女性より、産褥《さんじょく》熱で死亡する可能性がはるかに高いことに気がついた。もっと詳しく調べてみると、医師はよく、検死解剖を行なったあと、そのままの状態で妊婦の検査を行なっていることがわかった。そして妊婦の検査を行なう前に、医師に塩素処理水で手を洗わせるという単純な便宜を図るだけで、センメルヴェイスは死亡率を一八パーセントから二・二パーセントへと低下させることができた。[*7]

彼のこの業績は、一六世紀以来さまざまな形態で提起されてきたにもかかわらず、一九世紀末になるまで広く受け入れられることのなかった病原菌理論の受容の記念碑をなすものであった。[*8]「最善の政策は病原菌を完全に死滅させることだ」という結論を、病原菌理論から引き出すのは簡単だ。

「全細菌の九九・九パーセントを殺す」などといった能書きを垂れた殺菌剤はたくさんある。しかしこの、既存の科学の知見に基づく、いかにもわけのわかったような仮定は、間違いであることが判明しつつある。潔癖すぎる環境は、独自の疾病をもたらし得るのだ。

なぜか？　一つの理由として、私たちの皮膚や内臓に生息している生物のすべてが有害であるわけではない点があげられる。それどころか有益な生物も多い。もう一つの理由はより微妙で、有害か、有益か、中立的かを問わず、それらの生物は、つねにそこにいたというものだ。だからそれを取り除いてしまえば、人類や、ホモ・サピエンスに至る生物の進化の歴史のなかで、これまで一度も存在したことのない環境を作り出す結果になる。私たちはたった今、異常な環境のもとに置かれた視覚システムに何が起こるのかを見てきた。それと似たようなことが、過剰に衛生的な環境のもとで私たちの免疫系の発達をめぐって起こっているのだ。しかも免疫系の機能の破壊という問題は、近視の問題よりはるかに解決がむずかしい。

　微生物や、他の小さな生物に満ちた生態系を宿す場所として、人体が機能しているという事実が生物学者のあいだで注目されるようになったのは、最近になってからにすぎない。「生態系《エコシステム》」「マイクロバイオーム〔マイクロバイオームは遺伝子を中心に、後出のマイクロバイオータは個体を中心に、皮膚や体内に宿る微生物をとらえた用語〕」などの用語は、二一世紀になる頃に考案されたばかりだ[*9]。気が遠くなりそうな数字を使わなければ、人体に宿るマイクロバイオームの大きさと多様性を表現することはできない。私たちは、精子と卵子の結合によってできた、たった一個の細胞から発生し、それが繰り返し分裂することによって身体が形成され維持される。成人は、およそ三九兆個の細胞から成り、それらが協調の交響楽を奏でながら私たちの生命を保っている。あたかもミニ惑星のごとく人体を生息場所にしている生物は、数において人体の細胞に匹敵する規模を有している。[*10] しかし細菌細胞は、人体細胞よりはるかに小さいので、マイクロバイオームの総重量は、私たちの体重のほんの一部を占めるにすぎない。ちなみに人体に宿るマイクロバイオームには、細菌、ウイルス、原虫、ならびに蠕虫《ぜんちゅう》やダニ類などの多細胞生物が含まれる。この瞬間に読者の身体に宿っている生物種の数は、推測では一万程度と考えられるが、実際に数えられたことはなく、そのほとんどは人体外で培養されたことがない。加えて、細菌は遺伝子を交換し合っているため、生物種の概念全体が崩壊せざるを得ない。生物種のレベルからマイクロバイオームの遺伝子に目を転じると、その総数は、人間が持つ遺伝子数のおよそ二〇〇倍にものぼる。

「きれい好きは敬神に次ぐ美徳である」という考えに馴染んでいる人のために、「すべての細菌は有害であり、洗い落とさなければならない」とする考えを振り払うのに役立つたとえ話をしよう。あなたは農場主で、長い一日の仕事を終えてリラックスしているところだとする。農場での仕事はきつい。だが、達成感も非常に大きい。厩舎にはウマやウシが、檻にはブタが、鶏舎にはニワトリが飼われている。朝食には、卵やベーコンを食べ、新鮮な牛乳を飲める。穀物は毎日順調に成長していく。雑草はきれいに引き抜かれ、トウモロコシが整然と並び、トマトが今まさに熟さんとしている。一日中あなたのそばを歩いていた飼いイヌは、今はあなたの足元で丸くなっている。キツネが鶏舎に近づくなどして戸外で物音がすれば、あなたの愛犬はその敏感な耳でそれをとらえ、たちまち吠え声をあげるだろう。あなたの膝の上には、飼いネコが乗っている。数え切れないほどたくさんいる、納屋に住みついたネコは、ネズミを捕まえ、子ネコを育てるのに忙しい。さてここで、この牧歌的なイメージからすべての生物を取り除いてみよう。農場は荒れ果て、自給農業を営むあなたは、数週間以内に死ぬだろう。あなたが宿すマイクロバイオームにも、その状況が少なくとも一部は当てはまる。

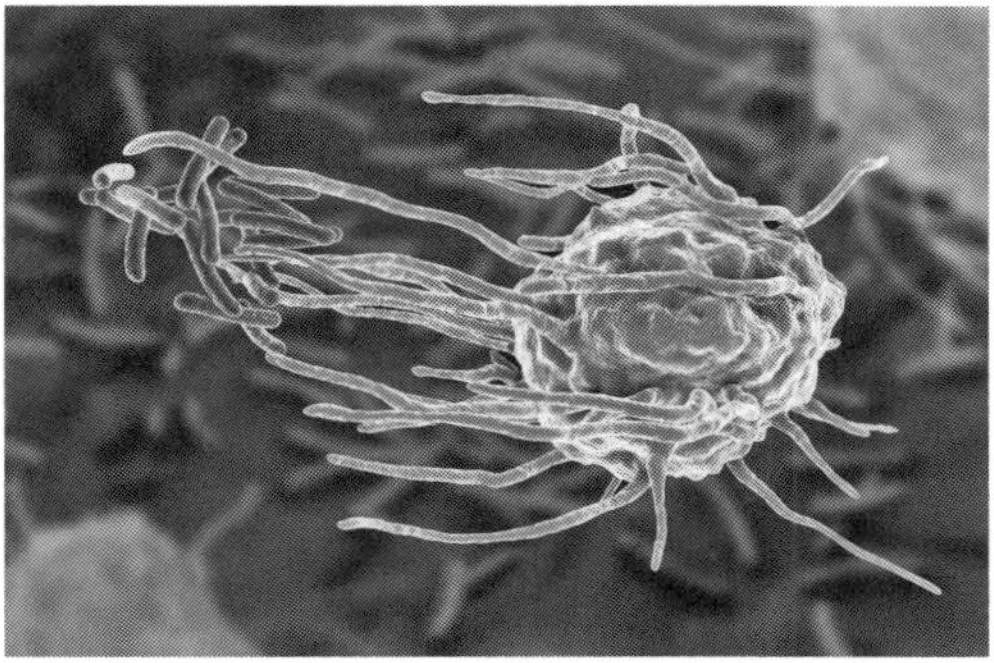
マクロファージはマイクロバイオータ農場に属さない生物を除去する。

すべての生物が農場に属しているわけではない点に留意されたい。キツネ、ネズミ、雑草、害虫は除去されねばならない。農場の生物構成を正しく保つにはそのための仕事が必要であり、イヌやネコはその仕事を手伝ってくれる。あなたが宿すマイクロバイオームは、適正な管理が必要な農場のようなものであり、それに対する賢い政策には、「すべてを取り除く」と「何もしない」の中間が求められる。

人間の免疫系は、私のたとえ話に登場した農場主の役割を果たしている。免疫系は、マイクロバイオータに含まれる有害な種を懸命に取り除こうとする。視覚同様、免疫系は意識的な気づきの埒外で機能している。視覚作用やマイクロバイオータの管理について意識的に考える必要はない。しかしどちらのケースでも、遺伝的に進化した物理的なプロセスは恐ろしく複雑で、科学の探究によってのみ理解が可能である。免疫系には、マイクロバイオータ農場で、協力し合いながら有害な生物を狩ったり除去したりする数十の特殊な細胞型が含まれる。細胞型同士は、互いに遠く離れていても化学信号を用いて交換し合い、感染場所に呼び合う。免疫系はさらに、独自の進化プロセスを備えている。このプロセスは、およそ一億個の抗体を生み、病原菌の表面にうまく結合し、免疫系の別の構成要素がそれを除去する際に識別できるようタグづけすることに成功した抗体を選択する。

免疫系は、母親の胎内でも、幼少期にも発達を続けなければならない。そのためには、目や脳の視覚処理と同様、外界からの入力を必要とする。遭遇した生物を皆殺しにするわけにはいかない。免疫系は、敵と味方を識別する方法を学習しなければならず、学習プロセスが生じるためには味方が必要になる。味方が除去されると、免疫系は異常な発達を遂げ、家畜や穀物、あるいは自分自身さえも殺す農場主のようになってしまうだろう。

免疫系の阻害によって生じる疾病の一覧は長大で、それには不安障害、喘息、自閉症、循環器障害、うつ病、糖尿病、湿疹、花粉症、炎症性腸疾患、多発性硬化症、統合失調症などが含まれる。これらの障害のなかには、「身体的」なもの（炎症性腸疾患など）と、「行動的」なもの（うつ病など）があることに留意されたい。しかしどの障害にも身体的な原因があり、この区別は表面的なものにすぎない。実のところ最近では、免疫系には生理的な側面に加え行動的な側面が存在すると考えられるようになりつつある。嫌悪などの行動的反応は、まずもって病原菌に触れないよう導いてくれる。私たちは病気になると、引きこもり、食欲減退、倦怠、通常は快い行動に対する関心の欠如など、種々の異常な態度、行動を示し始める。これらは病気の罹患に対する適応的反応であり、逃走が捕食者との遭遇に対する適応的反応であるのとまったく同じだ。また、うつ病の症状ともかなり重なる。免疫系に生理的側面と行動的側面の両方が含まれるのなら、それが異常な発達を遂げれば、両側面に影響が及ぶであろうことは容易にわかる。[*11]

それらの障害の多くは、近視の有病率と同様、人々が自然に近い生活を送っている国々より、高度な発展をすでになし遂げた国々でよく見られる。この事実は、現代の環境と、身体組織が進化を遂げた際の環境との不整合が、それらの障害の要因であることを示している。現在進行中の科学的探究で見つかった他の事例には次のようなものがある。

・帝王切開によって分娩された子どもは、通常の方法で生まれた子どもに比べ、アレルギー性疾患を発症する頻度が高い。明らかに新生児は、産道通過時に母親のマイクロバイオータの接種を受けるものと考えられる。

・妊婦の抗生物質の服用は、生まれた子どものアレルギー性疾患の発症率を高める。このケースでは、産道を通過した新生児であっても、母親の正常なマイクロバイオータの接種を受けることができない。

・母親の妊娠中、もしくは新生児期間に農場の環境に接すると、子どものアレルギー性疾患の発症率が低下する。

・一〇～一五歳の頃まで自然環境に接していると、後年になって多発性硬化症を発症する可能性が低下する。

・屋内での殺菌剤の使用は、アレルギー性疾患の発症率を高める。九九・九パーセントの細菌を殺すのは、賢明とは言えない！

・寄生虫を含め、マイクロバイオームのより自然な種構成を取り戻すことは、成人の健康に、ただちに恩恵をもたらしてくれる。

・慢性炎症性疾患は、先進国でより多く見られる。また先進国内でも、農村地域より市街地で多く見られる。それには、炎症が関与しているにもかかわらず、多くの人々がその事実を認識していない、うつ病、統合失調症、自閉症も含まれる。

・発展途上国から先進国への移住民は、炎症性疾患を経験しやすい。それに関するもっともすぐれた研究には、貧しい国で生まれ、スウェーデン、アメリカ、イスラエルなどの先進国の家族のもとに養子に出された子どもを対象に行なわれたものがある。これらの子どもたちは中流、ならびに上流階級の家庭で育てられており、よって受け入れ国の貧困が原因で炎症性疾患に罹患したとは考えられない。

・子ども部屋の塵を採取して行なった研究によって、塵に含まれている微生物の多様性と喘息を発症するリスクのあいだに負の相関関係があることが判明している。微生物が多様であればあるほど、喘息になりにくいということだ。

・フィンランド、ロシア両国をまたがる国境地域で暮らす遺伝的に同質な住民を対象に、自然実験に基づく研究が実施されている。この研究の結果、ロシア側よりフィンランド側のほうが、1型糖尿病の有病率が四倍高いことがわかった。この差異は、屋内で採取された微生物の多様性の著しい差異に符合する。

・動物実験では、内臓に宿る微生物の多様性の低下と劣悪な炎症コントロールのあいだに正の相関関係が頻繁に見出されている。

・施設に収容されている高齢者はマイクロバイオータが減退している。この現象は、炎症性疾患による健康の悪化と相関する。

以上の事例や他の事例は、人間が宿すマイクロバイオームを「昔馴染み」と呼ぶ、微生物学者グラハム・A・ルークによる二〇一三年の論文に要約されている。マイクロバイオームは、悠久の時を超えて人類と共存しているので、私たちはそれなしでは暮らせなくなっているのだ。彼は二〇一五年に行なわれたラジオインタビューで、「私たちは個人ではありません。皆さんにはショックに感じられるかもしれませんが、実のところ私たちは生態系なのです」と述べている。[*12] たいていの人は、生態系を森や湖のような屋外にある何かとして考えている。また、原野などのもっとも自然で見た目にも美しい生態系は、私たちの体外に存在すると考えている。環境保護論者は、惑星規模に至るまで地球の生態系を守る必要性を説いている。この背景に照らすと、各人が環境保護を必要とする一個の惑星であるという考えは、誰にとっても新奇なものに思える。さらに言えば、フィンランドの進化生物学者イルッカ・ハンスキらの注目すべき研究が示すように、各人の生態系は、より広範な生態系と密接に結びついている。[*13]

この研究でハンスキらは、フィンランドの環境的に均質なある地域（一〇〇×一五〇キロメートルの範囲）で暮らす一一八人の一〇代の若者を被験者に選んでいる。まず各被験者は、アトピー性感作と呼ばれる炎症性疾患の検査を受けた。ちなみにこの疾患には、アレルギー誘発物質に反応する抗体を作り出そうとする免疫系の性質が関与している。次に彼らは被験者の前腕を綿で拭き取って皮膚に宿る微生物の標本を採取し、採取した微生物を、DNA関連技術を用いて属のレベルで同定した。また被験者が住む家の庭を覆う植生の量を測定し、さらには被験者の自宅から三キロメートル以内の区域の土地利用を調査した。かくしてハンスキらは、人間の疾病（アトピー性感作）と、各被験者が住まう、もしくは宿す生態系の結びつきを、皮膚、庭、自宅を取り囲むより大きな環境という三つの尺度で調査したのである。

一一八人の被験者が宿す皮膚のマイクロバイオータは、合計すると四三の綱《クラス》、五七二の細菌属にわたっていた。これは熱帯雨林のようなものだ！　アレルギー誘発物質に敏感な人は、ある種の細菌（ガンマプロテオバクテリア綱）の多様性が低く、この統計的な関係は、高度に有意なものであった。それ以外の細菌はいずれも、アトピー性感作には関係していなかった。より大きな尺度で見ると、ガンマプロテオバクテリア綱の多様性は、庭の植生とはあまり関係がなかったものの、半径三キロメートル以内の森林や耕地の広さと強く関係していた（水や建築物とは関係していなかった）。かくして皮膚の生態系が、より大きな尺度での生態系に結びついていることが明らかになった。

これで、政策は生物学の知識に裏づいていなければならないことを例証する、第二のストーリーは幕を閉じる。それはまた、「何が観察可能なのかは、理論によって決まる」ことも例証する。一九世紀に提起された病原菌理論は、感染病の本質を見通し、その知見を医療や公衆衛生の実践に結びつけることで、私たちの生活を大幅に改善することを可能にした。とはいえ、「いかなる細菌も有害である」とするバージョンの病原菌理論は、別の一連の問題に無知である。いわゆる「文明病」によって引き起こされたさまざまな問題は、一九世紀に伝染病が引き起こした問題にその規模において匹敵する。マイクロバイオームや免疫系を考慮に入れたバージョンの病原菌理論は、それらの問題の多くを緩和するはずだ。近視の場合と同じく、自然環境のもとでできるだけ多くの時間を過ごす、新生児に健康なマイクロバイオームを接種するなど、解決方法には驚くほど単純なものもある。もちろんもっと複雑な方法もある。いずれにせよ解決方法は、生物学に深く根づく正しい理論なくしては見えてこない。

この二つ目のストーリーは、一般に「生物学的」と呼ばれている領域（喘息や糖尿病など）の境界を、一般に「行動的」と呼ばれている領域（うつ病や不安など）に向けて拡大する。はるか昔にティンバーゲンが賢明にも述べたように、解剖学的特性や生理学的特性のみならず、いかなる行動特性にも生物学的かつ機械的《メカニスティック》な基盤があるとひとたび認識できれば、「生物学的」と「行動的」の区別は消えてなくなるだろう。さて三つ目の事例は、この境界をさらに拡大する。この事例では、子どもによかれと思う両親の切実な願望が関与している。

視力を持つ卵

発達プロセスには、硬直した柔軟性という特徴を持つものが多い。それらは外界から正しい入力を受け取り、それを一定の方法で処理して適応的な結果が得られるよう進化してきた。しかしそれとともに、「進化適応環境」の一部ではない環境から入力された情報によって、このプロセスが転覆される場合がある。[*14]

鳥の卵を用いたある実験は、硬直した柔軟性のみごとな（ひねくれたとも言えるかもしれないが）例を提供してくれる。音は、卵殻を光よりも効率的に伝わる。そのため成長中のヒナが孵《かえ》る前でも、聴覚系は外界からの入力を開始することができる。それに対し、視覚系はヒナが孵るまで待たなければならない。この事実は、鳥類が恐竜から進化して以来まったく変わっていない。ならば卵殻に窓を穿って、視覚情報の入力を促したらどうなるだろうか？　窓は間に合わせだが、ヒナの成長という意味では環境が完全に変わる。

ウズラのヒナは母鳥を見る前に聴くことができる。

　この窓を穿つ実験は、一九八〇年代に発達生物学者のロバート・リックリターらの手で、コリンウズラを用いて行なわれている。[*15] 彼の論文を読んでいると、科学の巨匠が名人芸を披露しているところを見ているかのように思えてくる。コリンウズラは販売目的で育てられており、受精卵を注文して孵卵器で孵化させることができる。鳥類の卵には一方の端に気室があり、それによって孵化する前に呼吸や発声を開始することができる。また気室には、多孔質の卵殻を通して外気が入ってくる。窓は、孵卵器に受精卵を入れてから二一日目、孵化の二日前に、気室を覆う卵殻を除去することで穿たれた。リックリターらは予備実験で、卵に窓を穿ち、暗室に孵卵器を置いた。するとヒナは、通常の卵のヒナと同じように発達した。こうして窓を穿つことそれ自体は、発達にいかなる影響も及ぼさないことが確認された。

本実験では、孵卵器の上方に一五ワットの電球が設置され、一秒間に三サイクルで点滅させた。というのも視覚系の発達には、一様な光の流れの処理のみならず、視覚的コントラストの処理が必要になるからだ。また電球によって、孵卵器内の温度や湿度が変わらないよう配慮された。実験群と対照群の唯一の違いは、前者では点滅する光がヒナの目に当たったが、後者では当たらなかったことである。

では何が起こったのか？　コリンウズラのヒナは早熟で、孵化後数時間以内に母鳥についていけるようになる。そのためには、母鳥の鳴き声を聴き分けねばならない。ヒナの聴覚系は、孵化する前に発達を遂げる。ところが窓を穿つと、視覚系が通常より早く発達し始め、それによって聴覚系の発達が阻害される。そのため窓を穿たれた卵から孵ったヒナは、母鳥の鳴き声を聴き分けることができない。これは、自然環境のもとでは悲惨な障害になるだろう。

それぞれの感覚系は一定の順序で異なった速度で発達するという事実は、非常に一般的な原則であることがわかっている。鳥類と爬虫類では、触覚、前庭覚（バランス、空間定位）、化学的感覚（味覚、嗅覚）、聴覚、視覚の順に発達する。この順序は、部分的に外界からの入力に支配される。たとえば視覚系の発達にはパターン化した光の入力が必要なら、視覚系は孵化後でなければ発達を開始できない。加えて、感覚系の発達が一定の順序で生じなければならないことには、別の理由がある。たとえばあなたは、電気、水道、セントラルヒーティングを完備する住宅の建築を請け負う業者だったとしよう。その場合あなたには、これらのシステムを、最後はすべてが統合されるとしても、特定の順番で設置する妥当な理由があるはずだ。いかなる順番を採用するにせよ、それを任意に変えれば混乱が生じるだろう。

それを念頭に置いて、ベリーフォン〔実在する製品〕と呼ばれる胎児用の音響システムについて考えてみよう。あなたは、モーツァルトやグレイトフル・デッド〔アメリカのロックバンド〕やスヌープ・ドッグ〔アメリカのラッパー〕が好きだ。未来の自分の子どもに同じ楽しみを分け与えてはならないのか？　あるいはベイビー・アインシュタインについて考えてみよう。この製品は、元教師の専業主婦が最初に製作した教育プロダクトシリーズで、現在はウォルト・ディズニー傘下にあるベイビー・アインシュタイン社が販売している。これらの見た目は無邪気な製品は、鳥の卵に穿たれた窓のようなものなのか？

子どもによい教育を受けさせたいのなら、早くから始めるべきではないのか？　おそらく違うだろう。

子どもによかれと思い込む両親の願望は、「何が観察可能なのかは、理論によって決まる」という考えを裏づける好例を提供してくれる。自分の子どもが大学に進学し、高収入の職業に就けるようになることを望むなら、早いうちから教育を始めるべきではないのか？　ゆりかごに寝かせている頃から、ベイビー・アインシュタインを買ってあげて、学校に通い始める前から読み書き計算を教えるべきではないのか？　間違ったバージョンの病原菌理論に照らせば、細菌の皆殺しがよく理解できるのと同じように、「実践が完全をもたらす《プラクティス・メイクス・パーフェクト》〔一般には「習うより馴れよ」と訳されるが、この文脈では不適切なので直訳した〕」という指針に照らせば、これらの見方はよく理解できる。しかし発達プロセスは、「実践が完全をもたらす」という考えが示すところより複雑であり、この事実を正しく認識しさえすれば、私たちの現実を見る目は変わるはずだ。それまでは完全に理解できていると思い込んでいて、それゆえ自分の行動の指針をなしていた見方が、実は危険な誤解であることに気づけるようになるのである。

　コリンウズラと違い、人間は晩成動物だ。つまり、誕生後も長らく発達過程が続く。しかも感覚系のみならず、情動面、社会面、性的側面、知的側面においても発達が継続する。人類が行動的にかくも柔軟な生物である点に鑑みると、人間の発達は無限であるとも言えよう。数千世代にわたって、人間の子どもは社会に生まれ、そこで立派な成人へと成長してきた。学習されたぼう大な情報が、世代間で受け渡されてきた。私たちの祖先の社会的環境は、視覚的環境と同様、きわめて多様であった（極地、ジャングルなど）。しかし視覚的環境と同じく、人類の祖先の社会的環境は、発達プロセスが環境から適正な入力情報を受け取り、繰り返し何らかの機能的な結果を生むのに適した共通基盤を維持していた。今やそのような外界からの入力情報が、現代の社会環境によって妨げられる危険が生じている。それには、自分の子どもによかれと思う善意から出たものではあれ、誤った試みも含まれる。科学的研究の対象としてこれほど優先順位の高い問題は他にはないように思われるにもかかわらず、この問題はほとんど認識されておらず、それに関する科学的研究もあまりない。とはいえ、それに関して科学者が見出した証拠を以下に列挙しておこう。*16

・多数の研究によって、幼稚園で実施されている教育関連プログラムと、年齢にふさわしい遊びを促進するプログラムが比較されている。教育関連プログラムは一般に、限定的かつ短期的な教育効果をもたらした。しかしこの効果は一年から三年で拭い去られ、逆転するケースもあった。つまり、幼児向けの教育関連プログラムは有効でないばかりか、裏目に出る可能性さえあることを示す証拠が得られている。

・幼児向けの教育関連プログラムは、長期的な観点から見ると、社会的、情動的な発達を阻害する可能性があることを示す証拠が存在する。一九七〇年代にドイツで実施されたある研究は、遊びを重視する幼稚園に通っていた五〇人と、ダイレクト・インストラクション〔規定された指導要綱に従った読み書き、算数の教育〕に基づく教育重視の幼稚園に通っていた五〇人を比較している。*17 教育重視の幼稚園に通っていた生徒は、短期的な学業成績の伸びを示したが、四年生になる頃には、遊びを重視する幼稚園に通っていた生徒より、成績がかなり悪くなっていた。読み方と算数ではあまり進歩が見られず、社会的、情動的側面では、うまく適応できていなかった。この研究成果も一部影響して、ドイツ政府は教育政策を変え、遊びを重視する幼稚園を推奨するようになった。

・一九六七年にデイヴィッド・ウェイカートらが始めた注目すべき研究は、ミシガン州イプシランティ市の極貧地区で暮らす、六八人の同年代の子どもたちを二三歳になるまで追跡している。[*18] 子どもたちは、トラディショナル（遊びを重視する）、ハイスコープ（おとなの指導を受けた遊びを重視する）、ダイレクト・インストラクション（ワークシートやテストを用いた読み書き、算数の学習を強調）という三タイプの保育園のいずれかに割り当てられた。加えて家族は、子どもたちが保育園で受けているものに類似する家庭向けガイドブックを渡された。他の研究同様、ダイレクト・インストラクション・グループの子どもたちは、短期的な成績の向上を示したが、長くは続かなかった。一五歳の時点では、学業成績に関しては三つのグループのあいだに差異はなかったものの、社会的、情動的発達に関しては大幅な差異が認められた。たとえばダイレクト・インストラクション・グループの生徒は、他の二つのグループと比べ二倍以上の「不品行」を犯した。二三歳の時点では、差異はさらに劇的なものになった。保育園に通っていた頃にダイレクト・インストラクションを受けた青年は、情動的な問題を抱えているケースがより多かった。たとえば他の二つのグループの青年に比べ、結婚して夫婦で暮らしている人の割合が少なく、犯罪に走る可能性が高かった。三九パーセント（他のグループは一三・五パーセント）が重罪で逮捕された犯罪歴を持ち、一九パーセント（他のグループは〇パーセント）が暴行容疑で法廷に召喚されたことがあった。

・二歳未満の子どもにとって、本や映像が呈する二次元イメージは、三次元の物体（それには人間も含まれる）に比べると、学習ツールとしてはるかに効果が薄い。[*19] 二次元イメージは、人類の進化の歴史におけるほとんどの期間、非常に小さな役割しか演じてこなかったが、現代では至るところに見出せるようになった。明らかに私たちは、それを理解する能力を発達させることができるし、またそうしなければならない。しかしこのプロセスを加速させようとすれば、他の重要な発達プロセスを阻害するかもしれない。

・乳幼児向けの教育用ＤＶＤ／ビデオ製品は、巷の人気や宣伝とは異なり、その有効性を裏づける証拠が得られていない。生後一二～一八か月の乳児を対象に一年間行なわれたある研究は、次のような四つのグループを比較している。①乳児は、親と単語学習用ビデオを見る。②乳児は、同じビデオを一人で見る。③乳児は、ビデオを見ずに親と話す。④特に何も指示しない（対照群）。乳児が対照群より多くの言葉を覚えたのは③のケースのみであった。[*20]

・乳幼児向けの教育用ＤＶＤ／ビデオ製品は、効果がないばかりでなく、それらの製品が伸ばすと謳っているまさにその能力を遅滞させる可能性がある。二〇〇七年に生後八～一六か月の乳児を対象に行なわれたある研究では、単語学習用DVD／ビデオ製品を一時間見るごとに、語彙が六〜八語少なくなるという結果が得られている。[*21]

・あらゆる種類の背景メディア（テレビなど）によって、実行機能（計画を立て、自分の行動をコントロールする能力）を含めた、乳幼児のさまざまな能力の発達が阻害されることを示す証拠が集まりつつある。その証拠は非常に明快であり、米国小児科学会は一九九九年以来、二歳未満の乳児をテレビやその他の背景メディアにさらさないよう勧告している。ボストン・メディカル・センターのジェニー・S・ラデスキーらによる二〇一四年の研究では、生後九か月の乳児を長時間メディアにさらすと、怒りっぽさ、注意散漫、性急さ、注意をある課題から別の課題に移すことの困難につながることが示されている。なお、両親や他の家族構成員の特徴は統計的にコントロールされている。[*22]

・おとなの監視を最小限に抑えた昔ながらの遊びが、実行機能の発達に向けて重要な役割を担っていることが明らかになりつつある。遊びは、安全で安心できる環境のもとで、子どもが他者に対する自己の行動の調節を学ぶ機会を提供する。子どもは、遊びに対する強い動機を持っている。子どもに遊び方を教える必要はない。しかし現代では、自由な遊びをする機会がめっきり減っている。そのことは学校ばかりでなく、決まりきったレクリエーション活動や、おとなの監視なしで子どもが遊ぶにはあまりにも危険になった近隣社会に関しても当てはまる。[*23]

これで、政策を生物学の一分野と見なすべきことを例証する三つ目のストーリーの幕を閉じる。この事例は、他の二つの事例に何をつけ加えるのか？　最初のストーリーは、一般に「生物学」という用語に結びつけて考えられている事象に相当する。目や脳の視覚処理の発達が生物学的な事象ではないと主張する人などいないだろう。しかもその種の生物学的知識は、乳児の白内障をいつ除去すべきか、あるいは現代における近視の流行にどう対処すればよいのかなどといった重要な政策決定を下す際にも必要とされる。疑い深い読者も、少なくとも、白内障や近視をめぐる政策は、目の発達に関する生物学に基づかなければならないという私の論点を受け入れてほしい。

脊椎動物の免疫系の発達を取り上げた二つ目のストーリーも、たいていの人が「生物学的」と呼ぶ事象にきっちりと当てはまる。しかし免疫系の機能不全のなかには、不安、うつ病、自閉症スペクトラム障害など、行動的なものとして顕現するものもある。したがってこの事例は、半世紀以上前にティンバーゲンが指摘した、「行動の研究は生物学の一分野である」とする見方を裏づける。いかなる形態で免疫系の機能不全が起ころうと、ただちにその原因を把握し、何らかの処置をする、すなわち生物学的知識に基づいて的確な政策を考案する必要がある。

鳥類における感覚能力の発達を最初に取り上げた三つ目の事例も生物学から始まるが、行動的な側面を強調して幕を閉じる。家庭で子どもを育て、子どもに学校教育を受けさせることを行動的でないという人はいないだろう。とはいえそれは、根本的には生物学的な問題でもある。その点に是非同意してほしい。実のところ、「生物学的」と「行動的」のあいだに意味のある差異はない。進化論の世界観は、さまざまな社会政策の文脈でティンバーゲンの基本的洞察が一般常識になって初めて、完全な確立を見ることだろう。

また私は、政策を生物学的知識に基づかせる必要性が緊急の要件であることを理解できるよう、三つの事例を配置した。最初の事例には、のほほんとしていられるかもしれない。なぜなら、近視という問題には、比較的単純な解決手段（メガネやコンタクトレンズ）がすでにあるからだ。しかし免疫系の機能不全は、現時点では問題が解決されているわけではなく、解決方法には単純なものもあろうが、間違いなく複雑なものもあるだろう。子どもの発達の阻害に関して言えば、私たちは、生物学的知識を欠くために自分の子どもに危害を加えているという悲劇的な可能性に直面している。

ではなぜ、政策を生物学の一分野と見なすことに脅威を感じる人がいるのだろうか？　脅威の一つは、「変えることができない」という言外の意味をそこに読み取ることで生じる。私たちに関する何かが生物学的であるのなら、それは「私たちは、一定の状態で生まれついたのであって、その状況を変えることはできない」ということを意味するのではないだろうか？　もう一つの脅威は、差別の正当化である。ある人々が一定の状態で生まれてくるのなら、それをある種の差別の正当化に使えないだろうか？

ひとたび社会進化論のストーリーにまつわるブギーマンを葬り去れば、生物学者と同じように「生物学」という用語を、「生命プロセスの研究」という意味で理解することができるようになる。そして、ティンバーゲンの四つの問いにみごとに要約されているように、生物学者の概念的な道具を用いて政策の問題に取り組むことができる。以上のストーリーはいずれも、発達を中心に据えた、四つの問いの相互作用が関連している。つまり各ストーリーは、発達が生物と環境のあいだの相互作用を孕むこと、そしてそれが進化のプロセスによってシナリオのごとく書き込まれた相互作用であることを示している。このシナリオを逸脱すれば、進化のプロセスが破壊される結果を招きかねない。現時点での最善の知識に基づいて言えば、家に閉じこもって目の前にあるものを注視するような活動を長時間行なっている子どもは、近視になりやすい。過剰に衛生的な環境のもとで暮らしている子どもは、炎症性疾患にかかりやすい。家庭や学校で年齢相応の活動を行なっていない子どもには、実行機能を損なう危険性がある。これらはいずれも、脅威になる。その一方、子どもの発達について十分に学び、その種の障害が生じないよう留意することで、私たちはそれらの問題に対処することができる。生物学に基づいて政策を立案することは、問題解決の重要な一部になる。これは非常に魅力的な考えだ。

また三つのストーリーは、「何が観察可能なのかは、理論によって決まる」という考えを確証する。どのストーリーも、世界に関する特定の見方に照らせば、一見意味があるかのように思えるがゆえに、有害な政策が実行されてしまう事例を取り上げている。「乳児が成長するまで白内障の手術はしないほうがよい」「この世から細菌を一掃したほうがよい」「ゆりかごに寝かせている頃から読み方や計算を教えたほうがよい」と考えるのは、ごく自然だ。それらの実践が有害である理由を明らかにし、それまでは見えていなかった他の解決方法を考案するためには、世界に関する新たな見方が必要とされる。

よりよき理論の採択は手始めにすぎない。直接真理に導いてくれるような理論はないのだから。理論を用いることで可能になる最善の方策は、考え得る仮説をいくつか立て、立てた仮説を実地に検証することだ。私たちは、相応に正しい目の発達の理論で武装することで、「近視は、環境によって正常な目の発達が妨げられることで引き起こされる」と、自信をもって言えるようになる。だがそれは、目の前にあるものを長時間注視することで引き起こされるのか？　あるいは室内の薄暗い明かりのもとで長時間過ごすことで引き起こされるのか？　それともそれ以外の未知の行動要因があるのか？　それらの問いに答えるには、今後の科学的調査が必要とされる。

次章では、政策を生物学の一分野として考えるべきであることを示す、さらなるストーリーを紹介する。政策専門家や一般の人々がしばしば考えているように、政策に関する特定の分野がいかに「生物学」とは疎遠であるように思えたとしても、あらゆる経路が、ティンバーゲンの四つの問いの相互作用に依拠して研究することのできる、拡張された生物学の概念に通じている。

第4章
善の問題

調和と秩序が、人間社会、生物圏《バイオスフィア》、宇宙など、大規模な尺度で存在するという考えは、西洋文化や他の多くの文化のなかに深く根づいている。キリスト教の世界観にもその考えが浸透しており、また、経済学や複雑系科学などの一般にはキリスト教に関連づけられてはいない分野にもその傾向が見られる。キリスト教思想においては、慈悲深い全能の神が宇宙を創造したという信念は難問を提起する。それが真なら、悪の存在をどう説明すればよいのか？　これは悪の問題と呼ばれ、それを解明しようと神学者たちがさまざまな書物を著してきた。それには、飢餓や疾病は、有徳な行動について教えるために神が人間に課したのだとするトマス・マルサスの考えも含まれる〔第1章参照〕。

進化論の世界観は、この悪の問題をひっくり返した。つまりこういうことだ。私たちが悪に結びつけて考えている行動を説明するのはたやすい。悪をなす者は、他者を犠牲にして自己の利益をむさぼることができるからだ。むしろ問題は、私たちが善に結びつけて考えている行動が、ダーウィンの提起するプロセスによっていかに進化するのかを説明することにある。この善の問題を解明するために、進化論者は多数の本や論文を書いてきた。そして進化論は、生命のプロセスを説明する理論として創造論よりすぐれているという単純な理由によって、神学者より大きな進歩を遂げてきた。つまり私たちは、環境条件によって善に結びつく行動が悪に結びつく行動に勝利し得る、あるいはその逆になる理由を科学的に説明できる立場にあるということだ。

本章では、善と悪の永遠の闘争と、この闘争で善が有利になるよう闘技場を操作する方法について説明する三つのストーリーを紹介する。最初の二つのストーリーは、人間の福祉に大いに関係するとはいえ、純粋に生物学的なものである。三つ目のストーリーは人間の道徳性をめぐる問題の核心を突き、いかにすればそれを強化できるのかを検討する。しかしその前に、善の問題の解明に向けて進化論者が残してきた成果についてもう少し説明しておく。[*1]

マルチレベル選択

ここで道徳的に完全な人間を想像してみよう。その際、道徳の正確な定義にはこだわらず、直感に頼ることにしよう。この人物を記述するのに、あなたならどのような言葉を使うだろうか? 次に、それとは正反対の人物を想像してみよう。この悪の権化を記述するのに、どんな言葉を使うだろうか? つまり、ジキル博士とハイド氏をどのように言い換えられるであろうか?

私は世界各地で行なってきた講演で、小学生から神学者や哲学教授に至るまで、専門知識のレベルが異なるさまざまな人々を相手にこのゲームをしてきた。それに対する答えは非常に一貫していたため、聴衆の答えを前もって知りながら、わざわざその一覧をスライドにして、プレゼンテーションの素材の一つとして利用しているくらいだ。道徳的に完全な人物を記述するのに使われる言葉には、「愛情深い」「誠実」「勇敢」「寛大」「自己本位でない」「忠実」などが、また、それとは正反対の人物を記述するのに使われる言葉には、「貪欲」「残忍」「利己的」「人を騙そうとする」「人を操る」「思いやりに欠ける」などがある。あなたも、いずれかの言葉を思い浮かべたのではないだろうか？

ダーウィンは、善に結びつく特徴が、いかに自然選択によって進化したのかを説明しようとして難問にぶつかった。どのケースでも、善に結びつく特徴を持つ生物は、悪に結びつく特徴を持つ生物につけこまれるように思われたのだ。自然選択が他の個体より効率的に生存し繁殖することのできる個体を選好するのであれば、また、善が、自分を犠牲にしてでも他の個体の生存や繁殖に資することに関与するのなら、なぜ善が進化し得るのだろうか？

ロバート・ルイス・スティーヴンソンの物語は、善と悪の永遠の闘争を描く。

善の問題はダーウィンにとっては難問だったが、その答えは、それほどむずかしくはない。社会的行動はほぼつねに、魚類、鳥類、ライオン、人間の群れなど、進化しつつある個体群全体と比べて規模が小さいグループに出現する。これは進化の対象となる個体群が、単に個体から成るというだけでなく、グループで構成されることを意味する。善悪に関する特徴に関して個体差があるのなら、それは、グループ内の個体間の差異と、個体群全体でのグループ間の差異という二つのレベルで存在する。特定のグループの内部では、善に結びつく特徴が、悪に結びつく特徴に対して脆弱であっても、他のメンバーに対して愛情深く、誠実で、勇敢に振る舞うメンバーから構成されるグループは、貪欲、残忍、利己的に振る舞うメンバーから構成されるグループを楽々と打ち負かすことができるだろう。ダーウィンは著書『人間の進化と性淘汰』で、次のように自然選択を二つのレベルから成るプロセスとして描き、人間の道徳性に関連づけている。

高い道徳性は、それを持つ人々やその子どもに、同じ部族に属する他の人々に対する優位性を、わずかしか、もしくはまったく与えないが、道徳性を十分に備えた人々の増加や道徳的基準の進歩は、間違いなくその部族に、他の部族に対する大幅な優位性を与えるという点を忘れるべきではない。愛郷心、忠誠、服従、勇敢さ、同情の精神を高度に備えたメンバーを多数擁する部族は、互いに助け合い、共通善のために自らを犠牲にする心構えがつねにできているはずであり、他のほとんどの部族に勝利を収められるだろう。これは自然選択である。いついかなるときにも世界各地で、部族の交代が行なわれてきた。そして道徳性は、部族の成功の一つの重要な要因であり、道徳的基準や、道徳性を十分に備えた人々の数は、どんな場所でも増大する傾向にある。

このシナリオでは、道徳的行動は、その人が属する部族のメンバーにその対象が限定され、他の部族のメンバーに対抗してなされる場合が多いという紛れもない事実に、ダーウィンは言及していない。グループ単位での選択は、不道徳な行動を排除するより、行動のレベルをグループ間のやり取りへと高めるのである。かくしてグループ内の利他主義は、他のグループに対する集団的な利己主義と化し得る。とはいえ、より包括的な形態の道徳性を検討する前に、まずグループ内の道徳性がいかに進化し得るのかを検討しなければならない。

二〇〇七年に発表した、著名な進化生物学者エドワード・O・ウィルソンとの共著論文で、われわれは、ダーウィンの〔グループ内とグループ間の〕二レベル選択の理論を次のように要約した。

> グループ内では利己主義が利他主義を打ち負かす。利他的なグループは利己的なグループを打ち負かす。それ以外はすべて、つけ足しにすぎない。[*2]

善の問題に対するこの答えは単純だが、その意義は計り知れない。第一に、グループ内の道徳性が進化するためには、グループ間選択の圧力は、グループ内選択の圧力より強くなければならない。だが、つねにそうであるという保証はどこにもない。グループ内選択の圧力のほうが強い場合、悪が善に勝利するだろう。放っておけば自然に善が現れると見なす世界観を裏づける証拠などない。善は、グループ間選択の圧力が、グループ内選択の圧力を上回ったときにのみ発現するのだ。

第二に、自然は二レベル選択や、グループ内の個体のみから成る階層構成より錯綜している。生物個体は、それ自体が細胞や遺伝子のグループでもある。魚類、鳥類、ライオンの群れなどの単一生物種から成る社会的グループは、多数の生物種から構成される生態系内に存在する。そして生態系は、尺度の異なる入れ子状の階層をなし、全体として生物圏を構成している。人間の世界を例にとると、それは遺伝子、個人、家族、市や村、州、国家のすべてが、マーシャル・マクルーハンのいうグローバル・ビレッジの内部に入れ子状に存在することで成り立っている。グループ内の個体を対象に私が描いた、レベル間での選択圧力の綱引きは、あらゆるレベルで作用している。私にとってはよきことでも、私の家族にとっては悪しきことになる場合がある。それと同様なことはあらゆるレベルに当てはまり、私の家族にとってよきことが部族にとっては悪しきことになり、国家にとってよきことも、グローバル・ビレッジにとっては悪しきことになる場合がある。

端的に言えば、二レベル選択は、マルチレベル選択の理論（MLS）へと、そして遺伝子のレベルから惑星のレベルへと拡張されなければならない。善の問題は、可能性としてはいかなるレベルでも解決し得るが、高次の選択圧力が低次の選択圧力を上回る条件は、階層を上昇するにつれより厳しくなる。それに関して、善と悪の永遠の闘争に関する三つのストーリーを見ていこう。

がんの悪

人は誰も、数百の細胞型に分類される兆単位の細胞から構成される。あらゆる細胞が、親細胞から派生したものであり、その関係は最初の受精卵までさかのぼる。細胞分裂が生じるごとに、数千の遺伝子と、およそ四〇億の塩基対（遺伝的「アルファベット」を構成するヌクレオチドによる文字）から成るDNAがコピーされる。

いくつかの例外を除き、私たちを構成する細胞はすべて、同じ遺伝子を持つ。細胞分化は、特定の遺伝子を発現し、他の遺伝子の発現を抑制することでなされる。分化した細胞が分裂する際には、すべての遺伝子とともに、遺伝子の発現パターンもコピーされねばならない。この遺伝子の発現パターンの継承はエピジェネティクスと呼ばれる。[*3]

私たちの細胞のなかには、長期間存続するものもある。脳や卵巣の細胞の多くは、子どもの頃から存在している。また数週間、あるいは数日しか存続しない細胞もある。たとえば、精巣の精細胞は数週間以上もたない。皮膚細胞、肝細胞、内臓壁を構成する細胞、免疫系に属する細胞は、とりわけ入れ替わりが激しい。見積もりによると、私たちの体内では、一日に五〇〇〇億回の細胞分裂が発生しているのだ！

多細胞生物の各細胞は、割り当てられた役割を果たすためには、正しい方法で分裂し分化しなければならない。さらには特定の遺伝子のみを発現させ、組織が完全に発達したら、細胞分裂を止める必要がある。その組織にとって、あるよりないほうがマシになった細胞は、自死を遂げさえする（「プログラム化された細胞の死」と呼ばれる)。この協調の交響楽は、自然選択によって生み出される。単純化して言えば、各細胞が共通善のために協力し合う生物は、生存し、繁殖する。そしてその生物が持つ特徴は、それができない生物の特徴に比べ、子孫に受け渡される可能性が高い。その結果、生きた雪の結晶ができあがる。つまり雪の結晶とは異なり、純粋に物質的なプロセス(【メカニズム】【個体発生】)が繰り返される忠実な自己複製に結果するのだ。

細胞分裂が生じるごとに行なわれる、遺伝子とその発現パターンの複製は驚くほど正確だが、完全ではない。たとえば印刷術が発明される以前のように、どんな本も手で書き写すことでしか複製できなかったとしよう。いかに周到な注意を払っていても、一冊の本をまるまる書き写せば、二、三の書き間違いが生じるだろう。すると複製の複製にも、それらの書き間違いが反映され、以後その状況は恒久化してしまう。同じことは、私たちの細胞にも当てはまる。複製の必要がある塩基対が数十億にのぼれば、新たに作成された細胞のほぼすべては、いくつかの書き間違い、すなわち変異を含まざるを得ない。

変異のなかには、細胞や生物の働きに検知可能な変化をもたらさないものもある。また、生物自体には危害を加えないが、細胞の機能を損なうものもある。実のところ、プログラム化された細胞の死という機能が進化した理由の一つは、変異した細胞を身体から取り除くことにある。それでも、近隣の細胞を犠牲にして不相応に増殖し、プログラム化された細胞の死を回避するよう細胞を誘導する変異もある。そのような細胞によって形成された組織を腫瘍《ネオプラズム》と呼ぶ。

ネオプラズム細胞はその生物にとっては有害だが、邪《よこしま》にもそれ自身に資する。つまるところ、近隣の実体より生存や繁殖に適した実体を選好するのが自然選択なのである。ネオプラズム細胞はまさに、それに該当する。悪性腫瘍と化してその生物を殺し、その結果それ自体も死ぬことになろうとまったく関係がない。自然選択に先見の明などない。それは、長期的な結果に関係なく、その瞬間における生存と繁殖の能力の差異に基づいて生じる、純粋に物質的な置換プロセスなのだ。細胞レベルで長期的な結果が顕著に現れる唯一のあり方は、多細胞生物のレベルで自然選択のプロセスが作用することによってである。そしてこのプロセスは、複数の細胞部族のあいだで作用するグループ選択として考えられる。

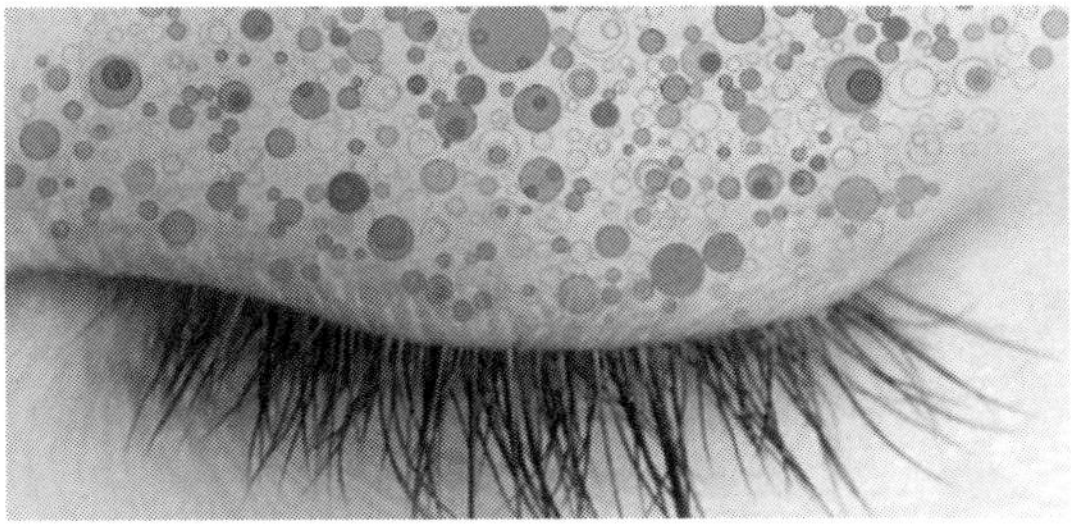

まぶたの上の円は、正常な細胞を犠牲にして増殖した一群の変異細胞に対応する。

ネオプラズムは悪性がんよりはるかにありふれている。とはいえ、どれほどありふれているかは、現在完全には判明していない。上のまぶたの写真を見られたい。これは、アイシャドーの宣伝ではない。五五歳から七三歳のあいだと見られる、ある人物のまぶたを撮影したものである。それぞれの円は、正常な皮膚細胞を犠牲にして成長し、独自の小さな区画を形成した変異細胞に対応する。この人物は、まぶたの皮膚の一部を外科手術で除去することで矯正できる眼瞼下垂症《がんけんかすい》と呼ばれる症状を抱えているだけで、まだ皮膚がんに罹患しているわけではないので安心されたい。なおこの写真にあるような皮膚は、ケンブリッジ大学、ならびにウェルカム・サンガー・インスティテュートの、ピーター・キャンベルらの研究チームによって、緻密な空間尺度で遺伝的分析を行なうための標本として使われている。*4 彼らの見積もりによれば、各細胞には平均しておよそ四つの変異が存在し、二〇パーセントを超える細胞に、皮膚がんに結びつく変異が認められた。そのような細胞は、近隣の細胞を犠牲にして成長し、小さなネオプラズムを形成する傾向を持つ。

各ネオプラズムは、リチャード・レンスキーの大腸菌を用いた実験における個体群の一つのようなものである。ただしレンスキーの実験の大腸菌はグルコースを消化する能力によって選択されたのに対し、ネオプラズムは近隣の細胞を犠牲にして成長する能力によって選択される。ネオプラズムが生命に関わるがんに変わるには、さらなる変異が必要とされる。がんを発症する変異の組み合わせは、ほんの一部のネオプラズムで生じる。それ以外のネオプラズムは良性であり、私たちの健康を脅かすことはない。

悪性がんの主たる適応能力の一つは、変異の速度をあげることにある。急成長する腫瘍は、急速に広がるがん細胞の一種というだけではなく、超絶な変異を遂げていく、互いに競い合う細胞株に沸き立つ大釜のようなものだ。がん細胞が用いるもう一つの適応戦略として、他のがん細胞ではなく正常な細胞と競い合えるよう拡散すること、すなわち転移があげられる。

がんは、マルチレベル選択、ならびに善に結びつく行動と悪に結びつく行動の永遠の闘争を説明する一つの事例になる。がんのケースでは、多細胞生物がグループに、細胞が個体に対応する。社会的なグループのもとで生存する生物において、善に関する特徴が悪に関する特徴に対して脆弱であるのとちょうど同じように、多細胞生物においては、正常な細胞はがん細胞に対して脆弱である。また、有徳な個人から成るグループが、個人の利己心のせいで混乱したグループを打ち負かせるのと同じように、がん細胞を持たない多細胞生物は、がん細胞に満ちた多細胞生物を打ち負かせる。善と悪の永遠の闘争は、現在私たちの体内で生じており、およそ一〇億年前の多細胞生物にその起源をさかのぼることができる。

がんはマルチレベル選択のすぐれた例を提供するばかりでなく、「何が観察可能なのかは、理論によって決まる」ことをも示してくれる。がん研究は、恐ろしく高度ではあるが、そのほぼすべてが、ティンバーゲンのいう【メカニズム】と【個体発生】に焦点を絞っている。がんを多細胞生物の内部で生じる自然選択としてとらえる見方は、一九七〇年代に入ってようやく唱えられるようになったのであり、現在でもがん研究のほんの一部がその見方を採用しているにすぎない。[*5]【機能】と【系統発生】も含めた完全な四つの問いに基づくアプローチは、現行の実践が依拠する知恵に挑戦し、以前は見えていなかった、がん治療の新たな可能性を開くだろう。

一例として、がんを完全に除去することを目的としている積極的化学療法を取り上げよう。この療法は、すべての腫瘍細胞が類似しているのなら意味がある。しかしそれが急速に変異し進化する細胞の個体群であればどうか。化学療法に対する耐性を獲得した腫瘍細胞にとって、積極的化学療法は極端に強い選択圧力になる。すでに私たちは、抗生物質を使って細菌性疾患を除去しようとすると、耐性を獲得して、その生態系で優勢な地位を占めるようになった細菌株が選択される結果を招くということを知っている。なぜなら、捕食者や競争者などの、生態系の他の生物が一掃されてしまうからだ。進化論や生態学に基づくより有望なアプローチは、生態系を破壊しないようにしながら、害虫や病原菌を抑えるのに役立つ他の生物を導入するように促す。進化論や生態学の視点を取り入れた少数の研究者によって、がんを対象に、適応治療と呼ばれる同様なアプローチが考案されている。

がん発症の危険性は細胞分裂が生じるごとに増大するため、ネズミのような小さくて短命な動物より、ゾウのような巨大で長生きする動物のほうががんにかかりやすいと思うのではないか。しかしその考えは正しくない。ネズミとゾウのがん罹患率はほぼ同じだ。その理由は、次のようなものだと考えられる。がんの選択圧力はゾウのほうが強く、それゆえネズミに比べてゾウのほうが、がんに対してより効果的な防御手段を進化させたのだ、と。私たちは巨大で長生きする動物を研究して、そのような動物が、かくも効果的にがんを抑えられる理由を、また、それと同じメカニズムを人間の治療の基盤として用いることができるか否かを解明すべきであろう。【系統発生】に大きく依拠する生物種間の比較は、進化論的な観点から得られる、がんに関する情報を豊富に提供してくれるだろう。だが、ほとんどのがん研究は、ヒトと実験用マウスというたった二種の生物しか用いていない。ここでも、正しい理論を選択していないために盲目状態に陥っているのである。

進化論的な観点から見た場合、がんは実に興味深く、独自の重要な話題を提供してくれる。さらには、善と悪の闘争が意外な場所で起こっていることを示す格好の事例になる。次に、ニワトリは善の問題に関して何を教えてくれるのかを検討しよう。

よいニワトリと悪いニワトリ

第1章で、ダーウィンの半いとこフランシス・ゴルトンを取り上げたことを覚えているだろうか。彼は動物の家畜化や植物の栽培化と同じように、人間も能力に基づいて繁殖させるべきだと考えていた。ダーウィンでさえ、人間にも優生学が通用すると考えていたが、彼が人間の重要な適応特徴と見なしていた同情や思いやりの本能に背くがゆえに、それに反対したにすぎない。

これらの事実を念頭に置きつつ、一九九〇年代にパデュー大学動物科学学部のウィリアム・ミューアらが、ニワトリを対象に行った実験について考えてみよう。[*6] 彼らの目的は、メンドリの産卵率をあげることだった。ニワトリは群れをなして生きるよう進化したのは確かだが、現代の養鶏産業では、一つの檻に五羽から九羽詰め込まれることが多い。研究は、そのような環境下での産卵率の最大化に焦点を絞っていた。実験方法は単純で、各メンドリが産んだ卵の数を追跡し、それぞれの檻のなかでもっとも多くの卵を産んだメンドリを繁殖に回すというやり方を、数世代にわたって続けた。産卵率という特徴が遺伝するのなら、リチャード・レンスキーの実験において、大腸菌がのちの世代になるにつれグルコースをより効率的に消化できるよう進化したのと同様に、この実験方法によって、数世代が経過するうちにメンドリの産卵率は相応に上昇するはずであった。

この写真は、各グループのなかでもっとも多くの卵を生んだメンドリを、次世代の繁殖のために選択した場合に起こったことを示している。

しかしそうは問屋が卸さなかった。それどころか後続世代は、次第に卵をだんだん少なく産むようになり、互いに対して攻撃的になっていった。上の写真は、五世代が経過した時点のある檻の様子を撮影したものである。この檻にはもともと九羽のメンドリがいたが、六羽は殺され、残った三羽は互いの羽根をむしり合っていた。産卵率が低いわけだ！

なぜかくも残忍な結果が生じたのか？　各檻で最多の卵を産むメンドリは、他のメンドリを攻撃することでその地位を確保した。ニワトリでは攻撃的な行動が世代間で受け渡されるため、もっとも攻撃的なメンドリを選択することで、五世代目には超攻撃的な株が生じたのだ。どの世代でももっとも産卵率が高い個体が繁殖のために選択されているにもかかわらず、互いに対する恒常的な攻撃によって引き起こされるエネルギー消費やストレスのせいで、すべてのメンドリが卵をあまり産まなくなったのである。

この第一の実験と並行して、檻単位で産卵率を追跡する実験が行なわれている。つまり各檻でもっとも多くの卵を産んだ個体を繁殖に回すのではなく、もっとも多くの卵を産んだ檻のすべての個体を繁殖用に選択したのだ。左の写真は、五世代が経過した時点のある檻の様子を撮影したものである。

九羽のメンドリはすべて無事で、羽根はまったくむしられていない。また産卵率は、実験期間を通じて一六〇パーセント上昇した。

この写真は、もっとも成績のよかったグループのすべてのメンドリを、次世代の繁殖のために選択した場合に起こったことを示している。

これら二つの実験は、ダーウィンが思い描いていた、グループ内選択とグループ間選択をめぐる構想の格好の事例になる。一つ目の実験は、グループ内では利己的な特徴が、協調的な特徴より有利に働くことを強調する。痛めつけ合い殺し合う、最初の写真のニワトリの姿は、確かに私たちが悪と呼ぶ特徴を体現している。二つ目の実験は、グループ内のすべての個体の繁栄を可能にする特徴を進化させるためには、グループレベルでの選択が必要とされることを強調する。互いに友好的に振る舞う二枚目の写真のニワトリの姿は、私たちが善と呼ぶ特徴を体現している。

フランシス・ゴルトンは、個体の能力と社会的な争いのあいだには単純な関係があると想定していた。有能な社会は、有能な個体によって築かれると考えていたのだ。彼にとっては、能力とは子が親から受け継ぐ個体の特徴を意味するがゆえに、もっとも有能な個体の選択は、もっとも有能な社会を生み出さなければならなかった。

ところがニワトリ実験が示唆するところは、優生学が普通に実践されている家畜を対象にしてさえ、この論理は誤っていたということだ。どうやらフランシス・ゴルトンは、個体の能力と社会的な争いの関係を著しく誤解していたらしい。個々のメンドリが産む卵の数は、個体の特徴である以上に社会的な特徴である。なぜなら、それはグループのメンバー同士がどう振る舞い合うかに依存するからだ。社会的なグループから最大の利益を享受している個体が、社会の福祉に貢献しなければ、そして、その特徴が遺伝するのなら、そのような個体を選択すれば、社会はやがて崩壊する。一つの遺伝子、個体に観察される特徴、そしてグループ全体の成績のあいだの関係は、檻で飼われているニワトリを対象にしてさえ非常に複雑であり、低次のレベルでの選択は、グループレベルでは期待された成果を生まないことが多い。成功の基準をグループ全体に置いて選択するほうが、次世代の個体が、有益な相互関係を育みグループの成功に貢献した前世代の個体が持つ種々の特徴の組み合わせを受け継ぐがゆえに、より効果的であることが判明している。

私は以後、ニワトリ実験の事例を人間の社会的相互作用のたとえとして使うつもりだが、差しあたって、それ自体重要な政策分野をなす、農業と動物の福祉に対するその意義を検討しておく。立っているしかないほどぎゅうぎゅうに檻に詰め込むというやり方が、商業的にメンドリを飼育するもっとも一般的な方法である。その状態では、メンドリは互いの干渉から逃れられず、正常な行動をとることができない。メンドリ同士で傷つけ合わないようにするためにくちばしは「切り取られ」、使う機会がないために骨は折れる。それでは、動物の福祉の侵害そのものである。私を含め多くの人々は、もっと自由に動き回れる環境で飼育されたメンドリが産んだ卵を買うために、喜んでその分高額を支払うだろう。だが、放し飼いにも独自の問題がある。争いは依然として起こるし、従属的な個体がエサや水やねぐらに近づけないよう、支配的な個体が邪魔をすることもあり、それによってグループ全体の生産性が低下する。つまり広い空間を与えるだけでは、グループ内で悪が善に勝利するという問題を解決できないのだ。その点では、ニワトリも人間と変わらない！

最後の教訓は、私たちが望もうが望むまいが、家畜化された動物や、栽培化された植物でも、遺伝的進化が起こるという点である。生命の柔軟性についてじっくり考えていると、ハッとさせられることがある。ごく普通に振る舞うニワトリから構成される個体群が、たった五世代でサイコパスの集団に変わり得るのだから。進化のプロセスは、私たちがうまく管理しなければ、おそらく間違いなく、自分たちが望んでもいない場所へと私たちを連れていってしまうだろう。

これで、意外な場所で善と悪の闘争が繰り広げられていることを示す二つ目のストーリーを終える。次は、人間を対象にこの概念を検討する番である。

とどのつまり道徳性とは何ぞや

私は本章の冒頭で、自然のあらゆる尺度において調和や秩序が存在するという、深く根づいた考えが真である保証はどこにもないと書いた。調和や秩序は、高次の選択が低次の選択を抑えられた場合にのみ期待できる。動物社会では、自然選択による進化が、一つ目のニワトリ実験のような経緯をたどった事例が多数ある。グループ内では、私たちが悪に結びつけている特徴が、善に結びつけている特徴に勝利する。それに対抗するグループ間選択の力は、そのような状況を大逆転できるほど強力ではない。これは、「人生はあばずれだ。そして私たちは死ぬ」という社会である。そんな社会に住みたいと思うだろうか？

しかし、自然選択による進化が、二つ目のニワトリ実験のような経緯をたどる場合もある。つまりグループ間選択の圧力がグループ内選択の圧力にまさり、私たちが善に結びつけている特徴が選好される場合があるのだ。社会的生物の多くは、グループ内選択によって個体群内で維持される特徴と、グループ間選択によって維持される特徴という両タイプの特徴が混合したモザイクを形成している。とはいえ両タイプの選択のバランスは一定ではなく、それ自体が進化し得る。まれには、破壊的形態のグループ内選択の圧力を大幅にそぎ、グループ間選択を、その生物のほとんどの特徴を生み出す主たる進化的力に仕立てるメカニズムが進化することがある。すると奇跡が起こる。非常に協調的なグループが進化し、それ自体が高次のレベルの有機体へと変容を遂げていくのだ。

この変容は、進化における主要な移行と呼ばれている。この概念は、一九七〇年代に細胞生物学者のリン・マーギュリスによって、細菌細胞から有核細胞への進化を説明するために提唱された。[*7] ミトコンドリア、葉緑体、リボソームなどの「細胞小器官」と呼ばれる構造を内包する有核細胞は、細菌細胞よりはるかに複雑である。「細胞小器官」と呼ばれているのは、それらの構造が、身体器官のように細胞を維持するための特殊な役割を担っているからである。複雑さに違いがあるとはいえ、小さな変異を繰り返して細菌細胞から有核細胞が進化したことは、自明だとかつては考えられていた。ところがマーギュリスの革新的な説は、有核細胞の起源を多数の細菌細胞が協力し合う共同体としてとらえた。彼女のこの細胞内共生説は、受け入れられるまでに数十年を要したが、現在では広く事実と見なされている。

個体が他の個体ではなくグループから進化し得るという考えは、一九九〇年代に二人の理論生物学者ジョン・メイナード＝スミスとエオルシュ・サトマーリによって、最初の細菌細胞の進化、多細胞生物の進化、昆虫のコロニーの進化を説明するために一般化された。[*8] どのケースでも高次の組織は、内部からの破壊的な選択圧力を抑制することで生物としての特徴を進化させている。生命の起源それ自体でさえ、同様に協調的に相互作用する多数の分子から成るグループとして説明できるかもしれない。[*9]

多細胞生物とそれが持つがんを抑制する能力は、最初のストーリーに見たように、進化における主要な移行の格好の例をなす。多細胞生物が持つ遺伝子のほとんどは、他の生物に対してその生物全体（あるいは他のグループに対してその生物が属するグループ）に資することで進化を遂げる。一つの遺伝子が同一生物内の他の遺伝子を犠牲にすることで進化することは比較的まれだが、それはそのような状態が生じないことを保証するべく進化した精巧なメカニズムのおかげだ。高次の選択は低次の選択よりはるかに強力であり、高次の組織を指すために別の言葉が使われているほどである。つまり私たちは、「細胞の社会」とは言わずに、「生物」と呼ぶ。とはいえこの名称の変更によって、多細胞生物は、選択レベル間の非常に大きな不均衡のおかげで進化した、高度に統制された細胞の社会にすぎないという事実があいまいにされてはならない。

アリ、ミツバチ、ハチ、シロアリなどの社会性昆虫のコロニーは、進化における主要な移行のもう一つの注目すべき事例を提供する。[*10] 一個の有機体全体が明瞭な物質的境界をなす多細胞生物と違って、社会性昆虫のコロニーは、各メンバーによって物質的境界が画される。ミチバチは、ある日突然一つの巣から飛び立って、数平方キロメートルにわたる領域に分散することがある。それにもかかわらずミツバチの行動は、単細胞生物にも比べられるほど、みごとに調整されている。たとえば新たに巣を作る場所を探すにあたって、ミツバチの群れは、あらゆる点で新居を探す人間に匹敵する識別力を駆使し、大きさ、高さ、日照などのさまざまな条件を勘案しながら物件を探し評価する。[*11]「コロニー間選択は支配的な進化的圧力である」という事実に基づいて、社会性動物のコロニーレベルの適応性は、「真社会性（eusocial）」「超社会性（ultrasocial）」「スーパーオーガニズム」などの用語で表される。

人類は、古代から社会性昆虫に魅せられてきた。人間は無数の側面で社会性昆虫とは異なるにもかかわらず、それに親近感を覚え、グループのために熱心に働くその姿を自分たちが模倣すべき理想として賞賛することさえある。また私たちは、次にあげる一七世紀の宗教的なパンフレットに見て取れるように、ときに自分たちの社会が多細胞生物のようであってほしいと願う。

真の愛とは、メンバー同士が依存し合い助け合う全組織の成長を意味する。それこそが、内的な精神の働きの外的な現れ、すなわちキリストによって支配される身体で構成される組織だと言える。同じことは、蜜を集めるために全個体が同等の熱心さで働くミツバチにも見られる。[12]

この比較はたとえにすぎないが、今やそれを堅固な科学的基盤の上に据えることができる。私たちは、進化における主要な移行の最新の事例なのである。人類を他の霊長類から分かつほぼすべての能力は、グループ間選択によって進化した協調形態として説明できる。人間における協調の進化は、グループ内選択の破壊的な力を抑える能力に大きく依拠している。ほとんどの霊長類の社会では、グループのメンバーはある程度までは協力的だが、それと同時にグループ内の争いに明け暮れている。しかもたとえ協力関係が見られたとしても、それは同じグループ内の別の仲間集団と争う仲間集団という形態をとることが多い。現時点での最善の知識に基づいて言えば、多細胞生物ががん細胞を抑制する手段を進化させたのと同様、私たちの遠い祖先はチームワークが生存と繁殖のための第一の手段になるべく、弱い者いじめなどの、グループ内の利己的で破壊的な行動を抑制する能力を進化させ

ミツバチの巣は協調と勤勉の象徴として長く用いられてきた。

たのである。*13

ここで道徳の問題が戻ってくる。本章の冒頭で、善や悪に結びつく特徴を想像してみるよう促したとき、私は形式的な定義に拘泥せず、自分の直感に頼るよう求めた。今やもっとマシなことができる。この主題を論じれば、英国ケンブリッジ大学の哲学教授サイモン・ブラックバーン（Bertrand Russel Chair of Philosophy）に比肩し得る権威は、他にはまずいないだろう。私は彼とのインタビューで、彼が哲学101クラスの学生に求めているのと同じように、進化に言及せずに道徳性を定義してほしいと頼んだ。それに対する彼の回答は次のとおりである。

もっとも単純なレベルでは、道徳とはある種の行動規範に従うよう自分や他者に圧力をかけるシステムである。これはおそらく、道徳のもっとも明白な側面であろう。そして規則に関連し、許される行動の境界線を引く。規則が侵犯されればそのような犯罪行動を抑える。それに加え、道徳には感情や情動に関する要素も含まれる。互いの苦境に対して同情を感じる能力と、それに対して何かをしようとする動機づけは、その例である。したがって道徳には二つの側面が存在する。一方は温和で人間的であり、他方はより強制的で、規則やそれを遵守させるために構築された社会制度に関係する。分析的な目的のために、それらを分けて考えることは有益だが、たいていの文脈のもとでは二つは融合している。たとえば、弱い者いじめを受けている人の苦痛に対する同情は、いじめが社会的規範を逸脱するという信念や、そのような行為を罰し、いじめを受けた人の苦痛を何とかして緩和しようとする欲求に翻訳し得る。*14

この、進化への言及のない道徳の定義はまさに、進化における主要な移行に由来すると考えられるシステムに言及している。私たちの道徳心理は、多細胞生物におけるがんを抑制するメカニズムと同等の社会的構築物なのである。道徳の強制的な側面は、グループ内の自己利益を追求する破壊的な行動を抑制するために必要になる。ひとたび抑制的な側面が確立されれば、他者につけこまれる恐れを抱くことなく、グループのメンバー同士が自由に助け合うことができるようになる。

ブラックバーンは、既存の道徳の理解と、進化論の観点から見た道徳の理解の一致を見逃していない。インタビューの残りでは、進化論の観点から見た、人間の道徳性に関するより堅実な研究から得られる洞察について検討した。私たちの持つ道徳的な力と弱さの奇妙な混合、善悪をめぐる直感的な理解、有徳な行動と他人を騙そうとする衝動、他者による規則の侵犯を監視し罰しようとする熱意、有徳な行動の対象を「彼ら」を除外して「私たちに」に限定しようとする傾向について、ここまで切り込んだ理論は他にない。正しい理論のレンズを通して善の問題を見れば見るほど、それだけ現代という時代に適応した道徳的な共同体を築くことができるようになるだろう。

第5章

加速する進化

ダーウィンは、変異、選択、そして親と子の類似性を意味する遺伝という用語で自然選択の理論を定式化した。当時、遺伝の事実は容易に観察できたが、そのメカニズムは謎だった。だからグレゴール・メンデル（一八二二〜一八八四）の研究が、非常に画期的な業績だと見なされていたのである。ダーウィンの同時代人でありながら、メンデルの業績は、二〇世紀に入ってようやく正当に評価されるようになった。そこには、誰もが探し求めていた遺伝のメカニズムに関する説明があった。

かくして遺伝学の研究は始まり、とりわけ一九五〇年代に入ってジェームズ・ワトソン、フランシス・クリックらによって、分子で構成される情報伝達手段としてＤＮＡが特定されて以後、途方もなく高度な科学になっていく。しかしその過程で、遺伝子が唯一の遺伝メカニズムであるとする誤った推論が入り込んだ。世界中で専門家も素人もこぞって、「進化」という言葉に「遺伝子」という意味合いを聞きつけたのだ。

だが、「遺伝子は子どもが親に似る唯一の手段なのか?」と単純に問えば、まったくの素人でも「ノー」と答えるだろう。たとえば子どもは親と同じ言語を話すが、この事実は、(言語の習得に遺伝子が関与することを除けば)遺伝子と関係がない。他の無数の特徴も、遺伝的ではなく文化的に受け継がれる。進化の研究には、遺伝的な継承メカニズムに加え、文化的な継承メカニズムを含めるべきではないのか?

明らかに、進化論の世界観の妥当性を十分に理解するためには、遺伝を含めながらもそれを超える方法で進化を考えねばならない。本章では、ヒトの免疫系、個人として学習する能力、文化とともに変化する能力という、三つの進化的プロセスをめぐる三つのストーリーを紹介する。これらのプロセスはすべて、遺伝的な進化よりはるかに迅速に生じる。しかしそれらは、遺伝的な進化の産物でもある。言い換えれば、遺伝的な進化は、他のタイプの進化プロセスを生み出し、それとともに共進化してきたのである。そしてこの共進化は、現在も続いている。この拡張された進化の見方は、政策立案に密接に関連する。私たちの周囲や内部で渦巻く迅速な変化に注目するだけでなく、現代の環境に適応するために、私たちは新たな進化プロセスを築いていかなければならない。

ヒトの免疫系

死ねば身体はただちに腐敗し始める。体内に宿る微生物が、猛威をふるうからである。生きているあいだ身体の腐敗が生じないのは、良性の微生物を体内に留め、外来の病原体を根絶するべく数億年を費やして進化してきた、一連の途方もない適応である、免疫系のおかげだ。[*1] 脊椎動物の免疫系は、親から受け継がれ一生変化することがないために生得的と呼ばれるいくつかの構成要素を含んでいる。あなたの指にとげが刺さったとしよう。するとすでにそこに存在する免疫細胞は、その領域への血流を増大させる化学物質を分泌する。そして毛細管からの血流が当該組織に漏れ出すよう血管をより多孔質にし、神経を刺激する。あなたは、それを痛みとして感じるはずだ。さらには、「サイトカイン」と呼ばれる化学物質があたりに拡散し、その場所にさらなる免疫細胞が集められる。これは、怒ったハチのコロニーが放つフェロモンにもよく似ている。この反応は、あなたが八歳であろうが八〇歳であろうが変わらない。

免疫系は、体内で迅速に変化する能力を持つため適応的と呼ばれる構成要素も含む。これは非常に好都合だ。というのも、生得的な構成要素だけでは微生物の急激な進化についていけないからである。次に免疫系の適応的な構成要素の働きを説明しよう。

たった今あなたの体内には、およそ三〇兆個のB細胞が循環している。B細胞は抗体を産生する。抗体とは、有機体の表面に結合することのできる分子をいう。いかなる抗体も、限られた形状の表面にのみ結合することができる。しかしB細胞は、およそ一億個の多様な抗体を産生し、総体で見ればほぼどのような有機体の表面にも結合することができる。これは進化のプロセスの「変異」の部分に相当する。

細菌などの外来の物体に結合した抗体は、免疫系の生得的な構成要素がそれを破壊し除去する際の標識として機能する。同時に、まさにその抗体を産生したB細胞に、増殖して当該の抗体の産生速度をあげるよう促す。これは進化プロセスの「選択」と「遺伝」の部分に相当する。一つのB細胞は、繰り返し分裂し、一週間で二万細胞に達する。そして各細胞は、毎秒二〇〇〇個の抗体分子を産生する。こうして、特定の病原体と闘える抗体が増えるが、他の抗体に関しては、基準値が保たれる。

　したがって免疫系の適応的な構成要素は、変異、選択、遺伝という三つの要素を含む迅速な進化プロセスをなすと言える。なぜそれが重要なのか？　なぜなら、遺伝的進化の研究を体系づけるティンバーゲンの四つの問いによって、免疫系の研究も整理できることを意味するからだ。たとえば任意の二人が同じ病気にかかったとすると、二人の身体は、必ずしも同一の抗体を産生するとは限らない。一つの抗原に結合できる抗体は一つに限られるのではなく、リチャード・レンスキーが大腸菌を用いて行なった実験で進化した適応と同様、誰の身体でどの抗体が産生され増殖するのかは偶然の問題にすぎない（【系統発生】）。

　本章の文脈のもとで免疫系を眺めてみると四つの主たる留意点があるが、それと同じことが、個体の学習と文化的変化にも当てはまる。一点目は、一億個の抗体を産生し、そのうちで抗原に結合する抗体を選択する能力が、幸運な偶然によって生じたのではなく、数

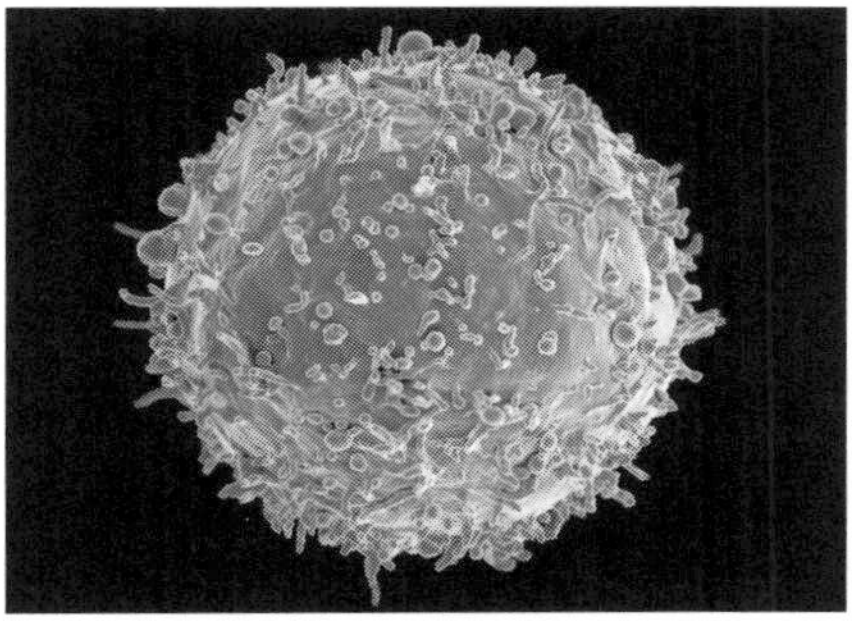

B細胞は免疫系の適応的な構成要素の一部をなす。

億年間作用してきた遺伝的進化によって形成された精巧な産物だということである。免疫系の適応的な構成要素は、他の進化プロセスによって構築された進化プロセスの格好の例と見なせる。

二点目は次のとおり。免疫系の適応的な構成要素は、先天的な構成要素を補完し、それと密接に協力し合いながら機能する。私たちが宿すマイクロバイオームのほとんどは体内に保たれ、病原体はそこから排除される。この仕組みは、私たちが親から受け継ぎ、一生を通じて変化することのないメカニズムによって統制されている。抗体は、病原体の標識づけという、必須ながら比較的つつましやかな役割を担っており、実際に病原体を殺す役割は生得的な構成要素が担っている。免疫系を理解するためには、生得的な構成要素と適応的な構成要素の両方について正しく認識しておく必要がある。

三点目は、免疫系が各構成要素間の密接な相互作用を必要としているということである。それが働くためには数十種類の細胞型に属する細胞が、適正に相互作用しなければならない。この協調の交響楽は、生物間選択によってもたらされた。構成要素間の相互作用が不十分な免疫系を持つ生物など、私たちの祖先にはいなかっただろう。

四点目は次のようなものである。免疫系は主として、個体としての生存と繁殖の可能性を高めるために進化したが、例外も許容する。家庭の火災報知機や車の侵入警報装置が余計なときに作動する場合があるように、私たちの免疫系も、設計どおり機能していても、無害な物質を標的として抗体を産生する場合がある。第3章で見たように、免疫系が誤動作を引き起こす新たな環境のもとに置かれると、問題は現実化する。

免疫系の適応的な構成要素の特徴について詳述したのは、それがとても興味深く急激な進化をもたらす重要な事例にもなるからだが、次にあげる事例の比較の枠組みを提供してくれるからでもある。

個人として学習する人間の能力

疾病と闘うという免疫系の仕事は、生物が特定の環境内で生存し繁殖するためにしなければならない多くの課題のうちの一つにすぎない。また捕食者を回避し、食糧や生殖の相手を探す必要もある。さらには自分と同じ生物種の個体と闘ったり、協力し合ったりもしなければならない。これらの課題にいかなる状況で遭遇するかは個体によって変わり、そこには行動の高度な柔軟性が求められる。一例をあげよう。ケース・ウェスタン・リザーブ大学のマイケル・F・ベナード博士が研究したパシフィック・コーラスガエルのオタマジャクシは、捕食者のいない水域、積極的に獲物を追う魚類の捕食者がいる水域、獲物を待ち伏せ咬み付いて捕食する昆虫の捕食者がいる水域という三つの異なる環境のいずれかに生息している。[*2] 両タイプの捕食者が同じ水域に生息することはめったにない。というのも、魚類はオタマジャクシばかりでなく昆虫も食べるからだ。

三つの環境は、生き残って成体に達するために、それぞれ異なった適応を必要とする。それゆえオタマジャクシは、免疫系が侵入してくる病原体を検知しそれに反応するのと同じように、水中の化学物質を手がかりに自らがどの環境に生息しているのかを検知し、それにふさわしい特徴を発現できるよう進化を遂げてきた。それには行動の変化ばかりでなく、身体構造の改造も含まれる。捕食者がいない環境下では、オタマジャクシはエサを探して自由に動き回る。魚類の捕食者がいる場合は、できる限り動かずにいて、見つかると急発進して逃げられるよう形態的な適応を遂げる。昆虫の捕食者がいる場合には、できる限り動かずにいる点では魚類の捕食者がいる場合と同じだが、捕食者の攻撃が、胴体や重要な身体器官ではなく、かわして逃げられる尾部に及ぶよう形態的な適応を遂げる。これは憶測ではない。というのも、ベナードは進化の不整合を実際に実験室で引き起こすことができたからだ。彼は、魚類の捕食者の存在を示す化学物質の手がかりを与えて育てたオタマジャクシを昆虫の捕食者にさらした（その種の事態は自然界ではめったに起こらない）。するとこのオタマジャクシは、昆虫の捕食者の存在を示す化学物質の手がかりを与えられて育ったオタマジャクシより死ぬ割合が高かった。また昆虫の存在の手がかりを与えられて育ったオタマジャクシを魚類にさらすと、魚類の存在の手がかりを与えられて育ったオタマジャクシより死ぬ割合が高かった。

その種の柔軟性は、遺伝的進化によって形成され、環境から適切な信号が発せられるのを待つ一連の固定化された適応である、免疫系の生得的な構成要素に類似する。それに対し、免疫系の適応的な構成要素に類似する、より開かれた形態の行動の柔軟性もある。生物は、ある程度恣意的に行動する（進化プロセスの変異の部分）。他の方法より大きな報酬をもたらすものとして検知される行動もあり、そのような行動は、より頻繁に発現する（進化プロセスの選択と遺伝の部分）。その種の開かれた行動が持つ柔軟性のおかげで、生物は、遺伝的進化によって形成された一連の定型的な行動の範囲を超えて、生きている最中に環境に適応することができるのである。

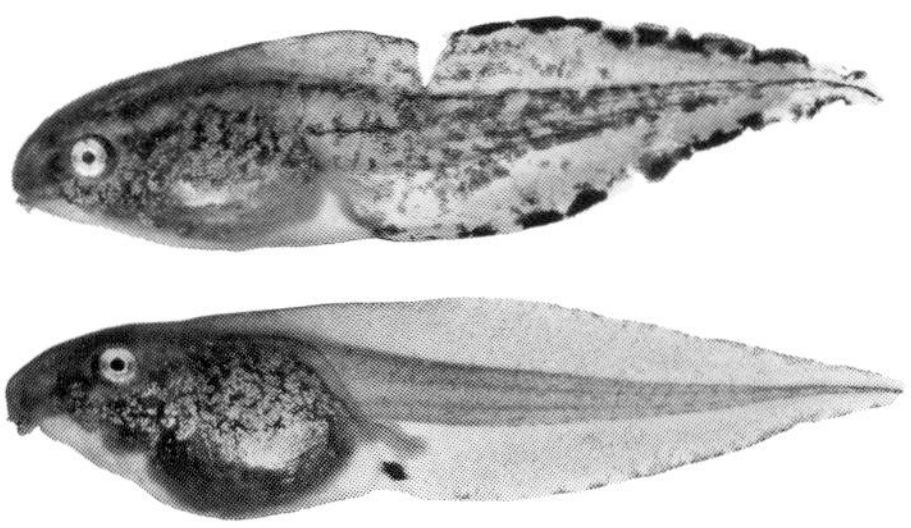

カエルの多くの種では、オタマジャクシのステージは環境における捕食者の存在や種類に対応するために、身体全体の改造を行なうよう進化してきた。

開かれた学習に焦点を置く、行動主義と呼ばれる心理学の分野がある。もっともよく知られた擁護者はB・F・スキナー（一九〇四〜一九九〇）で、彼は動物が受け取る環境からの入力を制御し、行動という形態で現れる出力を科学的に正確に記録する、スキナー箱と呼ばれる装置を発明した。彼の主張によれば、動物は試行錯誤に基づく学習を通じて、どんな行動でも学ぶことができる。彼は、得点をとれば報酬としてエサを与えることで、ハトにピンポンの訓練を施しさえした。確かに、ハトという生物の全歴史を通じて、そんな行動は一度も見られなかっただろう！

　ということで、疾病と闘うべく進化した免疫系と、それ以外の環境的な問題を克服するべく進化した人間の行動の柔軟性のあいだには、一連の精巧な適応として注目すべき類似性が存在する。しかし学習の研究は、免疫系の研究と同じ経路をたどらなかった。だから免疫系の研究では自明視されている成果が、学習の研究ではなし遂げられていない。行動主義の歴史をひもとけば、「四つの問い」のすべてに基づくアプローチの、学習の研究への適用にかくも手間取っている理由がわかるはずだ。次に、それについて簡単に説明しよう[*3]。

二〇世紀初頭、人間の行動を引き起こす物質的メカニズムは、遺伝のメカニズムと同じくらい謎であった。認知心理学や神経生物学が科学の一分野になるために必要な技術は、まだ存在していなかった。心の働きをめぐる憶測はまさにそのような状態が反映されたもので、内省に毛が生えた程度のものでしかなかった。そうした背景のもとで、行動主義は最新の科学として颯爽と登場した。なぜなら、外界からの入力と、行動という形態で現れる出力のみに基づいて学習を研究することを可能にし、心の働きのメカニズムに関する知識を必要としなかったからだ。ティンバーゲンの四つの問いの分類で言えば、行動主義は、【メカニズム】と【個体発生】をほとんど無視し、【機能】と【系統発生】（この場合は、強化学習の系統発生を意味する）に依拠して発展することができた。そしてそれを基盤として、二〇世紀前半、心理学の世界において支配的な流派になることができたのである。

やがて行動主義の限界が明らかになる。生物は、その学習能力においてまったくの白紙状態《ブランクスレート》で生まれてくるわけではないのだから。また、心の働きのメカニズムを研究するための技法が利用できるようになったが、スキナーは、それらの進歩に異議を唱えた。メカニズム（mechanism）の研究を（「唯心論（mentalism）」と呼んで）揶揄し、試行錯誤に基づく学習によって説明可能な行動の範囲を誇大に解釈した。その結果、科学の進歩は、連続的な変化ではなく革命の形態をとることになり、それは「認知革命」と呼ばれた。[*4] 二〇世紀後半、認知心理学者は心をコンピューターとしてとらえ、主たる目標はその回路を理解することだとした（【メカニズム】）。

行動主義は心理学の世界では過去の遺物、それどころかタブーとしてさえ扱われるようになった。

というのも、心をブランクスレートとして扱い、脳内で作用しているメカニズムを考慮に入れていなかったからだ。だが行動主義は、完全に死滅したわけではなく、現実世界における行動の変化を主要な研究対象にしている、心理学の応用分野で成功を収めた。

一九八〇年代に入ると、認知革命の支持者は、自らを進化心理学者と呼ぶ、新たな潮流に属する人々の挑戦を受けるようになる。[*5] 進化心理学者によれば、心は、一台ですべての機能を果たすコンピューターではなく、多数の特殊化したモジュールで構成される。各モジュールは、人類の祖先が直面した、適応に関する特定の問題の解決に至った遺伝的進化の産物であった。彼らのいう「モジュール」とは、ジュークボックスのレコードのようなもので、環境によって対応するボタンが押されたときに演奏を始められるよう準備を整えて待っている。こうして進化心理学者は、心のメカニズムをめぐって認知革命の支持者に挑戦状をたたきつけたとはいえ、両陣営とも、行動主義や、「ブランクスレート」の考えを支持する、他の社会科学の学派をさげすむことでは、共同戦線を張っている。

科学の世界にさほど詳しくない読者は、以上のような疾風怒濤《シュトゥルム・ウント・ドランク》の激動に少し驚いたかもしれない。科学者は『スタートレック』シリーズに登場するミスター・スポックのような冷徹な合理主義者ではなく、他の職業に従事している人々と同じく、自らの帝国を築き守ろうとする生身の人間なのである。他の職業から科学を分かつ唯一の特徴は、紆余曲折を経ながらも事実をめぐる知識の蓄積をもたらしてくれる、一連の規範や実践方法を採用している点にある。学習のような広大な研究領域が、たとえ最終的には同じ理論的な枠組みの内部に落ち着いたにせよ、免疫学のような他の広大な研究領域に後れをとったからといって、特に驚くべきことではない。

私たちの目的にとって重要なのは、個人としての学習能力と、免疫系の先天的、ならびに適応的な構成要素のあいだには類似性が認められるという点だ。この比較から得られる知見がいくつかある。第一に、そしてもっとも重要なこととして、急速に進化し、生きている限り環境に適応していく独自のシステムとして、自分自身を考えられるようになることがあげられる。自分の本性を決定づけるおもな要因は、（開かれた学習を可能にする遺伝子を除けば）遺伝子ではなく、環境と、遭遇した困難を解決するためにこれまで選択し適応を遂げてきた行動様式である。そしてあなたは、過去の環境にうまく適応してきたように、現在の環境が呈する課題にも適応できる。このように、自己を積極的に変え、変革する能力をもあなたは備えているのだ。

だからといって、意識して自分用の抗体を選択することなどできないのと同様、あなた個人の進化が「何でもあり」であることを意味するわけではない。開かれた学習を可能にするメカニズムは非常に複雑であり、そのほとんどは意識的な気づきの埒外で生じる。意識して進化を導きたいのなら、そのメカニズムを理解し、徹底的に探究しなければならない。[*6]

さらに言えば、遺伝的進化の事例に見てきたように、進化的な意味での適応は、必ずしも規範的な意味における「よきこと」「正しいこと」を意味しない。遺伝的進化は、「私」や「私たち」にとっては都合がよくても、「あなた」や「彼ら」にとっては都合の悪い適応、あるいは自分にとって短期的には有益でも長期的には有害な適応をもたらすことが多々ある。開かれた学習によって獲得された行動にも、それと同じ限界がある。というより、行動適応は遺伝的進化よりさらに先見の明を欠く。なぜなら、自らの行動に由来する直近の損得は、長期的な結果より見えやすいからだ。やせたいのに、ポテトチップスについつい手が伸びるなどといったたぐいの経験は誰にもあるだろう。世界平和を願っていても、会社のライバルを出し抜くためなら何でもするかもしれない。このように学習能力を個人や社会の長期的な目標に合わせるためには、相当な賢明さが必要になる。

私たちはまた、免疫系と同様、学習システムの適応的な構成要素が、生得的な構成要素、すなわち外界からの刺激によって引き起こされる一連の固定的な行動反応と組み合わさって機能するという点に留意しておかねばならない。最初の進化心理学者は、人間や動物の心のモジュール性を強調した点では間違っていなかったが、心が適応的な構成要素を含み得ることを否定した点では間違っていた。

人間の学習システムの生得的な構成要素を正しく評価するために、あらゆる生物が、その進化の歴史を通じて穏やかな状況と厳しい状況の両方を経験し、パシフィック・コーラスガエルの捕食者に対する反応に似た、外界からの信号によって引き起こされる何らかの反応を適応によって獲得するに至ったことを考えてみよう。人間以外の生物は、状況が悪くなっても取り乱したりはしない。困難な状況に適応し、それにふさわしいあり方で振る舞うのだ。[*7] 鳥類の多くの種では、ストレスに満ちた環境下に置かれると、メスはコルチコステロンの濃度が高い卵を産む。[*8] 実験でホルモンの濃度を操作すると、他の点ではあらゆる条件の等しいヒナが、異なる成鳥へと育っていく。発達期に高濃度のホルモン分泌を経験した個体は、低濃度のホルモン分泌を経験した個体に比べ、飛翔筋がより迅速に発達し、身体のサイズがより小さいうちに巣立ち、飛行成績がすぐれる。またエサを探すとき、より活発に活動し、積極的に高いリスクをとろうとする。これらの行動は、ストレスによって引き起こされた欠陥ではなく、試行錯誤に基づく学習によって獲得されたものでもない。そうではなく、それらの行動は遺伝的進化の結果によって得られた、ストレスに満ちた環境への適応であり、適切な信号が外界から入ってくることで発現するのを待っていたのである。実を言えば、開かれた学習のプロセスでさえ調節される。ストレスに適応した鳥には、親から学んだ行動を軽んじて、自己の経験や同種の他の個体から学んだ行動を選好する傾向がある。どうやら母鳥がストレスを受けているのは、他の鳥が知っていることや、子どもの鳥が自力で学べることを知らないからなのかもしれない!

研究室で行なわれたラットを使った実験によって、ストレスを受けている母親は、幼獣をなめるのにあまり時間を費やさないことが判明している。実験的な手段で母親が幼獣をなめる量を操作したところ、それ以外の点では他の個体と変わらない幼獣が、他と異なる成獣へと成長した。たとえば母親にあまりなめられずに育ったメスの幼獣は、他のメスより社会的に優位な地位を占め、オスにとって魅力的で、妊娠しやすい成獣へと育った。また、母親にあまりなめられずに育ったオスの幼獣は、若い頃攻撃的な遊びを好み、成獣になるとけんか早くなる。要するにメスもオスも、できるだけ早く繁殖に入れるよう適応するのである。これらの行動はよく理解できる。なぜなら、ストレスのかかった環境下では、もしかすると明日はないかもしれないからだ。これは鳥の事例に似ているが、こちらでは環境からの信号はホルモンではなく母親の行動によって与えられる。ストレスを受けた母親は、幼獣をあまりなめないことで単に放置しているのではない。母親がもっとなめれば、幼獣はこれから遭遇するはずの苦境時に必要になる特徴を、適応を通じて発達させることができないだろう。事実、幼獣の頃にあまりなめられなかったメスは、他のあらゆる環境条件が等しくても、自身が母親になってもあまり自分の子どもをなめようとはしない。つまり幼獣の観点からすれば、信号は母親の経験に加え、祖母の経験も伝達しているということだ。

人間の子どもの発達が、鳥類や人間以外の哺乳類と同様、ホルモンや行動による信号の影響を受けていると考えるべき理由はいくらでもある。そもそも私たちは哺乳類の一員であり、人類が進化の歴史を通じて獲得した特徴は何であれ、より古い生物系統の上層に積み重ねられている。貧困、保護者による放置、暴力、栄養不足などの厳しい状況を経験してきた子どもは（平均して）、より温かい環境のもとで育った子どもとは異なるおとなに成長する。そのような子どもは、おおざっぱに言えば、ストレスに適応したラットが獲得したものと同じ一連の、早期の生殖に向けた社会的、性的戦略を発達させる。彼らの開かれた学習の能力は変容し、長期的ではなく短期的な報酬を得ようとする問題解決能力が強化される。そのような環境で育つ三歳児に人形劇のシーンを思い出させると、よいできごとより悪いできごとをよく覚えていることがわかった。また、一つの活動から別の活動へとすぐに注意が移り、リスクが高い状況のもとでよい成績を収める。

子どもの発達の研究では、その種の性格の相違が、さんざん報告されてきた。しかしそこに提示されている解釈は、現代的な進化論の観点を欠いているため問題を孕む。ほとんどの発達心理学者は、

「子どもは温かい家庭では順調に発育し、厳しい環境下では、荒地で故障する車のごとく成長が阻害される」と仮定している。そのため、壊れたものを修理し、いわゆる「危険にさらされている子ども」を「正常な」子どもに近づけることが課題だと考えられているのである。これは、「何が観察可能なのかは、理論によって決まる」ことを示す格好の例だと言えよう。つまり「壊れた車」モデルに照らしてものごとを見てしまうと、ストレスに満ちた環境下では、個体は適応的な行動を示すという考えが、見えにくくなる。

のちの章で私は、進化論の世界観が、自己の進化を管理するための新たな実践的戦略をもたらしてくれることについて詳説する。本章の目的に照らして言えば、個人として学ぶ私たちの能力は、遺伝を超えた進化をめぐる理解を拡大することを意図した、三つの事例のうちの一つを提供してくれる。

人類が持つ文化的変化の能力

私たちの学習システムにも当てはまることだが、免疫系が機能するためには、それを構成する各部位同士の精緻な協調が必要だと、私は指摘した。この協調は、組織間選択の産物である。

原理的に言えば、一世代のうちに学習によって獲得された情報は、洗練し拡張して次世代に受け渡すことができる。ところがそのためには、グループを形成して生きている個体間の高度な協調が求められる。このレベルの協調を促進するにあたっては、おそらくグループ間選択が必要とされるだろう。第4章で学んだように、グループ間選択は、人間以外の社会的な生物においてもある程度作用しているが、グループレベルでのあらゆる形態の協調を制限する、グループ内の個体間の破壊的な選択圧力が強力に拮抗している場合が多い。そのため、個体が生涯を通じて学習した適応は、その個体とともに死に絶え、次世代の個体によって初めから学び直されねばならない。これに対して文化的伝統の継承は人間以外の生物にも認められるとはいえ、明らかにその点で人間は際立っている。私たちの祖先は、グループ間選択が第一の進化的圧力になるよう、グループ内の個体間の破壊的な競争を抑制する手段を発見した。そしてそれによって、学習した情報を世代間で受け渡すことを含め、グループレベルでのあらゆる形態の協調が選好されるようになったのだ。こうして遺伝的進化と並行して文化的進化が作用し始め、二つのプロセスは相互に影響を及ぼし合うようになったのである。[*9]

文化的進化が作用している証拠は、それに気づけるようになりさえすれば、私たちの周囲にいくらでもあることがわかるはずだ。ヒトの進化生物学を専攻するハーバード大学教授ジョセフ・ヘンリッチは、著書『私たちの成功——いかに文化はヒトの進化、自己家畜化、知性の獲得を駆り立てているのか（*The Secret of Our Success: How Culture Is Driving Human Evolution, Domesticating Our Species, and Making Us Smarter*）』で、文化的進化の重要性を巧みに解説している。そこで彼は、まるまる一章を費やして、北極、オーストラリア内陸部の砂漠地帯、アメリカ南西部の砂漠などの、人が住めない地域に取り残された探検家たちを取り上げている。食糧が底をつき、探検家たちは、現地で食物を調達しなければならなくなる。しかし一人ひとりの知力では、何が食べられるのか、どうやって手に入れられるのか、いかに調理すればよいのか、厳しい地形や天候からいかに身を守ればよいのかがまったくわからなかった。死ぬ者もいた。また、とても住めない土地をわが故郷と呼ぶ、地元の親切な先住民に助けられて生きながらえた探検家もいた。そのような土地で先住民が繁栄していたのは、一人ひとりの知性のゆえではなく、代々の祖先が学習し、文字の支援なしに現世代まで受け継がれてきたぼう大な量の情報のおかげだった。

先住民でさえ、状況によっては蓄積されてきたぼう大な情報を失うことがある。ここでは、ヘンリッチが言及しているよく知られた事例を取り上げよう。オーストラリア大陸の沖合に浮かぶタスマニア島は、かつては陸続きであったが、およそ一万二〇〇〇年前に海面が上昇したために大陸から分離した。島の人口が少なかったので、情報を蓄積してのちの世代に受け継ぐ集団的能力も低下してしまう。やがて彼らはより原始的な生活を送るようになるが、その理由は環境が本土と異なっていたからではなく、文化的に獲得された情報を保存できるだけの人数が揃わなかったからである。もう一つ例をあげよう。一八二〇年代に、グリーンランド北西部の隔絶した地域で暮らしていたイヌイットの住民のうち、もっとも豊富な知識を保有していた最年長者の多くが、伝染病で病死した。この喪失は、イヌイット文化を襲った集団的な卒中のようなものだった。生き残った人々は、有効な弓矢を製作することもできなければ、雪で固めた住居に熱を逃がさない出入り口を開けることもできなかった。カヤックさえ作れなかった。彼らはその種の知識を再生することができず、その人口は、一八六〇年代に、バフィン島周辺で暮らしていた別のイヌイットの部族が接触してきたときには、著しく減少していた。ようやくその後になって、外来の集団から得た知識によって文化的道具箱を補充できたおかげで、グリーンランド北西部の人口は回復し始めた。
ひとたび見方がわかれば、およそ一〇万年前に始まる人類の全歴史は、学習による世代間の情報の伝達によって可能になった、高速の進化プロセスとして見ることができる。人類のアフリカからの出立と他地域への移住、狩猟採集民としてあらゆる気候帯や、さまざまな生態的地位《エコロジカルニッチ》で暮らす能力の獲得、農夫として食糧を生産する能力の獲得、文字の発明、化石燃料の利用などはすべて、世代間の情報の伝達によって可能になった。[*10] 本書の冒頭で取り上げた、科学者で司祭でもあったピエール・ティヤール・ド・シャルダンは、人類を生命の木の一つの枝として想像するよう促した点で時代をはるかに先んじていた。彼によればこの枝は、急速に生育したため、すぐに他の枝より高く成長し、やがて多数の小規模社会（小さな思考の粒）が大規模社会へと合体していったのだ。
したがって世代間での文化の変化は、遺伝的進化、免疫系、そして個人として学習する能力に類似する進化のプロセスと見ることができる。しかし人類学や社会学における文化に対する見方の歴史は、少なくとも心理学における学習に対する見方の歴史と同じくらい複雑である。そこで次に、行動主義について簡単な歴史を紹介したのと同じように、人類学や社会学における文化に対する見方の歴史を簡単に振り返っておこう。[*11]
ダーウィンの理論は、孤立して成立していたわけではなく、（第1章で取り上げた）ハーバート・スペンサー、エドワード・バーネット・タイラー、ルイス・ヘンリー・モーガンらの当時の他の著名な思想家たちの見方を背景にしていた。彼らは皆、「世界中の人々は同じ基本的な能力を備えた同じ生物種のメンバーである」という、人類の統合性に関する信念を抱いていた。また、スペンサーに見たように、「人類は完成に向かう途上にある」と見なす、進化による進歩という考えを共有していた。彼らは当然のことのように、ヨーロッパ人が先頭を歩んでいると考え、そのヨーロッパ人が、他の文化に属する人々を手助けし「より文明化」すべきだとする姿勢をとっていた。

ダーウィンはおおむね彼らの見方を共有していたし、いずれにせよ一九世紀後半から二〇世紀前半にかけて誕生した人類学や社会学の諸分野に属する主要な思想家たちと舞台を共にしていた。この見方に反対していたのは、フランツ・ボアズとブロニスラフ・マリノフスキーの二人であった。ボアズは当初、物理学を専攻し、北極圏における光のさまざまな効果を研究するために、若い頃にバフィン島に行ったことがあった。そこで彼は、厳しい環境のもとで暮らし続けているイヌイットの能力に強い印象を受け、彼らを人間存在の連鎖の下位に位置すると見なすことなどとてもできなくなった。彼らは北極圏という特異な環境のもとにおける生存と繁殖に、他の誰よりも長けていたのだ。そしてすべての文化を、それと同じ観点から見るべきではないかと、彼は考えた。彼のこの見方は、ダーウィンの進化論と強く整合する。ボアズは、(彼が支持する)ダーウィニズムと、(彼が否定する)漸進的形態の進化を十分に区別していた。

マリノフスキーは、第一次世界大戦中に太平洋に浮かぶトロブリアンド諸島で過ごしたときに、先住民の文化に精通するようになった。またボアズ同様、野蛮から文明に至る直線上のどこかに先住民を置くのではなく、彼らが暮らしている環境という文脈のもと、彼らの視点から世界を見ることの重要性を理解するようになった。この考えはやがて、現地の人々と暮らし、各文化をその文化の言葉で理解するよう努めるという人類学の伝統を形成していく。この伝統に基づくと、いかなる理論的な視点も、早計なものとして意図的に回避され、もっとも重要なのは、できるだけ客観的な手段を用いて情報を収集し、かくして収集された情報を、理論を適用して分析することだった。二〇世紀中盤に活躍したイギリスの高名な人類学者E・E・エヴァンズ＝プリチャードが述べているように、人類学という仕事の全体が翻訳作業であり、調査対象の文化の構成員が見ているように当の文化を見ることにその目的がある。

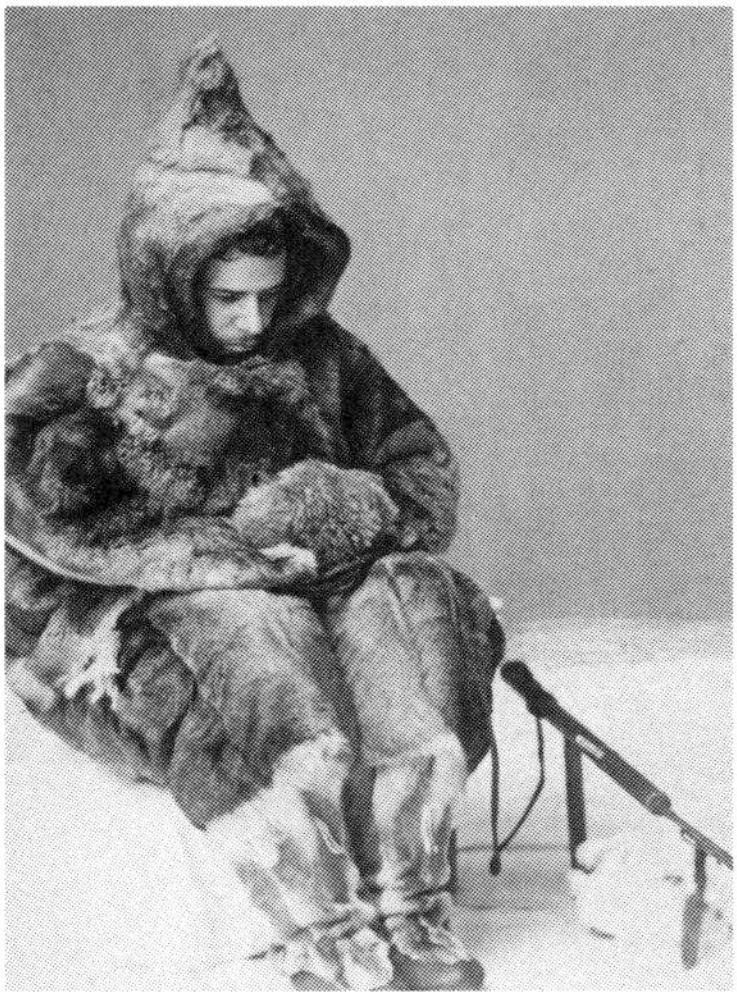
アメリカで人類学の父として広く知られているフランツ・ボアズは、各文化における環境への適応を正しく評価していた。この写真で彼は、バフィン島のイヌイットを模倣している。

人類学におけるこの伝統は、「人類は完成に向かう途上にあり、世界各地の文化に関する情報の蓄積へと至る」という根拠薄弱な見方を改善するものであった。しかし理論的枠組みなくしては、情報を整理する方法もなかった。同じことは、別の分野として発展してきたが、人類学と同様、あたかも統一的な理論的枠組みなどあり得ないと考えているかのように、おおむね無理論的であるか、反理論的になることすらある人類史にも当てはまる。さらに言えば、ダーウィンの革新的な理論が登場するまで、自然史研究（動植物の習性の研究）も、それと同じ組織化の原理の欠如によって阻害されていた。

「相対主義」「社会構成主義」「ポストモダニズム」などの用語で示される思想に駆り立てられた、文化人類学をはじめとする文化関連の学問分野は、理論の棄却を極限まで推し進め、客観的な知識の存在自体を否定しさえする。「理論」という用語そのものが、「あらゆる視点」として定義されるようになる。科学はもう一つの社会的構築物とされ、独自の権威を剝奪された。あらゆる人類学者が、そこまで極端な立場をとるようになったわけではないが、分裂ははなはだしく、ハーバード大学、スタンフォード大学、カリフォルニア大学バークレー校を含む最高学府のいくつかの人類学部は、市民同士がうまくやっていけずに分裂した国家のごとく、別々の学部へと分裂した。分裂を免れた人類学部でも、できれば離婚したがっている夫婦のように、派閥間で交流がほとんどなかったり、互いに敵視したりしている有様だ。

幸いにも、現代の進化論の観点から見た人類文化の多様性と変化の研究は、二〇世紀の最後の一〇年間で根づき始めた。今日では、社会的、文化的な文脈において進化論の世界観を持つことの意義を正しく理解している科学者やその他の学者のコミュニティが、急速に発展しつつある。[*12]

この視点を持っていれば、あなたは単なる自己の遺伝子の産物としてではなく、過去の世代から受け継いだ、ばく大な学習情報の蓄積を集団で保有する文化の多数の構成員の一人として、自分自身について考えることができるようになるだろう。それによってあなたは、自分自身より大きな何ものかの一部になるのである。また情報は単に受け継がれるだけではなく、世代を経るにつれ選別され、グループの構成員としての共存を促進する一連の信念や実践として残されてきた（【機能】【系統発生】）。

私たちが受け継いだ文化は、入力として環境情報を受け取り、出力として行動に結果するよう処理する意味のシステムとして、機能的な用語で記述することができる。うまく環境に適応した、意味のシステムの内部にいれば、私たちは目的感に満たされて毎朝目覚め、自己の繁栄のためにやるべきことを、今まさにやり遂げたいと強く感じるようになるだろう。とはいえ意味のシステムは、少なくとも二つの様態でうまく機能しなくなることに留意されたい。つまり私たちを鼓舞する能力を失う場合と、間違ったことをするよう私たちを鼓舞する場合の二つである。

意味のシステムは人間が構築したものであり、それゆえ人類学や社会学における社会構成主義は、科学と進化論を無視して概念化されない限り間違ってはいない。[13] 私たちは、まず文化的進化を可能にしている遺伝的進化によって形成されたメカニズムを理解するために、そして文化的進化に由来する、形態の多様性を理解するために、進化論を二度必要としている。

学校にあがる前の子どもを対象に行なわれたある実験で、子どもは、ノイズを取り除きつつ最適な情報を環境から吸い上げる能力を備えていることが示唆されている[14]（【メカニズム】【個体発生】）。実験は次のように行なわれた。子どもたちは二人のおとなが並んですわっているところを映したビデオを観せられる。二人のおとなは、銘々違うものを食べ、異なる色のドリンクを飲み、自分独自のやり方でおもちゃを操っている。そこへ別の二人のおとなが現れ、もとのおとなの一方と向き合う。なおビデオは、もとのおとなのうちの一人が、あとから入って来たおとなに注目されるところを映したものが一本ずつ製作されていた。子どもたちは、それら二本のビデオのいずれか一方を観たあと、食べ物、飲み物、おもちゃのそれぞれについてどちらがほしいかを尋ねられた。その結果子どもたちは、あとから入って来たおとなに注目されたほうのおとなが飲み食いしていたものと同じ飲み物や食べ物を、他方と比べて四倍の頻度で、またそちらのおとなが操っていたおもちゃを一三倍の頻度で選んだ。

伝説的なトークショー司会者、ラリー・キングのインタビューを受けたゲストを対象に実施された研究がある。この研究では、キングとゲストの関係が分析されている。ゲストのなかにはラリーより社会的な地位が低い者もいれば、元大統領ビル・クリントンのように高い者もいた。インタビューの音響分析によれば、ゲストがラリーより社会的地位が低い場合にはゲストがラリーの、高い場合にはラリーがゲストの話し方《スピーチパターン》を真似した。*15

これらの研究をはじめとして、最近増えつつある多数の研究によって、子どもでも、おとなでも、私たちが他者から学ぶことは、ランダムどころではないことが示されている。私たちは、誰が注目されているのか、誰が誰より社会的に地位が高いのかなどといった手がかりに基づいて判断を下す。誰かを真似する行動を知性的と呼べるとするなら、それはおもに意識の埒外で生じる知性だと言えよう。子どもたちは、「あとから入って来た人の注目を浴びているあの人の行動を真似しよう!」などと意識的に考えてはいないし、インタビューを受けたゲストは、「ラリーは私より社会的に地位が上だから、彼の話し方を真似しよう!」などと考えてはいない。そのような他人を真似る行動は、免疫系の作動や、個人的経験をもとに学ぶ私たちの本能と同じように賢い。

もちろん私たちは、意識的に試行錯誤に基づく学習をするのと同じように、意識的に他人を真似ることもある。まったく新たな社会の構築に向けて想像力を羽ばたかせたり努力したりすることもある。ヘンリー・デイヴィッド・ソローは「空中に城郭を築いたとしよう。その仕事が無駄になる必要はない。城はそこにあるべきだ。だから、その下に礎石を置こう」と書いたとき、その種の展望を抱いていた。それでも、社会の構築をめぐる意識的な試みは、意識の埒外で作用しているメカニズムの上に乗る氷山の一角にすぎない。そしてそれらはいずれも、文化的進化の研究においてティンバーゲンの【メカニズム】と【個体発生】に関する問いの一部として理解されなければならない。

文化的進化（【機能】【系統発生】）の産物は、遺伝的進化に比べて人類をより迅速に環境に適応させることができるが、同時に制約も課す。つまりあなた（彼ら）を犠牲にして私（私たち）に、また未来世代を犠牲にして現世代に資するよう作用する。この制約を克服するためには、文化的進化のプロセスを、意図して持続可能な世界の実現に向けて推し進めていかなければならない。これから見ていくように、この方針は、自由放任政策と管理統制政策の「中間」の方法をもたらしてくれる。この道は、現行の政治的文脈に照らして見たときにそれがどこに位置していようと、誰もがたどることができるだろう。

第6章 グループが繁栄するための条件

ここまで本書を読まれた読者は、進化論の世界観が生物学の世界のみならず、人間の経験にも広く当てはまることを理解できたのではないだろうか。ダーウィンはその点を正しく認識していたのだが、彼以外の人々は現在になってようやく、その考えに追いついてきたにすぎない。ダーウィンの言う「この生命観」は、二重の意味で私たちを鼓舞する。一つは、その見方によって道徳性など、ものごとを深くつきつめる思想家たちが長年にわたって熟考してきた大きな問いに関して新たな展望を開いてくれるということ。もう一つは、実践的な意味における生活の質の向上に資する新たな洞察が得られるということである。それには個人による幸福の追求から始まって、何かを完遂するために参加する種々のグループ活動、さらには政策、経済、ひいては地球全体に至るまで、さまざまな規模での私たちの実践活動が含まれる。

私は一〇年ほど前、地元のニューヨーク州ビンガムトンで実践面での可能性を追求し始め、現代の進化論の観点から公共政策を考案する初のシンクタンクである進化研究所（Evolution Institute）の創設を手伝った。[*1] 以後の章では、他の研究者の業績を報告するとともに自分の経験も語るつもりである。

個人、グループ、大規模社会について論じる最善の方法は、その順番で語ることであるように思われるかもしれない。最小の尺度からものごとを開始することは、事象をバラバラにして理解しようとする還元主義の偉大なる伝統に従えば、ごく自然に思える。社会科学で一般に見受けられる還元主義は、方法論的個人主義と呼ばれている。これは、「あらゆる社会的現象は、個人の動機や行為に還元し得るし、そうすべきだ」とする立場である。[*2] 経済学で一般に見受けられる方法論的個人主義はホモ・エコノミクスと呼ばれ、自己利益の追求のみに動機づけられる存在として個人を描き、一般に富を追求する主体として概念化する。[*3]

進化論の世界観は、そのような還元主義の伝統に対して、新鮮な代替案を提起する。マルチレベル選択の理論は、選択の単位に分析の焦点を置くべきだと教えてくれる。たとえばあなたは、ショウジョウバエのような単独行動昆虫を研究する生物学者だったとしよう。その場合、ティンバーゲンの【機能】と【系統発生】の問いの解明に取り組むために、個々の昆虫を取り上げて、まず環境との関係に照らしながら研究を進めるだろう。しかるのちに、【メカニズム】と【個体発生】の問いの解明に取り組むために、器官、細胞、分子などのより細かなレベルへと焦点を移していく。

次に、あなたはミツバチのような社会性昆虫を研究する生物学者だったとしよう。その場合、コロニーが第一の選択の単位になるので、そこに焦点を置いて【機能】と【系統発生】の問いの解明に取り組むだろう。ショウジョウバエを研究する生物学者がハエの器官のレベルから研究を始めたりはしないように、あなたはミツバチの個体のレベルから研究に着手したりはしないはずだ。この例は、個体がつねに分析の中心になるべきだと考える方法論的個体主義に対する強力な反駁になるだろう。[*4]

人類が、遺伝的進化が作用する小集団のレベルから、文化的進化が作用する、段階的に規模を拡大していく社会のレベルに至るまで、グループ選択の強い圧力を受けてきた生物であるという見方が正しいのなら、ミツバチのコロニーが生物学者の分析の中心であるのと同じように、グループを分析の中心に据えるべきだろう。あなたはアメリカンフットボールの試合を観戦しているところだとしよう。ボールがスナップされ、ワイドレシーバーの一人がフィールドを最初は左に、次に右に突進し、止まったとする。それからクォーターバックが、ボールをタイトエンドに向けて投げる。このときワイドレシーバーは、タイトエンドから相手選手の注意をはがすことで重要な役割を果たしている。またタイトエンドが徹底的にマークされていたら、自分がボールを受けることもできた。しかしワイドレシーバーのこの行動は、彼だけに焦点を絞って見れば理解不可能なものになる。選手同士が協力し合うチームプレイの観点から見た場合にのみ、このプレイは理解し得るのである。

この例がわかりやすいのは、スポーツチームにはチーム全体としてうまく機能するよう強い選択圧力がかかっていることを私たちがよく理解しているからだ。余談ながら、チームがうまく機能していないときには、チームメンバーのあいだで自己中心的な破壊的競争が起こっていることが多い。コーチはよく、個人の栄誉を求めようとする欲望（その程度は選手によって異なるが）を抑えるために、「チーム」に「私」などないと説教する。ある研究によれば、一つのプロスポーツチームに所属する選手のあいだで、収入にあまりにも大きな格差があると、グループとしての結束力が損なわれる。[*5] スポーツの世界では、選択レベル間での選択圧力の競合をはっきりと見ることができる。とはいえチーム間選択は、チーム内の協調が生まれるに十分なほど強い。

マルチレベル選択の理論は、チームレベルでの選択に類似した選択圧力が、何千世代にわたる人類の歴史を通じて作用し、人間の心の遺伝的基盤に組み込まれており、チームワークを可能にする適応に至ったのだということを教えてくれる。[*6] この事実を受け入れれば、「小グループは、人間の社会的組織の基盤をなす単位である」という結論が得られるだろう。個々人は、小グループという文脈のもとでのみ理解が可能であり、大規模社会は、多数の小グループから構成される一種の多細胞生物として見る必要がある。

ということで、以下それについてグループ（第6章）、個人（第7章）、大規模社会（第8章）の順で検討する。最初にグループを検討する理由は、個人の幸福のためにも、より大規模な社会で効率的に行動するためにも、うまく機能しているグループの存在が必要になるからである。自分のした行動について知る、理解のある他者に囲まれていなければ、個人として繁栄することは非常にむずかしい。また、価値ある目標の追求にまい進するグループの一員でなければ、自分の目標を追求するために必要な決意も資源も得にくくなる。

以下に、グループがうまく機能するために必要な条件を垣間見させてくれるストーリーをいくつか紹介しよう。この条件は、他の視点から見ると隠されていることが多いが、正しい理論を手にすればおのずと見えてくるはずだ。

リンの遺産

現実世界の問題の解決に進化論を適用することを決意したことに次いで、私にとって人生を変えるできごととなったのは、二〇〇九年にノーベル経済学賞に輝いたエリノア・オストロムと仕事ができたことである。リン（彼女は誰に対しても自分をそう呼んでほしいと頼んでいた）は、もともと政治学を専攻していたこともあり、経済学者なら誰もがほしがる賞を彼女が受賞したとき、当の経済学者たちは彼女に関してほとんど何も知らなかった。シカゴ大学の経済学者で、ベストセラー『超ヤバい経済学』の共著者であるスティーヴン・レヴィットは、彼女について知るためにウィキペディアを参照しなければならなかったと白状している。また、彼の同僚たちは、「彼らのための」賞が社会科学者のものになってしまうから、彼女の受賞を快く思わないだろうと予想している。[*7] 経済学は礎石から転がり落ちようとしていた。

リンの業績の何が重要だったのか？　彼女は「共有地の悲劇」と呼ばれる問題を研究していた。この言葉は、一九六八年に生態学者ギャレット・ハーディンが『サイエンス』誌に発表した論文によって広く知られるようになった。[*8] ハーディンは読者に、ウシの飼育のために村人全員に開放された牧草地を持つ村を想像してみるよう促す。牧草地が扶養できるウシの数には限りがある。だが村人は皆、自分が飼うウシをできるだけ多く、牧草地の群れに加えようとする。すると牧草地は、食い荒らされてしまう。ハーディンの提言は、牧草地、森林、漁場、灌漑《かんがい》システム、地下水、大気など、あらゆる種類の共有資源の管理の問題に適応されるたとえ話になった。

経済学者が共有地の悲劇という可能性を見落とす理由の一つは、彼らが、個人による自己利益の追求が公共善に資すると固く信じているからである。経済学者がハーディンのたとえ話が示唆する問題を認識した場合でも、彼らが提起する主要な解決策は、（可能なら）共有資源を私有化するか、トップダウンの規制を課すかのいずれかだ。

私の人生の頂点の一つは、2009 年にノーベル経済学賞に輝いたエリノア・オストロムと仕事をしたことである。

そのような状況を背景にすると、リンの業績がまさしく革新的であったことがわかる。[*9] おもに数式を用いて理論を裏づけようとする主流経済学とは異なり、彼女は共有資源の管理を試みている世界中のグループの情報を集めたデータベースを編纂し分析する取り組みを先導した。それらのグループのいくつかは、私有化もトップダウン規制も行なわずに共有地の悲劇の回避に独力で成功していた。つまり経済学者は、現実世界で起こっている事象が見えていなかったのだ。

際立った例の一つは、トルコの沿岸都市アランヤを本拠地にする、およそ一〇〇人の漁師のグループに関するものであった。一九七〇年代に入る前は、漁場にはほとんど規制がかかっていなかった。半数の漁師は地元の漁業協同組合に属していたが、それ以外の漁師は自分たちの好きなように漁を営んでいたのである。最高の釣り場をめぐる競争は、漁場全体の不均等な利用、個人の漁獲高の不確実さ、コストの上昇、ときに暴力に至る敵対行為をもたらした。漁業におけるこれらの機能不全はすべて、魚類個体群の枯渇や、それをも超えた正真正銘の共有地の悲劇の現れと見なすことができる。

やがて漁協によってあるシステムが提案され、数年をかけて完全なものになっていった。そしてそれによって、問題はおおむね解決した。システムには、漁協に参加している漁師のみならず、免許を与えられた漁師なら誰でも参加することができた。漁場全体がいくつかの区画に分割され、各区画は、ある区画に設置された網が隣の区画の網を妨害しないよう相互に分離された。毎年九月になると、資格のある漁師たちはクジを引き、それによって示された区画を割り当てられた。また周期的に区画をローテーションさせて、長期的に見て漁師全員が最高の釣り場を等しく利用できるよう取り計らった。

この取り決めは非常に公平だったので、漁協に属している漁師もそうでない漁師も、全員がためらわずに同意した。最適な場所を探したり、漁師同士で奪い合ったりする必要はなくなった。また監視も容易であった。なぜなら、自分に割り当てられていない区画で漁をしていた者は、ルールを遵守する漁師に摘発されたからだ。

リンのデータベースに記録されているグループのすべてが、トルコの漁師ほど資源をうまく管理できていたわけではない。一九七〇年代以前のトルコの漁師のグループと同様、失敗したグループもある。彼女の業績の偉大さは、失敗と成功を分かつ八つの中核設計原理（core design principles＝ＣＤＰｓ）〔以後、八つすべてを示すケースでは複数形のｓをとってＣＤＰと表記する〕を引き出したことにある。これらの原理はいかなるグループにも必要とされるものだが、独力でそれを見出したグループは少ない。

能書きを並べることは控えて、八つのＣＤＰを解説しよう。以下の一覧を読みながら、自分の属するグループがその要件を満たしているかどうかを考えてみよう。

ＣＤＰ１：強いグループアイデンティティと目的の理解

大きな成功を収めたグループは、利用可能な資源の限界や、誰がそれを利用できるのかについて、またグループの一員であることで与えられる権利と課される義務について熟知している。誰に漁の資格があるのか、どの区画が誰に割り当てられているのかをわきまえているトルコの漁師の事例では、この要件が満たされていることがはっきりとわかる。

ＣＤＰ２：利益とコストの比例的公正

誰かにすべての仕事をさせて他の誰かが利益を得ているようでは、そのグループを長期にわたり維持することはできない。うまく機能しているグループでは、誰もが公正な分け前を手にしている。リーダーに特権が与えられるのは、事後の説明が問われる特別な責任が課されるからである。公正さを欠く不平等は、集団による試みを阻害する。トルコの漁師が考案したシステムがうまく機能したのは、ひとえにきわめて誠実に公正さが保たれていたからだ。

CDP3：全員による公正な意思決定

うまく機能しているグループでは、必ずしも多数決ではなかったとしても、公正と認識されている何らかのプロセスを通じて、誰もが意思決定に参加している。人々は他人にいばり散らされることを好まないが、合意された目標の達成に向けて懸命に働く。加えて、最善の意思決定は、グループの個々のメンバーが把握していてトップダウン規制では得られない局地的な状況に関する知識が必要になる場合が多い。トルコの漁師の事例では、誰もが取り決めに同意しなければならず、彼らのみが海域全体を分割するのに必要とされる十分な知識を持っていた。また、このシステムの完成には数年を要し、グループのメンバーのみが、調整に必要な情報を手に入れられる立場にあった。

CDP4：合意された行動の監視

グループのほとんどのメンバーが善意をもって振る舞っても、さぼったり、不当に利益をむさぼろうとしたりする誘因はつねに存在し、少数のメンバーが実際にシステムを悪用しようとすることもある。リンのデータベースに登録されているもっとも成功したグループは、トルコの漁師の例に見たように過失や違犯の検知に長けていた。

CDP5：段階的な制裁

誰かが自分の仕事を果たしていない場合、通常は友好的注意を発するだけで、そのような人を堅実な市民の態度をとるよう改心させるに十分である。だが必要になれば、処罰や排除などのより厳しい処置をとれなければならない。

これに関して、また他のCDPに関してもリンが好んで引き合いに出した例の一つは、アメリカはメイン州のロブスター漁師に関するものである。トルコの漁師と同様、ロブスター漁師は海岸の区画の排他的利用権を持つ「ギャング」に組織化されている（CDP1）。ロブスター漁師はブイに各人独自のペイントを施して、互いの漁獲活動を監視し、よそ者を見つけられるようにしている（CDP4）。自分たちの領域によそ者が罠を仕掛けると、地元のロブスター漁師は、ブイのまわりに蝶ネクタイのような結び目を作ることで段階的な制裁を始める。リンはとりわけこのくだりが気に入っているらしく、「蝶ネクタイ！　あの大きな体躯のロブスター漁師が、侵入者

ロブスター漁師は模様のあるブイを用いて互いの漁獲行為を監視し、よそ者の侵入を検知している。

のブイのまわりに蝶ネクタイを結《ゆ》わえるとは！」と、それについておもしろそうに語っている。もちろん、侵入者がその意味に気づかず立ち去らなかった場合、より厳しい制裁が科されるようになる。

CDP6：もめごとの迅速で公正な解決

利害の対立は、どんなグループでも発生し得る。リンのデータベース中のもっとも成功したグループは、関係者全員が公正と見なす方法で、もめごとを解決する手段を持っていた。外部の権威に頼る必要はなくても、協同組合のような組織が必要とされるのはそれゆえである。

CDP7：局所的な自律性

一つのグループがより大きな社会の内部に包摂されている場合、そのグループには、CDP1～6で概略したように、それ自体が社会的組織を形成し、独自の意思決定を下すに十分な権威が与えられなければならない。トルコの漁師の事例は、明らかにこの要件を満たしている。リンのデータベース中の他のグループが共有資源の管理に失敗した理由は、多くのケースではグループにそのような余地が与えられていなかったからだ。

CDP8：多中心性ガバナンス

多数のグループから構成される大規模社会では、グループ間の関係は、グループに所属するメンバー間の関係を統制するものと同じ規律に従わなければならない。これは、CDPがスケールに依存しないものでなければならないことを意味する。この点は、第8章で大規模社会に目を向ける際に、非常に重要な要件になる。トルコの漁師は、資格の授与、激化した対立の解決などに関しては、（司法制度などの）高次の統治制度《ガバナンス》（たとえば司法制度）に依拠していたが、CDPを妨害するのではなく、その実施に寄与する方向でそうしていた。

数理モデルに依存しデータを軽視する主流派経済学とは異なり、CDPはトルコの漁師やメイン州におけるロブスター漁師のギャングなどの、現実世界に存在するグループの研究に基づいている。そしてそれは、リンの草分け的な研究に続いて行なわれた、グループによる共有資源の管理に関する研究で再検証されている。[*10] したがって信頼度は非常に高い。それらの研究は道理にかなっており、何ら意外なところはない。もう一つ指摘しておくべきことは、これがより一般的なレベルで適用できるように思われることだ。CDPの適用をグループの共有資源のみに限定すべき理由があるのだろうか？　学校、近隣社会、教会、ボランティア組織、企業、NGO、政府機関などにも適用できるのではないか？　ある意味で、特定の目的を達成するための協業という行為そのものを、共有資源と見なせる。CDPの普遍性を検証するためにはさらなる研究が必要だが、直感的に言えば普遍性がある可能性は非常に高い。

三つ目に指摘しておきたいのは、CDPがほぼいかなるタイプのグループにも適用できるにもかかわらず、残念ながら実際にはそれを実施しているグループが少ないことである。リンがデータベースに発見したことの一つもその点であった。共有資源の管理を適切に行なっていたグループは、少数にすぎなかったのだ。他のグループは、資源の乱用などの、協業の失敗による悲劇に見舞われていた。CDPが道理にかない、有益で、しかも普遍性があるのがほんとうなら、なぜ広く採用されていないのか?

最後にもう一点指摘しておくと、あとから考えてみればCDPが提起する要件が明々白々に思えたとしても、そのことは経済のプロたちにはまったく明らかではなかった。だからリンの業績は、彼らの最高の栄誉に値するのだ。単独で明らかであるような事象は何もない。いかなる政策も、それが前提とする要件に照らしたときに初めて「意味あるもの」になる。だが誤った前提は、CDPの重要性を隠蔽してしまう。このことは経済理論や経済政策のみならず、これから見るように教育などの他の分野にも等しく当てはまる。

私がリンと初めて出会ったのは、二〇〇九年に彼女がノーベル賞を受賞する数か月前のことだった。二〇〇九年は、ダーウィンが生まれてからちょうど二〇〇年、『種の起源』が刊行されてからちょうど一五〇年にあたるダーウィンの年でもあった。世界中で記念行事が催されたが、その一つに、リンと私が参加した「制度は進化するか?」と題するワークショップがあった。このワークショップは、イタリアはトスカーナ州のフィレンツェ近郊の丘陵地帯に立つ別荘《ヴィラ》で開催された。[*11]

リンは経済学の分野ではほとんど知られていないが、私は彼女の業績をよく知っていたし、私の同僚は、人間社会の進化に関心を持っていた。もっとも強い影響力を持つ彼女の著書は、一九九〇年に刊行された『共有地を管理する――集団行動に関する制度の進化（*Governing the Commons: The Evolution of Institutions for Collective Action*）』である。彼女によれば、「進化」という言葉は、当時は日常的な意味で使ったにすぎなかったが、時が経つにつれ、ますます正式な進化論の観点からものごとをとらえるようになったとのことだ。

牧歌的な環境のもと二人で会話を続けるうちに、私はリンの提唱するＣＤＰのアプローチが、マルチレベル選択理論や、前二章で論じた人間の遺伝的、ならびに文化的な進化のストーリーとうまく符合することに気づき始めた。ＣＤＰをしっかりと実施しているグループでは、特定のメンバーが他のメンバーを犠牲にして自己利益を追求することはむずかしく、個人が成功するための唯一の方法はグループとして成功することだった。この要件は、複数の生物個体で構成されるグループを一個の有機体そのものに変換する、進化における主要な移行にも必要とされる。彼女の業績は、政治学や、グループによる共有資源の管理に関する研究の枠内での独自の考えに由来するばかりでなく、それよりもはるかに一般的な考えを体現しており、生物全般における協業の進化の動力学《ダイナミクス》や、高度に協調的な生物種たる人類自身の歴史にも基づいている。

マルチレベル選択理論は、ＣＤＰがそれほど広範に採用されていない理由を説明してくれる。選択がグループレベルでしか生じないのなら、確かにＣＤＰが採用されてもおかしくはないはずだが、他者や、全体としてのグループを犠牲にしてまで自己利益を追求しようとする誘因がつねに働いているがゆえに、CDPの基盤が掘り崩されるのだろう。その種の破壊的な試みは意識的でも、無意識的でもあり得る。誰かが自分たちのグループにとって何が最善であるかを知っていると思い込み、他者の意見を無視する場合（CDP3の侵犯）など、善意でなされる場合すらあるだろう。以上は内的な問題だが、CDPは、他のグループによって外的にも侵犯され得る（CDP7、8の侵犯）。したがってCDPは、そのような内的、もしくは外的な圧力に耐えられるほどしっかりと実施される必要があるが、必ずしもそうはならない。

リンと私は、それから三年間一緒に仕事をし、彼女が指導していたポスドク生マイケル・コックス（現在はダートマス大学に所属）とともに、彼女の研究のなかではかつてないほど強く進化論に依拠する、「グループの効率に関するCDPを一般化する」と題する論文を書いた。[*12]

そこでは、メンバーが共通の目標を達成するために協力し合おうとする、ほぼいかなる人間のグループにも、一般化されたバージョンのCDPが必要になる可能性が論じられている。しかし、それで十分であるわけではない。ほぼいかなるグループにもCDPが必要な理由は、何らかの形態で協調する必要があるからだが、特定の目標を達成し、必要な制限事項の適用を監督するためにはさらなる設計原理が必要とされる。補助設計原理（auxiliary design principles＝ADPs）〔以下ADPと訳す〕とも呼べるこの追加の設計原理は、それを必要とするグループにはCDPと同程度に重要なものになるだろう。一例をあげよう。私が所属する大学には数十の学生グループが活動している。これらのグループはすべて、学生で構成されるグループという性格上、メンバーが頻繁に入れ替わることを前提として組織化されねばならない。しかし、共有資源を持ってはいても、メンバーの入れ替わりがそれほど激しくはないと想定される多くのグループには、その条件は当てはまらない。

リンが強調するもう一つの重要な論点は、機能的な設計原理とその実施のあいだにある差異である。例として監視《モニタリング》(CDP4)を取り上げよう。どんなグループも、合意された行動を監視する必要がある。しかし監視にはさまざまな方法があり、グループの性質によって実施しやすい方法としにくい方法がある。各原理はさまざまな方法で実施し得るという事実は、ティンバーゲンの【機能】と【メカニズム】の相互作用と類似する側面がある。レンスキーの大腸菌を用いた実験では、どの個体群も、機能的な側面ではグルコースをより効率的に処理することで同じ結果を達成したが、それにあたり各個体群はそれぞれ異なるメカニズムを用いた。同様に、ほぼいかなる人間のグループでも、CDP(と適切なADP)の恩恵を受けられるが、グループごとに最善の実施方法を発見しなければならない。そしてそれには局所的な知識が必須のものになる。つまり、設計原理は、クッキーの抜き型の要領で実践することなどできない。

リンの業績を一般的な進化論の基盤の上に据えることには、公共政策にとって深い意義がある。それは、共通の目的を達成するためにメンバーが協力し合わなければならない世界中のあらゆるグループに適用可能な、機能の青写真を提供する。ここで、近隣社会、学校、職場、教会、何かを達成するために友人や知り合いと結成した私的なグループなど、あなたが加わっているグループについて考えてみよう。目的達成の効率は、グループによって異なるとしても、そのほとんどは、より強くCDP（やADP）を実施することで改善できるはずだ。このアプローチの広範な実施は世界をより住みやすい場所に変えると言っても、決して大げさではない。ただし重要な点をつけ加えておくと、グループ間の関係（CDP7、8）は、グループ内のメンバー同士の関係（CDP1〜6）と同じ方法で管理されなければならない。さもなければ、他のグループやより大きな社会を犠牲にしてでも、自分たちだけが成功しようとするグループという妖怪に直面しなければならなくなるだろう。

リンと仕事をするようになってから、私は一般化されたCDPを二つの方法で促進してきた。一つはグループに関するさまざまなタイプの既存情報を分析することによってであり、この方法はグループの共有資源に関するリンの分析方法に類似する。もう一つは、実在のグループと協力してその効率を向上させることによってである。それについて、まず子どもの教育という役割を担う特殊なグループである学校を取り上げよう。

学校

私はリンと仕事をし始めてからしばらくして、やがてリージェンツアカデミー（以下アカデミーと訳す）と呼ばれるようになる、落ちこぼれのおそれのある九年生と一〇年生を対象とする「学校内の学校」の設立をめぐって、ビンガムトン市学区から助言を求められた。私は彼らの依頼を、設計原理アプローチを地元で実施するちょうどよい機会と見なし、喜んで引き受けた。アメリカの多くの公立高校と同様、ビンガムトン高校は数千人の生徒に質の高い教育を提供しようとしていたが、生徒によってうまくいく場合といかない場合があった。私の二人の子どもに関して言えば、一人は前者に、もう一人は後者の範疇に入った。長女のケイティはトップの成績で高校を卒業し一流大学に進学したのに対し、次女のタマルは、中学生の頃に学校が大嫌いになったために、一年半にわたって自宅で彼女に教育を施さなければならなくなった。それからペンシルベニア州のクエーカー教徒の寄宿学校に送ると、そこで彼女は優秀な成績を収め、大学に入学することができた。

残念なことに多くの学校は、とりわけ落ちこぼれのおそれのある生徒の対処に関してCDPを欠く。

もちろん、公立学校で悪戦苦闘している子どもを寄宿学校に送れるだけの経済的余裕などない家庭も多い。また、貧困家庭に生まれた子どもは、裕福な家庭で生まれた子どもとはまったく異なる経験をしている。「学校内の学校」は、前年度に少なくとも三つの科目で落第点をとり、何もしなければ落ちこぼれることがほぼ確実な九年生、一〇年生を救済することを目的としていた。

ＣＤＰのレンズを通して自分の親としての経験を振り返るのは、奇妙ではある。だが、やってみよう。正式な調査をせずとも、クエーカー教徒の寄宿学校に対するＣＤＰの評価が高いであろうことは容易に推察できる。そもそも教師と生徒が個人として知り合えるに十分なほど規模が小さい（ＣＤＰ１）。生徒には高い基準が課さ

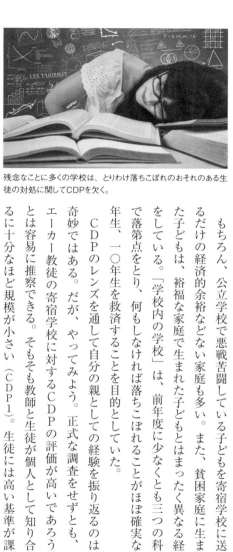

れるが、生徒の貢献も正しく評価される（ＣＤＰ２）。クエーカー教は平等主義によってよく知られており、何もない中央の空間のまわりに、信者席がいくえにも四角い形状で並べられた、築二〇〇年の彼らの集会所に初めて足を踏み入れたとき、私は感動を覚えた（ＣＤＰ３）。生徒の成績は綿密に追跡され、居住施設をともなう小さなコミュニティでは学校成績以外の監視も容易に実施できる（ＣＤＰ４）。不正行為に対しては早めに注意が与えられ、思いやりをもって対処されるが、それでも執拗に続く場合には、より厳しい罰が科され、放校されることもある（ＣＤＰ５）。さらには、クエーカー教の伝統から拝借された、争いを円滑に解決するための手続きが用いられている（ＣＤＰ６）。クエーカー教の寄宿学校は、独立した機関として自らを律する最大限の権威を持ち（ＣＤＰ７）、他の組織との関係は、たいてい良好かつ協力的である（ＣＤＰ８）。タマルがそこで成長できたのもまったく不思議ではない！

　それに対し、〔ケイティが通っていた頃の〕ビンガムトン高校は、ＣＤＰの多くを欠いているように思われた。皆が皆と知り合える単一のグループとして機能するには学校自体の規模が大きすぎ、愛校精神が旺盛な生徒もいることはいるが、多くの生徒は「わが母校」という思いを抱いていなかった（ＣＤＰ１）。生徒は、利益とコストが公正に分配されているという感覚（ＣＤＰ２）も、学校の意思決定に参加しているという感覚（ＣＤＰ３）もほとんど持っていなかった。生徒の行動はほとんど追跡されておらず（ＣＤＰ４）、規則違反に対する処罰は一貫していなかった（ＣＤＰ５）。もめごとの解決は遅く、しかも公正どころではなかった（ＣＤＰ６）。自治に対する権限は、教室から学区全体に至るまであらゆるレベルで毀損され（CDP7）、他のグループとの関係は、うまく機能しなかったり、敵対的だったりした（CDP8）。チームスポーツ、演奏会、劇の上演、放課後のクラブ活動など学内で行なわれている活動に関しては、CDPがうまく実施されているケースもあったが、それらの活動も、予算削減と、度を越した州標準の遵守のために切り詰められていた。私はケイティや彼女の友だちが、そんな状況にあったビンガムトン高校に通っていたにもかかわらず、ある意味でうまくやっていたことに、そしてそれが高校の教育のおかげではないことに気づいていた。たとえば彼女は、着帽に関する上からのお達しに抗議しようとしたときには、学外で市民教育を受けた。

そのような背景のもとで、前年度に三科目以上で落第点をとった子どもを支援することができるとする考えは、実現が困難な課題であるように思えるかもしれない。しかしCDPのレンズを通して見ると、見通しを立てられる理由がある。アカデミーの計画は、次のようなものだった。専用の校地を確保して、校長、四人の教師、一人の事務員から成る少人数のスタッフを配置し、六〇人の生徒を受け入れられるようにする。「基本カリキュラムは教える」「生徒は年末に州全体で行なわれるリージェンツ試験を受ける」という条件はあったが、それ以外の教育設計はわれわれに任された。この計画は、グループをうまく機能させるために必要なCDPと、教育という文脈のもとで必要になるとわれわれが考える二つのADPを実施するための、格好の立場を与えてくれた。

一つ目のADPは、安全で安心できる社会的環境の必要性である。怖れは、危険な状況を回避するためには役に立つが、長期的な学習に資する心の状態ではない。そのためには、リラックスした明るい雰囲気を醸し出さなければならない。二つ目のADPは、短期的な目標より長期的な学習目標の達成をやりがいがあると感じさせる必要性である。あらゆるコスト（つまらない授業など）をたった今払わなければならず、すべての利益（大学に進学するなど）が遠い未来にしか得られないのなら、誰も多くを学ぼうとしないだろう。いくら優秀な生徒でも、毎日行なっていることをおもしろいと感じられなければ、自分の才能を伸ばすことなどできないだろう。[*13]

これら一〇項目の設計原理〔八つのCDP＋二つのADP〕を基盤に、われわれは入手可能な資源を最大限に活かして、最良の学校を創設することに着手した。このプロジェクトに、私が教えた大学院生の一人で、公立学校で教師を務めた経験を持つリック・カウフマンを参加させることができたのは幸運だった。また四人の教師のうちの一人、キャロリン・ヴィルチンスキーが、進化論の適用に長けた私のかつての学生で友人であったのも幸いであった。さらに言えば校長のミリアム・パーディーは、情熱と思いやりと厳格さをあわせ持ち、その仕事に完璧にマッチしていた。

われわれは、学校の設計に加え、得られた結果を科学的に評価するための手段も考案した。六〇人の生徒を募集するのではなく、（前年度に三科目以上で落第点をとったことで）資格のある一二〇人をわれわれが特定し、プログラムに参加させる六〇人をそのなかからランダムに選び、残りの六〇人に通常の高校のカリキュラムを受けさせて各人の成績を追跡したのだ。この方法はランダム化比較試験と呼ばれ、科学的な評価の至適基準《ゴールドスタンダード》として扱われている。アカデミーに通う生徒が比較対照群の生徒よりすぐれた成績を収めれば、われわれの実施する設計原理に基づくアプローチが、うまく機能していると確言できる。それに加えてわれわれは、これら両グループの生徒の成績をビンガムトン高校の平均的な生徒の成績と比較するために使える情報にアクセスすることができた。

これらの生徒が学校で悪戦苦闘していた理由はすぐにわかった。ほとんどの生徒の学外生活は、嘆かわしくも安定や涵養とは無縁なものだったのだ。われわれの仕事には、どうやら大きな困難が待ち受けているようだった。

だがわれわれの期待どおり、生徒たちは、水、日光、栄養素に反応する頑健な植物のごとく反応した。最初の四半期が終わるまでには、彼らは比較対照群の生徒たちよりかなりよい成績を収めるようになっていた。決定的な証拠は、その年の終わり頃に実施された、全生徒が受けなければならない州指定のリージェンツ試験によって得られた。アカデミーの生徒は比較対照群の生徒よりはるかに成績がよかったばかりでなく、ビンガムトン高校の生徒の平均に匹敵する成績を収めたのである。この結果からすると、数年間の遅れが解消されたことになる。彼らは性別や人種には関係なく、良好な成績を収めていた。誰もが、われわれが提供した社会的環境の恩恵を享受していたのだ。この結果はただ一つのグループで得られたものにすぎないにせよ、私にとっては設計原理アプローチの有効性を示す強力な証拠になった。

アカデミーは学業成績の改善に加え、生活の他の側面にも影響を及ぼした。生徒たちは、比較対照群の生徒と比べて健康感が増し、また、子どもを褒めるようわれわれが両親に助言したこともあるが、家族のサポートを十全に受けていると報告した。両親が学校から電話をもらうのは、子どもが学

リージェンツアカデミーの生徒は、CDPを念頭において設計された養育的な社会環境に頑健な植物のごとく反応した。

校で問題を起こした場合に限られるのが普通だが、われわれは、子どもがいかにうまくやっているかを伝えるために両親に電話をした。ランダム化比較試験の結果は、この差が、アカデミーが創設される以前からあった差ではなく、まさにその成果であることを示していた。またアカデミーの生徒は、比較対照群の生徒と比べて学校が好きであると報告する率がはるかに高かっただけでなく、ビンガムトン高校の生徒の平均より高かった。この結果は、落ちこぼれのおそれのある生徒だけではなく、あらゆる生徒がCDPとADPの恩恵を受けられることを示している。何しろわれわれは、タマルが通っていたクエーカー教の寄宿学校がより包括的な手段を用いて達成していたことを、限られた資源の範囲内で達成しようとしたにすぎないのだから。

アカデミーについてもっと詳しく知りたい人は、巻末注に記した文献を参照されたい。[*14] 次に、この見方を子どもの教育全般に拡大してみよう。繰り返しになるが、本書の主たるテーマの一つは、「何が観察可能なのかは、理論によって決まる」である。ほとんどの教育実践には、それ自体では妥当なものとして理解可能な前提条件が存在する。たとえば次のような前提である。年齢によって子どもをクラス分けすることは効率的だ。子どもの学習が順調に進まなければ、学校で過ごす時間や

好評既刊

本を読めなくなった人のための読書論

若松英輔 著　B6判変型／184P

本はぜんぶ読まなくていい。たくさん読まなくていい。多読・速読を超えて、人生の言葉と「たしかに」出会うために。本読みの達人が案内する読書の方法。

1,200円＋税

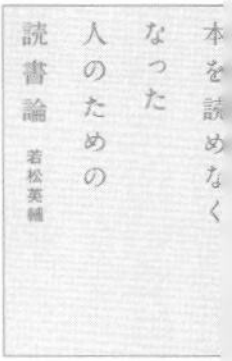

歴史がおわるまえに

與那覇潤 著　四六判／392P

虚心に過去を省みれば、よりより政治や外国との関係を築けるはず――そうした歴史「幻想」は、どのように壊れていったか。「もう歴史に学ばない社会」の形成をたどる。

1,800円＋税

死んだらどうなるのか？

死生観をめぐる6つの哲学

伊佐敷隆弘 著　四六判／280P

だれもが悩む問題「死後はどうなる？」を宗教・哲学・AIについての議論を横断しながら対話形式で探求する。あなたはどの死後を望みますか？　1,800円＋税

中国 古鎮をめぐり、老街をあるく

多田麻美 著　張全 写真　四六判／280P

天空に浮かぶ村「窯洞」、昔日の反映を今に遺す城壁の街……。北京でも上海でもない、昔ながらの暮らし、独特な文化が残る町や村の移りゆく姿を丹念に描いた味わい深い紀行エッセイ。

1,900円＋税

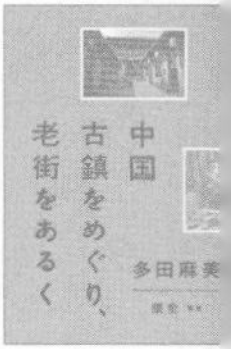

黄金州の殺人鬼　凶悪犯を追いつめた執念の捜査録

ミシェル・マクナマラ 著　村井理子 訳　四六判／460P

1970−80年代に米国・カリフォルニア州を震撼させた連続殺人・強姦事件。30年以上も未解決だった一連の事件の犯人を追い、独自に調査を行った女性作家による渾身の捜査録。

2,500円＋税

好評既刊

抽象の力
岡﨑乾二郎 著　3800円＋税
名著『ルネサンス 経験の条件』から17年――。近代芸術はいかに展開したか。その根幹から把握する、美術史的傑作。第69回芸術選奨文部科学大臣賞（評論部門）受賞。

「反緊縮！」宣言
松尾匡 編　1700円＋税
人々にもっとカネをよこせ！ そうこれは新たなニューディールの宣言だ。日本の経済・社会を破壊した「緊縮」財政主義を超えて、いまこそ未来への希望を語ろう。

今すぐソーシャルメディアのアカウントを削除すべき10の理由
ジャロン・ラニアー 著　大沢章子 訳　1800円＋税
蔓延するフェイクニュース、泥沼化するネット依存を断ち切るため、ついに決断を下すべきときが来た！ 著名コンピュータ科学者が指し示すソーシャルメディアの闇と未来。

で、オリンピックやめませんか？
天野恵一／鵜飼哲 編　1600円＋税
「国家的イベント」に、問題はないのか？ 18の理由をあげて、大反対。ダメなものに、きちんと声をあげる、真摯な提言集。

日米同盟のコスト
自主防衛と自律の追求
武田康裕 著　2500円＋税
米軍の抑止力の一部を「自己負担」するといくらかかるのか？〈同盟〉と〈自主・自律〉の問題を数字の観点から考える一冊！

天使はブルースを歌う
横浜アウトサイド・ストーリー
山崎洋子 著　1800円＋税
横浜には、訪れる人も少ない外国人墓地があり、戦後、八百体とも九百体ともいわれる嬰児が人知れず埋葬されたという。一体何があったのか。

女たちのアンダーグラウンド
戦後横浜の光と闇
山崎洋子 著　1800円＋税
戦後、日本人女性と米兵の間に生まれた子どもたち、経済成長の陰で地を這うように生きた「女たち」はその後どんな運命をたどったのか。

最後の手紙
アントニエッタ・パストーレ 著　関口英子／横山千里 訳　1900円＋税
別れた夫の思い出のみを胸に戦後を生きた女性。その遺品の手紙が語り出す、悲しい真実とは。村上春樹作品の翻訳者が綴った感涙のノンフィクション・ノベル。

江戸文化いろはにほへと
粋と芸と食と俗を知る愉しみ
駒形どぜう 六代目 越後屋助七 著　1600円＋税
江戸の香りを今に伝える浅草の老舗どじょう屋が30年余にわたって開催してきた講演サロン「江戸文化道場」。200回を超えるその中から選りすぐりの江戸噺をまとめた入門書日数を増やし、休みやアートなどの「余分なもの」を取り除けばよい。教師は生徒の学習結果に対して厳然たる責任を負うべきである。どんな学校も、一連の共通の基準に従わなければならない。「子どもに触らない《ノータッチ》」原則は、身体的虐待や性的虐待を防止するのに役立つ。これらの教育政策はすべて、「理解可能なもの」ではあるが、どういうわけかそれらを積み重ねると、ＣＤＰを著しく侵犯するような公共教育システムができ上がってしまうのだ。

　進化論は、アカデミーのような新しい教育実験の妥当性を裏づけるばかりでなく、リン・オストロムがグループによる共有資源の利用の研究を分析する際に行なったように、過去に実施された、あるいは現在実施されている教育実践を対象とするぼう大な研究を評価するのにも役立つ。ここで善行ゲーム（Good Behavior Game＝ＧＢＧ）と呼ばれる、一九六〇年代に考案され、以来数十年にわたり広く研究されてきた教室管理の実践方法について考えてみよう。[*15] ＧＢＧの実践では、クラスの子どもは、よい行ない、悪い行ないをいくつかあげるよう求められ、かくして列挙された行動の名前が教室の壁に目立つよう貼り出される。その一覧はたいてい、教師があげるものと大して変わらないものになる。悪さをする子どもでも、何がよい行ないかを知っているのだ。しかし、生徒がその一覧を押しつけられたものと見なすか、自分たちのものと見なすかでは非常に大きな差がある。言い換えると、かくしてＣＤＰ３（多数決や、その他の公正と見なされる手順による意思決定）が、侵犯されるのではなく満たされるのである。

　次にクラスは、いくつかのグループに分けられ、学校生活を送りながらグループ間でよいことを行なう競争をする。この競争は「穏やかなもの《ソフト》」で、悪い行ないを一定回数以上犯さなければどんなグループでも勝者になれる。勝者に与えられるほうびは、カップから賞品を引く、歌をうたう、あるいは数分間さわぐことを許されるなどといった些細なものだ。ゲームは最初、あらかじめ短い時間枠を決めて行なわれるが、その時間は徐々に延びていき、また、ゲームはそのクラスの文化になるまで予告なしに行なわれる。グループ間の穏やかな競争は、グループのアイデンティティ（CDP1）、監視（CDP4）、段階的な制裁（CDP5）など、他のいくつかの設計原理を確立させる。ゲームの神髄の一つは、教師の監視や制裁を受けることに加え、自分の属するグループが勝てるよう、子ども同士が監視や制裁をし合う点にある。

進化論に基づいて言えば、いかなるグループにもCDPが必要になるのは、協調という基本的な課題を解決するにあたって入り用になるからだ。そのことは、落ちこぼれのおそれのある生徒を抱えた学校、トルコの漁師、メイン州のロブスター漁師と同様、小学校一年生のクラスにも当てはまる。グループがいかにCDPを実施するかは問題ではない。CDPは意識的に設計される必要はないし、進化を念頭に置くグループなどほとんどないだろう。単に実施されればよく、そうすればそのグループは健全に機能するようになるだろう。

とはいえ、GBGはある程度進化を念頭に入れている。というのも、その考案者が前章で紹介した行動主義学派に属していたからだ。同じ理由で、GBGの効果は、他のほとんどの教室管理術より徹底的に科学的な評価を受けている。次のグラフは、一九六九年に刊行された、初期の検証の一つであ

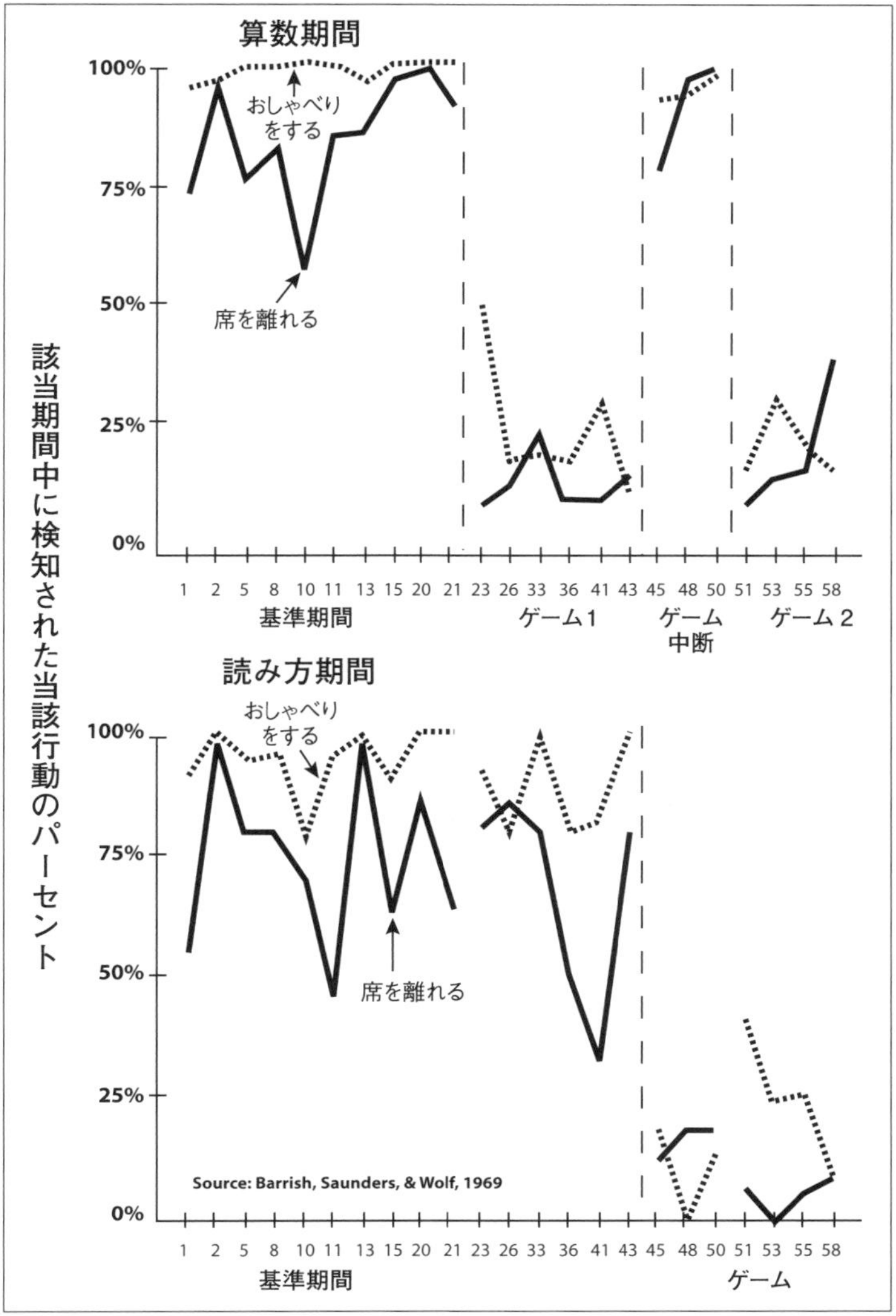

善行ゲーム（GBG）は、電灯のスイッチを入れるのと同じように簡単によき行動の「スイッチを入れる」。

る。[*16]この研究では、クラスに同席したおとなの観察者が、「席を離れる」「おしゃべりをする」という、簡単に測定できる二つの悪い行ないを監視している。基準期間（タイムインターバル1～21）においては、これら二つの悪い行ないが七五パーセントから一〇〇パーセントの時間中に認められ、クラスは混沌そのものの状態にあった。算数期間中にGBGを行ない読み方期間中には行なわなかったところ（タイムインターバル22～44）、前者では悪い行ないの頻度が急激に減少したが、後者ではしなかった。次に読み方期間中にGBGを行ない算数期間中には行なわなかったところ（タイムインターバル44～50）、悪い行ないの頻度は両者のあいだで逆転した。最後に算数期間中にも読み方期間中にもGBGを行なうと（タイムインターバル51～58）、どちらのケースでも生徒は健全に振る舞った。この研究は、科学的な方法を現実世界の状況にいかに適用できるかを示す好例をなす。このクラスでGBGがよい行ないの「スイッチを入れた」という点に関して、これ以上の証明が必要だろうか？

特に意外なことではないが、GBGを実施している教室では、学習意欲がさらに強化される。より意外なこととしてあげられるのは、生徒のその後の人生への影響である。それに関しては、アカデミーで私が行なった実験をはるかに凌駕するランダム化比較試験が行なわれている。一九八〇年代、ジョンズ・ホプキンズ大学の心理学者シェプ・ケラムは、ボリティモア市学区当局を説得して一年生と二年生を教える教師をランダムに特定の教室に配属し、それらの教室に次の三つの条件のうちのいずれかをランダムに割り当てた。[*17] GBGを実施するクラス、完全習得学習《マスタリー・ラーニング》と呼ばれる科学的根拠に基づく別の教育技法を実施するクラス、いかなる教育技法も導入しない無介入クラスの三つである。この研究には、合計一二四〇人のアフリカ系アメリカ人が参加しており、実験群に割り当てられた生徒は、GBGクラスで一年のみ過ごしている（つまり一年次か二年次のいずれか）。このランダム化試験の規模はとても印象的だが、さらに印象的なことに、ケラムらは参加した生徒たちを成人するまで追跡した。それどころか、この実験は生徒が三〇代半ばになった現在でも続けられている。

二つの比較対照群（完全習得学習クラスと無介入クラス）では、配属された教室で生徒をうまく管理できる教師もいたが、それ以外の教室は無秩序な状態にあった。いかなる形でも学習がなされていないというのに、完全習得学習のような教育技法にいったいどんな効果があるのだろうか？　GBGを実践するクラスでは、別の場所で行なわれた以前の研究から予期されていたように、生徒は課題に集中し、協力的であった。

GBGの効果は、生徒がそれを実践していない別のクラスに移れば消えるのではないかと思う読者もいることだろう。しかし子どもたちは、その後もたった一年間で習得した社会的スキルを基盤に行動するようになった。GBGクラスで一年間を過ごした子どものあいだでは、六年生になったときに補導されたり喫煙したりするようになる傾向が低かった。成人する頃には、大学に通っている、もしくは高給の企業に勤めていることが多く、悪事をして投獄される、麻薬に手を出す、自殺するなどの行為に及ぶ傾向が低かった。別のグループが行なった経済的な分析に基づく概算によれば、GBGの実践に一ドル使うごとに、特殊教育の必要性の低下、ヘルスケア、刑事司法関連のコストの低減などによって八四ドルが節約される。

八四対一という費用便益比は、とても印象的だ。その証拠があれば、GBGは急速に普及したにちがいないと思うのではないか？　確かにGBGは世界各国で実施されているとはいえ、[*18] それほど急速に広まったわけではない。そもそもGBGが考案されてから半世紀以上が経つが、その間に、CDPをひどく侵犯する他の教育実践が、独自の根拠をもとに「意味がある」とされ普及してきた。現代の教育全体が、CDPの適用に向かいつつあるという根拠もなければ、正しい理論のレンズを通して評価されるようになるまでは、そうなると期待すべき根拠もない。次に、別種のグループに、このレンズの焦点を合わせてみよう。

近隣社会

近隣社会とは、互いに近接して暮らしている人々のグループを指す。現在では、いとも簡単に境界を越えることができるので、近隣社会はかつてより重要ではなくなった。とはいえ、子どもの成長という点で、あるいはおとなであっても質の高い生活の確保という点で、その重要性は依然として失われていない。[*19] 私たちは経験から、近隣社会の質が大きく変わり得ることを知っている。ではこの変化のうち、どの程度が、CDPの実践やその欠如によって説明できるのだろうか？　まず自分の経験に照らして、この近隣社会に関する問いについて考えてみよう。

リンがかつて博士課程で教えていた学生ロイ・オーカーソンと、オーカーソンの学生ジェフ・クリフトンは、ニューヨーク州バッファロー市にある、CDPを活用した近隣共同体に関する研究を行なっている。[20] バッファロー市ウエストサイドの荒廃した地区を本拠とするウエストサイド近隣共同体（WSCC）は、ブロッククラブと呼ばれる小ユニットを形成することから活動を開始した。ブロッククラブでは、一つのブロックの住民が定期的に集い、会話を楽しみ、空き地の清掃、公園の維持などといった多大な負担にならない課題を実践している。住民はWSCC本部や市全体よりブロッククラブに強い愛着を抱いている（CDP1）。小ユニットに組織化されているため、ブロッククラブのメンバーは、自分たちの努力から利益を引き出すことができる（CDP2）。クラブに所属していない住民でも、ある程度の利益が得られることは確かだが、彼らは、遺棄された建物の所有者であった場合など、問題の一部として認識されると制裁の対象にもなり得る。定期的に集まる非常に小さなグループでは、コンセンサスに基づく意思決定は自発的なものになる（CDP3）。ブロッククラブは市当局の担当官より、はるかに綿密に建築基準法の遵守を監視することができる（CDP4）。遺棄された建物の所有者と交渉するとき、ブロッククラブのメンバーは、友好的に説得し始めるが、それでは埒があかないと市の担当官を呼び出す（CDP5）。それほど重大ではない軋轢は、ブロッククラブの会合で議論され調停される。より重大な軋轢は、紛争解決の権威を与えられた第三者の調停者が参加する、住居問題を扱う法廷で議論される（CDP6）。ブロッククラブは、市役所のブロッククラブ委員会によって公式に認可され、会議の頻度、リーダーの指名、規約の採用に関する一般的なルールを遵守する限り、自律的に自分たちの活動を続けることができる（CDP7）。ブロッククラブと、WSCC本部やバッファロー市の各分野の行政機関との関係は、たいてい協調的である（CDP8）。実のところブロッククラブは、段階的な制裁や紛争解決などのＣＤＰの必須の要件を実施するために、より大規模な社会的組織（住居問題を扱う法廷、法令遵守を監視する市の担当官、市役所）を必要とする。

私は、ロイ・オーカーソンとＷＳＣＣの近隣社会を視察し、その様子に啓発されたことがある。ブロッククラブを対象にしたランダム化比較試験こそないものの、鮮やかな色で塗装された家々や、そこら中に造られた花壇は、ブロッククラブの有効性に対する独自の証明を与えてくれた。ＷＳＣＣの近隣社会は、共同体の外からの資金の流入によってではなく、住民が、戦略的に妥当であれば市の支援を受けつつ、自分たちの能力を強化していくことで改善していったのである。

近隣社会の学問的研究に目を向け、ジェイン・ジェイコブズ著『アメリカ大都市の死と生』や、ロバート・パットナム著『孤独なボウリング――米国コミュニティの崩壊と再生』などの古典をひもといてみれば、ほとんどあらゆる頁にＣＤＰを見出すことができるだろう。[*21] また、ハーバード大学の社会学者ロバート・サンプソンの率いる卓越した研究チームは、集合効力感、すなわち近隣社会を監視し非公式に取り締まりを行なう住民の能力（ＣＤＰ４、５）を、近隣社会の成功のもっとも強力な予測因子としてあげている。関連論文の系統的な総括《レビュー》によって、ＣＤＰの要件すべての妥当性を裏づける強力な証拠が得られる可能性は高い。ただしそれは、ＣＤＰが誰にも明白であることを意味するわけでもなければ、近隣社会が今後ますますＣＤＰを採用するようになることを意味するわけでもない。そもそも、ジェイコブズやパットナムが前掲の本を書いたのは、世の中の傾向がそれとは逆の方向に動きつつあったからだ。都市を「開発する」試みによって近隣社会が分断され、あらゆる種類のグループ活動の頻度が、私たちの両親や祖父母の世代に比べて低下している。それゆえ、CDPアプローチを採用することで、近隣社会の学問的調査や実践的な改善の試みを行なう絶好の機会が得られるはずである。

ここまで紹介してきたすべての事例において、CDPは古くかつ新しく、また、普及すると同時に無視されていた。つまり採用するグループもあればしないグループもあり、学派によって擁護されたりされなかったりした。リン・オストロムやロバート・パットナムらは、彼らが属する学問分野では著名な人物だが、それ以外の分野ではほとんど知られていない。たとえばリンは、経済学の分野では無名であったことを思い出されたい。進化論の主たる貢献の一つは、CDPをあらゆる協調的な試みの普遍的な基盤として確立し、共通の目標を達成するためにメンバー同士が協力し合わねばならないグループのすべてにCDPが必要であることを予測した点にある。この大胆な予測は、より小さなグループにおけるCDPの重要性をすでに認識していた、これまでの学派の考えを超える。そこで次に、私たちの予測が別種のグループ、すなわち宗教団体にも通用するかどうかを検討してみよう。

宗教的なグループ

いずれかの宗教を信奉する家庭に育った読者なら、自分が属する宗教団体を普段の生活でもっとも重要なグループと見なしていることだろう。あるいはもしかすると、自分で自分のことを決められるようになったときに、家族が属していた宗教団体を抜けたのかもしれない。特定の宗教団体が、個々のメンバーにとってどの程度うまく機能しているのかはさまざまである。では宗教団体の成功や失敗は、共有資源を持つグループ、学校、近隣社会に適用できたCDPに基づいて説明することができるのだろうか？

宗教は、一般信者の日常生活に役立つ何かを提供しなければ存続できないだろう。[*22] その「何か」には、神聖な存在や、宗教によって統合され、人々に支援を提供する共同体との関係を通して得られる充足感が含まれる。これら二つの事象は密接に関連しており、神聖な存在との関係は、他者との関係の基盤になる。福音唱歌にあるように、「隣人を愛していない人は、神を愛していない」のだ。

したがって宗教は、CDP1に対応する強いグループのアイデンティティと目的感を生むのに大きな役割を果たせる。しかしそれだけでは不十分である。宗教的なグループは、コストと利益の分配、意思決定、規則の実施と監視、紛争解決、他のグループとの交渉など、他のいかなるタイプのグループとも同じ困難に直面している。宗教的なグループは、これらの機能をうまく果たせなければ、崩壊するか、宗教的か世俗的かを問わず他のグループへとメンバーが去ってしまうだろう。

その種の競争は、私たちのまわりでつねに起こっている。私が住むビンガムトン市では、およそ一〇〇の宗教団体が活動している。発展している団体もあれば、衰退している団体もある。また完全に失敗した団体もたくさんある。さらには他地域から移ってきた団体や、まったく新たに創設された団体も存在する。末日聖徒イエス・キリスト教会とセブンスデー・アドベンチスト教会という二つの大きな宗教団体は、一九世紀にニューヨーク州の小さな町で起こった団体で、現在では世界各地に数百万人の信者を持つ。それぞれ数十億人の信者を持つキリスト教とイスラム教は、それに類似する質素な起源を持っている。つまり宗教とは、文化的進化を通じて発展し、現在でも発展し続けている、葉が豊かに茂る偉大な木だと言えよう。

宗教改革の最中にジュネーブ市で誕生したカルヴァン主義は、いかにCDPが宗教団体の存続と拡大に寄与してきたかを示す格好の事例を提供してくれる。[*23] ジャン・カルヴァン（一五〇九〜一五六四）は宗教的な専制君主として描かれることがあるが、一五四一年に彼が起草した教会条例は、非常に平等主義的である（CDP3）。教会の長はカルヴァン自身ではなく、同等な力を持つ、（カルヴァンを含む）一二人の牧師のグループであった。彼らのあいだで合意が得られなければ、意思決定の輪は狭められるのではなく広げられた（CDP6）。疫病の犠牲者の死に際を看取る義務は、逆らうことが困難な仕組みを通じて、牧師たちがいかに公正なあり方で問題を解決しているのかを示す一例を提供してくれる（CDP2）。この自らの生命を賭した義務の担当者は、くじ引きで決められた。カルヴァン自身は、グループの決定によってくじ引きの対象からはずされていたが、その理由は、他の牧師の死より彼の死のほうが、教会の運命に壊滅的な影響が及ぶからであった。このようにカルヴァンはリーダーとして認められていたものの、くじ引きを免れるための特権を自分自身が手中に収めていたわけではなかった。

ジュネーブ市は皆が皆を知るには大きすぎ（現代の基準で言えば単なる町にすぎないが）、セクターに分割されていた。各セクターは、「誰もの生活を監督し（CDP4）、誤った道を歩んでいる、あるいは無秩序な生活を送っていると見られる人たちを友好的に諭し、必要なら友愛関係を他者とともに自分にも課す（CDP5）」役割を担った年長者に管理されていた。重要な点を指摘しておくと、このような役割を担った年長者は、教会のリーダーや市当局（CDP8）とともに、監督される住民（CDP3）によって承認されなければならなかった。これらの規則を実施し始めてから、市がはるかに円滑に機能するようになったことに何の不思議もない！　ジュネーブは「丘の上の都市」として知られるようになり、その社会組織は、他のプロテスタント改革者によって広く賞賛され、模倣された。

ジュネーブ市を細かなセクターに分割する必要性は、小グループが人間の社会組織の基本単位をなすという本章のテーマの一つを例証する。小グループを形成して暮らすことは、数千世代にわたる遺伝的進化によって人間の心に焼きつけられており、大規模な社会の文化的進化の最中にあって、小グループは「細胞」のままであり続ける必要がある。宗教における文化的進化の最新の産物の一つである「細胞ミニストリー」は、この原理を体現している。「細胞ミニストリー」は、韓国出身の福音教会牧師デイヴィッド・ヨンギ・チョー〔趙鏞基〕によって考案された（彼なら神がもたらしたと言うだろう）。彼は、自分の教会の発展に努め、時間と努力の限界につき当たった[24]。その結果、教会で行なわれる礼拝に出席することに加え、おりに触れて参加者の自宅に集まる小グループ、つまり「細胞」を作ろうと決心したのである。この試みは非常に大きな成功を収め、彼の汝矣島《ヨイド》純福音教会は、七三万人以上のメンバーが二万五〇〇〇以上の細胞グループに組織化された世界最大の福音教会になった。これぞ真の多細胞組織と言えるだろう！

チョー博士は創造論者ではあるが、彼の著作は生物学的なたとえに満ち、進化論の世界観に完璧に符合する。「細胞」の主たる力は、私たちの祖先が人類の歴史を通じて小グループを形成して活動してきたのと同じように、メンバー同士がじかに交換できる、その小ささにある。この点は、その種の個人的なやり取りを行なうには大きすぎる中規模の宗教団体と比べてさえ特に強調することができる。チョー博士は、一つの細胞グループに一五家族を割り当てるのが最適だとしている。一つの細胞グループがそれ以上大きくなると、分かれるよう指示される。

細胞グループのメンバーは、互いを家族の一員と見なし、友人同士や家族のあいだで分かち合うものと同種の物質的利益を交換する。それには、罹患、困窮、失業などといった苦境時のサポートや日々の訪問が含まれる。また細胞グループのメンバーは、社会的、心理的な側面で必要な支援を与え合う。チョー博士は、身体的な接触、各メンバーに与えられた役割の認識、グループへの卓越した貢献に対する賞賛、そして愛情を、細胞グループが提供してくれるもっとも重要な構成要素と見なしている。さらに言えば細胞グループは、メンバーの献身の度合いや、合意された行動の遵守の監視に非常に長けている（CDP4）。誰かが教会の礼拝に出席しなかったとしても、それに対して何らかの対応がとられるわけではない。それに対し、誰かが細胞グループの集会に出席しなかった場合には、ただちにその理由を解明する試みがなされ、必要ならその人に援助の手が差し伸べられる。

また細胞グループは、新規メンバーを募ることに長けている。この能力は、グループによって必要な場合もあれば必要でない場合もあるＡＤＰの典型的な例である。人類の進化の歴史におけるほとんどの期間を通じて、私たちは、他の文化圏から新規メンバーを募ることのない文化的に同質なグループを形成して暮らしてきた。一例をあげると、ユダヤ教では、その歴史のほとんどの期間、そのような文化的、宗教的伝統が遵守されてきた。キリスト教やイスラム教のような福音宗教は、世界史の流れを変えた文化革新をもたらし、生物学的な繁殖によってのみならず(その仕事にも長けていたが)、他の宗教の信者を改宗させることで一体化した強固なグループを生んできた。現代の宗教の世界でも、福音の必要性などのADPは、CDPと並んで重要な役割を果たしている。細胞グループは、伝道集会を開いたり、一軒ずつ家庭訪問をしたりするよりはるかに効率的に、近隣社会、団地、企業などの直近の地域から新規メンバーを募ることができる。細胞グループのリーダーのなかには、新規メンバーを募るために、自分が暮らす団地のエレベーターに乗って、昇ったり降りたりを繰り返している、非常に熱心な人もいる。カルヴァン主義が宗教改革の最中に広く流布したように、細胞ミニストリーは、ビンガムトンのいくつかの宗教団体を含めて世界中に拡大した。「身体に対する細胞の関係は、(……)教会に対する小グループの関係と同じだ」という言葉が添えられた、蜂の巣状の六角形の配列に囲まれた笑顔のイメージが、インターネット上でミームのごとく拡散した。自分たちの生物学的なたとえが、現代の進化論科学によって強力に支持されることを信者が知っていればと、私は思うことがある。

要約すると、いかなるグループもCDPを必要とするという予測は、共有資源を持つグループ、学校、近隣社会に加え、宗教団体にも当てはまる。では職場についても同じことが言えるのか?

企業

企業は、協力し合いながら製品の生産やサービスの提供を行なう人々から成るグループとして見ることができる。言うまでもなく、企業のメンバーは共通の目標を達成するために協力し合わなければならない。加えて、ビジネスの世界におけるグループ間競争は、他のほとんどの分野と比べて際立って激しい。したがって、グループが順調に機能するためにCDPが必要なら、CDPは、それが宗教的実践の標準になったのと同様、ビジネスを実践するにあたっての標準になってもおかしくはないはずだ。

しかし現実には、そうはなっていない。それどころか、映画『ウォール街』（米・一九八七年）に登場する腹黒い投資家ゴードン・ゲッコーに象徴されるように、ビジネスという弱肉強食のゲームは、CDPとはまったく異なる一連のルールに従ってプレイされるべきものと考えられている。貪欲は善であり、社会に対するあなたの価値は、あなたがいかに裕福かによって測られ、企業の唯一の責任は、株主のために最大の利益をあげることだと考えられている。そこでは、伝統的な道徳観は必要でない。なぜなら、市場の見えざる手によって、すべてが正しい結果に至るはずだからである。

そのような世界観があまねく普及してしまったために、私たちは、そうあるべきではないといかに願っていても、あたかもそれが真実であるかのごとく、その考えを自明なものと見なすようになってしまった。しかし実のところ、そのような考えは、一九世紀に起源を持つものの、二〇世紀中頃になるまで目立ちはしなかった非常に特異な見方にすぎず、人々を摩擦のない市場で活動するまったく利己的な主体と見なす、「ホモ・エコノミクス」として知られる還元主義に基づいている。[*25] 経済学者ハーバート・ギンタスは、ビジネスの世界への「ホモ・エコノミクス」の影響について次のように述べている。

第二次世界大戦後、アメリカの至るところでビジネススクールが創設された。主要な大学のすべてが、ビジネススクールを設立した。それまでは、ビジネスマンはビジネスマンにすぎなかった。つまり彼らは一般に大学を卒業していなかったし、卒業していたとしてもビジネスについては何も学んでいなかった。しかし新しく創立されたビジネススクールは、専門的であった。経済について教えるときには、単純に経済学の業績を拝借してきた。経済学では、ビジネスマンは「ホモ・エコノミクス」と呼ばれている。この言葉は、今日でこそあまり使われなくなったが、間違いなく第二次世界大戦後に広く浸透した。「ホモ・エコノミクス」は感情を表に出さず、自分の収入と富を最大化することに没頭している。他人には一切関心を持たない。ただしレジャーには大いに関心を持っている。彼らにとっては、レジャー、収入、富がすべてなのだ。ビジネススクールでは、よきビジネスマンになりたければ、できるだけ多くの物質的な富を蓄積すべきだと教えられる。これは貪欲である。貪欲は人間の本性であり、それはよきものなのだ。貪欲であればあるほど、成功は約束されることだろう。[*26]

「何が観察可能なのかは、理論によって決まる」ことを示す事例として、これほどふさわしい風潮はないだろう。個人の貪欲さこそビジネスの王道だと、経済学者がのたまうのなら、そうであるにちがいない。だが、特定の前提に照らしてのみ意味のある多くの教育実践が子どもたちに悲惨な結果をもたらすのとちょうど同じように、「ホモ・エコノミクス」という前提に照らしてのみ意味のあるビジネスの実践は、ビジネスや経済に悲惨な結果をもたらすだろう。これは少なくとも、マルチレベル選択理論から引き出せる予測である。

幸いにも、ビジネスの世界が、いくら「ホモ・エコノミクス」の世界観に目をくらまされていようとも、リン・オストロムが共有資源を持つグループに関する研究を分析したのと同じ方法で分析が可能な、ビジネスの業績に関する研究がたくさんある。ひとたび正しい理論に照らしてみれば、ビジネスという弱肉強食のゲームも、共通の目標を達成するために協調が必要になる他のどんなゲームとも、何ら変わりがないということがわかるだろう。ここで格好の例をいくつか紹介しよう。[*27]

スタンフォード大学ビジネススクール教授ジェフリー・フェファーは著書『人材を活かす企業――「人材」と「利益」の方程式』で、従業員を手厚く遇することで企業に利益がもたらされることを裏づける、山のような証拠をあげている[*28]（CDP2）。フェファーが報告するある研究では、一三六社の経緯が、アメリカの株式市場に公開されてから五年にわたり追跡されている。各社の経営実践は、公開されている設立趣意書に掲載されている情報をもとにコード化されている。他の交絡因子を統計的にコントロールしたこの研究では、人材に高い価値を見出し、利益を従業員と分け合う企業は、従業員をいつでも取り替え可能な部品のように扱う企業より、少なくとも五年間は存続する可能性がはるかに高いことが見出された。[*29] かくしてこの研究は、企業の存続がCDP2に依存していることを裏づける堅実な証拠を提供してくれる。

マルチレベル選択理論に基づけば、CDPを無視する企業の経営は、従業員や企業内下位組織の破壊的な利己的戦略によって頓挫することが予測される。社会学者のロバート・ジャッカルは、一九八八年に刊行され、大不況〔サブプライム住宅ローン危機に起因する世界的金融不況〕との関連性のゆえに二〇〇九年に再刊された著書『道徳的迷路――企業管理者の世界（*Moral Maze: The World of Corporate Managers*）』で、頓挫した企業に関する詳細な民族誌《エスノグラフィー》を取り上げている。[*30] カバーの宣伝文句が示すように、「ロバート・ジャッカルは、必死の努力が必ずしも成功をもたらさず、激烈な言葉、自己宣伝、強力な支援者《パトロン》、まったくの幸運がものを言う、まったく混乱した世界に読者を招待する」。このようなむき出しの社会的環境のもとでは、高い倫理規範を遵守する従業員は、システムから排除されてしまうか、自分のやり方を変えるかしかない。幸いにも、このことはCDPを無視する企業にのみ当てはまるのであって、あらゆる企業に当てはまるのではない。ニューヨーク大学スターンビジネススクール教授ジョナサン・ハイトは、あるシステムに属する個人全員が倫理的であるためには、そのシステム全体が倫理的でなければならないと主張する。[*31] 倫理的なシステムを構築することは、CDPを実施することでもある。

ペンシルベニア大学ウォートンビジネススクール教授アダム・グラントは著書『ギブアンドテイク

――成功への革新的なアプローチ（*Give and Take: A Revolutionary Approach to Success*）』で、ギビング、マッチング、テイキングという、広範に実践されている三つの社会的戦略を特定している。[*32] ギバーは無条件に他者を援助し、マッチャーは見返りを期待できるときだけ与え、テイカーは、できる限り自分が与えないようにしつつ他者から受け取る。「貪欲はよいこと」という心構えを鵜呑みにするのであれば、ギバーはビジネスの世界ではとても生き残れない。グラントは権威ある研究と読んでおもしろい伝記を組み合わせて、ギバーが最善の結果と最悪の結果のどちらにも至り得ることを例証する。マルチレベル選択理論から予測されるように、ギバーは、他のギバーと何とか力を合わせることができれば劇的な成功を収められるが、テイカーに囲まれているといとも簡単に騙されたり踏みにじられたりする。ＣＤＰを実践する企業はギバーのメッカになる可能性が高く、ＣＤＰを無視する企業ではテイキングが猖獗《しょうけつ》を極めることだろう。

二〇一二年のイギリス政府の報告によれば、とりわけ二〇〇八年から二〇〇九年にかけての景気後退時に、通常の企業に比べて従業員所有企業〔自社の株主の過半数が従業員であるような企業〕の業績がよかった。[*33] 従業員所有企業の利点には、仕事への献身の度合いの高さ、心理的な健康状態の高さ、離職率の低さがあげられ、これらはＣＤＰの観点からも予測し得る。またこの報告では、従業員所有の障害になる事項も特定されている。それには、（a）従業員所有という考え方に対する気づきの欠如、（b）従業員所有を支援するために利用できる資源の欠如、（c）従業員所有を制限する、法的、税的規制があげられる。言い換えると、従業員所有企業は、自らに不利なビジネス環境のもとでも繁栄する。ならば、自らに有利なビジネス環境のもとでは、どの程度まで繁栄できるのだろうか？

従来以上に社会的な責任を全うするよう企業を導こうとする運動があまたある。その一つに、建築物に関するＬＥＥＤ認証に類似する企業認証を意図して創設されたＢ Ｌａｂがある。[*34] ちなみにＢ Ｌａｂのは利益（benefit）を意味する。企業はＢ Ｌａｂに、ガバナンス、従業員、コミュニティ、環境という四つの領域における自社の社会的実践に関する情報を渡す。Ｂ Ｌａｂは、渡された情報をもとにスコアを計算する。スコアが十分に高ければ、その企業は自社をＢコーポレーションとして宣伝することができる。五〇を超える国の二〇〇〇以上の企業が、Ｂコーポレーションとして認定されている。それには、Ｅｔｓｙ〔電子商取引サイト〕、パタゴニア〔アウトドア用品を販売する企業〕などの誰もが知る企業が含まれている。慣例的なビジネスの知見に従えば、社会的責任に一ドルつぎ込むごとに、純利益から一ドルが差し引かれる結果になる。それが真なら、Ｂコーポレーションは市場の敗者になるはずだ。いかなる企業もそうはなりたくないだろう。だが幸いにも、その見方は正しくない。トーマス・Ｆ・ケリーとスーチーアン・チェンが二〇一四年に行なった研究によれば、Ｂコーポレーションは、条件がマッチする通常の企業と同程度か、それ以上の利益をあげている。[*35]

トムとスーチーアン（アメリカの友人にはジェリーと呼ばれている）は、たまたま私が勤めている大学の経営学部に所属しており、私とチームを組み、私の大学院生の一人メル・フィリップスを引き入れて、Ｂコーポレーションを詳細に調査する機会を与えてくれた。Ｂ ＬａｂのＣＥＯジェイ・コーエン・ギルバートの支援を受けて、われわれはニューヨーク市にある五つのＢコーポレーションを訪問し、そこでＣＥＯと従業員のグループに個別に会った。

ここで告白しておかねばならないが、Ｂコーポレーションを訪問する前には、私でさえ社会的責任の全うという目標への献身が、他の企業との生存競争において重荷になるはずだという考えに洗脳されていた。従業員やＣＥＯと話をしたあとでようやく、私は、短期的な利益の追求を克服することで、Ｂコーポレーションが弱体化するのではなく強化されることを十分に理解できるようになった。従業員は「仕事は仕事」と割り切るのではなく、自分の仕事に誇りを持ち、情熱を抱いていることさえある（ＣＤＰ1）。そして会社に対する自分の貢献が、給与の面でも社会的にも認められていると感じているし、さらにはヘルスケア、自宅での仕事の許容、育児休暇、仕事をしながらのコミュニティ活動への参加（それによって仕事と日常生活のバランスをとることができる）などの企業政策から恩恵を受けていると感じている（ＣＤＰ2）。社の重要な意思決定に参加することも多い（ＣＤＰ3）。諸企業のＣＥＯが、Ｂコーポレーション認証を重要視する理由の一つは、社会的責任に対する自社の献身を宣伝できるだけでなく、先にあげた四つの領域のそれぞれで自社の成績を監視できるからでもある（ＣＤＰ4）。従業員の福祉への深い関与は、合意された行動の実施（ＣＤＰ5）、もめごとの解決（ＣＤＰ6）、仕事のやり方に関して従業員にある程度の自由裁量を与えること（ＣＤＰ7）において、人間的な企業政策の採用へと導く。最後にもう一点指摘しておくと、Ｂコーポレーションは、卸売業者《サプライヤー》、顧客《カスタマー》、株主、競合他社、監督機関などの、より大きな経済的生態系に属する、同様な志を持つ主体と力を合わせて、より大きな規模で同じ原理を適用することができる（ＣＤＰ8）。この点については、多細胞社会について論じる章で再度取り上げる。

これらの企業政策は、他の政策以上に企業による実施がむずかしいわけではない。一例として、重要な意思決定への従業員の参加、生産性に対する効果を適切に監視しつつ自宅での仕事を認める方針など、Ｂスコアの四つの領域において改善を可能にする実践方法の実施状況の点検があげられる。実施の方法はたいてい、その政策に意味があることを理解し、最善の実践方法を案出し、実践の結果を追跡するというものだった。最後の企業の訪問を終える頃には、私は、他のいかなるタイプのグループにも劣らないほど、企業というグループがＣＤＰを必要としていることを確信していた。この事実に気づかなければ、従業員の搾取から不安定な世界経済や環境破壊に至るまで、あらゆるレベルで途方もない危害が生じるだろう。これは悪い知らせだが、よい知らせもある。つまり、正しい理論のレンズを通してビジネスの世界を見るよう心がければ、改善の余地はある。

グループから個人そして世界へ

マルチレベル選択理論の大胆な予測によれば、共通の目標を達成するために協調し合わなければならないグループはすべて、ＣＤＰを必要とする。それが自明に思われるか否かは、たとえば自分の個人的な経験に基づいて見るか、主流経済学などのより形式的な世界観のレンズを通して見るかなど、いかなる観点からそれを見るかによって変わってくる。ここまで繰り返し論じてきたように、それ単独で自明なことなど何もない。ＣＤＰに意味があるように見せる世界観もあれば、ＣＤＰが誤っているように、あるいはまったく存在しないかのように見せる世界観もある。それゆえ、あらゆる生物の進化と、高度に協調的な生物種たる人類の歴史における、とりわけ小グループ内での協調の進化のダイナミクスにCDPが従う点を示すことで、その普遍性を確立することには大きな意義がある。

正しい答えに直結する理論などというものは存在しない。だからいかなる予測も、現実世界から得られた情報を用いてその正しさが検証されねばならないのだ。科学者やその他の学者は、リンが共有資源を抱えるグループに関して示した事実が、他のどんな種類のグループにも当てはまるとする予測の検証を、今後数十年をかけて行なわなければならない。私自身の研究や、他の学者が行なった研究のレビューに基づく私の現在の評価では、この予測は強く擁護することができる。

だが、専門家を待つ必要はない。あなたもさっそく、自分が属しているグループのCDPについて考えることから始められる。CDPや適切なADPを実施することで、自分が属するグループの成績が向上すると判断したら、実際に試してみて何が起こるかを観察してみよう。もちろんその際、グループの他のメンバーと協力し合う必要がある。一方的にものごとを行なうことそれ自体が、CDPやADPの原理を侵犯することになるのだから。CDPを実施し、その成果を監視するのに支援が必要であれば、www.prosocial.world を訪問されたい。そこでは、それらに関する詳細を独力で学べ、また必要なら、訓練を受けた相談役とコンタクトをとることができる。なお、グループで協力し合うことに関する、この世界共通の枠組み《フレームワーク》については最終章（第10章）でもう一度取り上げる。しかしその前に、あなたが属するグループを強化することが、あなた個人の成功にも役立ち（第7章）、さらにはより広い世界にも強い影響を与え得る（第8章）ことをまず示しておこう。

第7章　グループから個人へ

個人とは何か？　私たちははっきりした身体の境界を持ち、各人を対象にあらゆる種類の診断や測定を行なうことができるという事実は、私たちを誤った答えに導きやすい。第4章で取り上げたニワトリを思い出されたい。メンドリは檻のなかで飼われ、産卵率をもとに選択された。ニワトリのお尻から出てくる卵を数え、それをその個体の特徴と見なすのは簡単だ。しかし各グループのなかでもっとも産卵率の高いメンドリを選択して繁殖に回すと、卵の生産性は上がるのではなく下がり、五世代目には、サイコパスの集団になってしまった。

そのような倒錯した結果になったのは、第4章で見たように、産卵率の高いメンドリのほとんどが、他のメンドリを攻撃することで好成績を残していたからである。個体を対象に測定できるという理由から個体の特徴であるかのように見えたものが、実際には社会的相互作用の産物だったということだ。それと並行して行なわれた実験では、一つのグループに属するすべてのメンドリが、グループ全体の産卵率をもとに選択された。この実験は、一群の満ち足りたメンドリを生み、五世代が経過するうちに産卵率が上昇した。というのもグループ選択は、攻撃的ではなく協調的な社会的相互作用を選好するからだ。

かくしてニワトリ実験は、善の問題のたとえ話になるばかりでなく、本章で取り上げる、社会的相互作用の産物としての個人という概念のたとえ話にもなる。ニワトリ同様、身長、個性、身体や心の健康など、個人を対象に簡単に測定できる事象は、個人の特徴ではなく、私たちが生まれる前まで、というより進化の全過程を考慮に入れれば人類の遠い祖先が誕生した頃までさかのぼる社会的プロセスの結果なのである。各人は社会的プロセスへの積極的な参加者であり、それゆえ行為主体としての個人にはさまざまな尺度が存在する。誰もが「独立独行の」存在であるとする考えはフィクションにすぎない。

本章では、系統的な見方をとることが、個人の機能不全として顕現する、現代社会の問題の解決に役立つことを示していく。その際、まず自分の専門分野で成功し、しかるのちに進化論の世界観を採用することに付加価値を見出した人々を紹介する。

なぜ私たちは手を握るのか

名高いバージニア大学心理学部の臨床心理学者ジム・コーンを紹介しよう。[*1] 臨床心理学者は、社会の各方面に属する人々の心の健康を改善する仕事を遂行するために訓練されているが、それとともに基礎科学の調査に従事している者も多い。ジムは臨床医であると同時に、最先端を行く神経科学者でもある。数年前に、「あなたはダーウィンの進化論を受け入れていますか？」と尋ねたなら、彼は「あたり前だ！」と答えただろう。しかしある患者の臨床を担当していたとき、それまで教わってきた見方とは大きく異なる進化論の観点から、人間の脳の本質をとらえ直さなければならないと考えるようになった。

この患者は第二次世界大戦中に従軍した元兵士で、八〇代で心的外傷後ストレス障害（ＰＴＳＤ）を発症していた。この元兵士は、第二次世界大戦中の経験を想起することを拒み、それ以外のジムの提案もすべて拒否した。あるとき彼は、「妻を同席させたい」と言った。彼からその種の要求を受けるのは、ジムにとって初めてだった。だが断る理由がなかったので、次の彼とのセッションには彼の妻も参加した。最初ジムは彼女を傍観者として扱っていた。患者は以前と同様、まったくジムの言うことを聞かなかった。その様子を見ていた彼女は、夫の手を握りたいと申し出た。すると患者は、魔法にかかったかのように心を開きセラピーを受け入れた。ただしそれは、患者が妻の手を握っているあいだに限られた。

ジムはその様子に驚き、強く興味を惹かれた。手を握るというごく単純な行為が、高齢の患者の行動に強力な影響を及ぼしたのだ。それは脳の活動に媒介されているに違いないと考えたジムは、もっと詳しく知るために神経科学者としての自分に立ち返って、脳画像法を用いた一連の実験に取りかかった。被験者は元兵士のようにＰＴＳＤを発症していたわけではなかったので、おおよそ同等の条件を設定するために、ジムはストレスを喚起する状況をわざわざ作り出さねばならなかった。fMRI（磁気共鳴機能画像法）装置に横たわった経験がある人なら、それが快い体験ではないことを知っているはずだ。激しいノイズに満ちた狭い管のなかに押し込められるのだから。この経験をさらに不快なものにするために、ジムは、不運な被験者の足首に電極を取りつけて電撃の脅威を与えた。被験者はこのストレスに満ちた状況を、①一人で、②赤の他人の手を握って、③身近な人の手を握ってという三つの条件のもとで耐えねばならなかった。かくしてジムは、被験者の脳を覗いたのだ。何が見つかったのだろうか？

被験者が一人でいる場合、彼らの脳は、さまざまな闘争や逃走の神経回路が活性化して混乱状態にあった。赤の他人の手を握ることには若干の鎮静効果があったが、もっとも劇的な効果は、身近な人の手を握ることで得られた。こうしてジムは、妻の手を握る元兵士に見出したものを実験で再現することができたのである。[*2]

多くの基礎科学の実験と同様、この実験も「驚異的だ！」という言葉に続いて、「でも、そんなことはすでにわかっていたのでは？」という反応をただちに呼び起こしそうにも思える。何しろジムの母親はよく、彼女に尋ねればすぐにわかることに多くの金と時間を注ぎ込んでいるとして彼を叱っていたのだから。それでも、彼はいくつかの点で新たな道を開拓したと言えよう。結果がそれほど明白だったのなら、どうして臨床心理学者は、そのやり方を採用していなかったのだろうか？　なぜ彼らは、個人を治療の単位と見なしていたのか？　どうしてジムは、妻を同席させたいという元兵士の願いに意表をつかれ、手を握るという身体的な行為が治療に必要であることにさらに驚かされたのか？　ジムが受けた臨床的、学問的訓練は、彼の母親にはいかに明白なことであったとしても、手を握ることの鎮静効果から彼の目をくらませていたのである。

おそらくもっとも重要なことは、ジムの実験が、人が社会的につながっていると感じたとき、あるいはストレスに満ちた状況下に一人で置かれていると感じたときに、脳内で何が起こっているのかを解明する試みに手をつけた点にある。これは、ジムの母親を含め誰にとっても新たな試みであった。しかし脳の活動パターンを理解しようとする彼の試みは、学部の同僚デニス・プロフィットから二つの助言をもらうまでは何の成果ももたらさなかった。助言の一つは「ストレスに満ちた状況に一人で直面している人ではなく、手を握っている人のほうが正常な状況のもとにあると考えよ」というもので、もう一つは「ニコラス・A・デイビス、ジョン・R・クレブス、スチュワート・A・ウエスト著『行動生態学』を読め」であった[*3]。

ジムによれば、二つの助言は脳に関する彼の理解を劇的に変え、それによって自分のした実験の結果を初めて理解できるようになったのだそうだ。二〇一六年に私が彼に行なったインタビューで、彼は『行動生態学』を読むことで受けた衝撃について次のように語っている。

私にとってその衝撃は、「隕石の落下」とでも言うべきものでした。早くも第1章を読み終えたときには、自分の仕事について考えていました。包括的な分野としての心理学を、それまでとはまったく異なった方法で考えるようになったのです。この本は、まず行動を組織化する原理を導入します。少し考えただけで、この原理がまったく道理にかなっていることがわかるでしょう。どのような原理かというと、生物エネルギー資源の管理のような原理です。生物として行動し資源を獲得しようとするのであれば、すでに蓄積されている資源を投下しなければなりません。これは、非常に大きなリスクをともなう仕事です。ですから、環境の要求や、すでに蓄積されている資源に関する情報をある程度手にしていなければならないのです。この事実は、時が経つうちに、余剰の確保と維持に関するいくつかの原理がゲノムに組み込まれることに必然的につながります。

私は、一種の個人的で知的な危機を体験しました。そのとき私は、「何てことだ！　私は今までいったい何をしていたんだ？　いかなる究極の目標にも制約原理にも結びつかない概念について考えてきたとは！」と思いました。心理学では、進化や個体発生のプロセスを通じて生物に課される規則に思考が制約されないために、何でもありの状況になっています。それから次々に各章を、そしてさまざまな事例を読むうちに、これまで無視されていたそれらの原理がただ単に論理的な議論としてのみならず、実証的なデータとしても存在することがわかりました。ほとんど泣きそうになったほどです。[*4]

ジムが経験した見方の転換は、心理学や神経科学などの学問が、特定の側面で高度なものだから、あらゆる側面で高度でなければならないと考えている多くの人々には奇妙に思えるだろう。実のところそれらの学問は、いかに奇妙に感じられようが、包括的な分野としてティンバーゲンの【機能】の問い（私たちの心理的特徴や神経学的特徴はいかに生存と繁殖に寄与しているのか）と【系統発生】の問い（人類の進化の軌跡）に適切に取り組んできたとはとても言えない。これら二つの問いにうまく答えられないと、ティンバーゲンの【メカニズム】の問いと【個体発生】の問いの解明の試みも、実を結ばない。ジムにとって『行動生態学』は、【機能】と【系統発生】に関する問いに満ちていた。一九八一年に初版が刊行されており、本書第2章で取り上げたティンバーゲンの四つの問いを確固たるものにするのに役立った。それによれば、生物の特定の行動を理解したければ、その行動が自然選択によっていかに形作られたかを知らなければならない。またそれは、その生物を、祖先が生きていた環境（現在の環境と同じかもしれないし、異なるかもしれない）、ならびに進化の歴史における偶発事との関係で理解しなければならないことを意味する。「この生物は、かくかくしかじかの環境にうまく適応したら、いかなる行動を示すのだろうか？」という単純な問いを立てることは、たとえ最終的には正しくないことが判明したとしても、科学的探究のすぐれた出発点となる仮説を導いてくれるだろう。この手法は、「適応主義的思考」あるいは「自然選択思考」と呼ばれ、第2章で示したように、進化の道具箱に収められたもっとも強力なツールの一つである。

「多芸は無芸」というよく知られた原理のおかげで、自然選択はほぼつねに交換条件《トレードオフ》をともなう。一つの仕事をうまくこなすことは、他の仕事をぞんざいに済ませることにつながる。たとえばカメの甲羅は捕食者からわが身を守る一方、動きを鈍くする。ペンギンは敏しょうな泳ぎ手だが、陸地でよたよた歩く様は滑稽に見える。色素沈着した皮膚は紫外線から身を守るが、ビタミンDの合成を妨げる。いかなる生物も、進化の歴史を通じて作用してきた数々の選択圧力によって形成された交換条件の束なのである。

その個体が生きているあいだにとる行動様式も、交換条件に影響を及ぼす。カメの甲羅は解剖学的な特徴であり、危険を感じると頭や手足を甲羅のなかに引っ込め、危険が去ると再び外に出すのが、カメの行動である。どちらの行動も交換条件という用語で説明できる。解剖学的特徴と同様、行動も進化するという考えは、ニコ・ティンバーゲンによって提起され、『行動生態学』に結実した。しかしその考えは学問の世界において孤立していたために、動物行動学におけるその種の発展は、少なくともジムが受けた訓練の範囲では、人間を対象とする心理学や神経科学までは拡大していなかった。だから彼は、私とのインタビューで、「心理学では、進化や個体発生のプロセスを通じて生物に課される規則に思考が制約されないために、何でもありの状況になっています」と語ったのだ。

ジムは生まれ変わった行動生態学者として、「人類が適応した生態系とは何か？」という問いに取りつかれていた。彼はインタビューで次のように述べている。

その線をたぐっていくと、繰り返し現れてきたのは「他者の存在」だけでした。それは社会基準値モデル《ソーシャルベースライン》と呼ばれる、私たちが考案したモデルの一部でした。数千年にわたって人類が経験してきたことのすべてを平均化してみると、つねに存在し続けていたのは、他者の存在だけでした。私たち人間はあらゆる環境に適応する能力を持ち、至るところで暮らしてきました。北極圏や赤道直下でも暮らしています。クジラの脂肪や精製されていない穀物も食べます。月にも、大洋の海底にも降り立ちました。そしてつねにそこにいた唯一の存在は、他者です。問いを立て、次に何が起こるかを予測するための枠組みとして、進化論と行動生態学に依拠するようにならなかったら、そのような洞察は得られなかったでしょう。

人類の進化の歴史を通じてつねにそこにいたのは単なる他者ではなく、結束力の強いグループに属する協調的な他者であった。誤解のないようつけ加えておくと、闘争は人類の歴史を通じてつねに生じてきたが、その多くはグループ間の闘争であった。つまり個人は、自分が属するグループの他のメンバーと協力し合ってきたということだ。ジムの核心的な洞察は、「人類の祖先は協調的な他者に囲まれて暮らしていたと考えられ、それが脳を含めた人間の身体の設計やメカニズムに反映されているのだ」というものである。手を握ることは正常な状態であり、適応によって形作られた脳や身体の設計に即して言えば、ストレスに満ちた状況に一人で直面するのは異常な事態だとジムの同僚が言ったときに彼が意味していたのは、まさにその点であった。

ジムの社会基準値モデルによれば、人間の脳や身体は、交換条件に関する決定を下すとき、自動的に社会的な資源や個人的な資源を計算に入れる。その働きを理解するために、広大な丘のふもとに

この丘の斜面はどれくらい急か?

立っているところを想像してみよう。丘をのぼる坂は、どれくらい急なのか? この丘をのぼりたいという意欲がどれくらい強いのか? これら二つの問いは、互いにまったく異なるように思えるかもしれないが、ジムの学部の同僚デニス・プロフィットが行なった実験が示すところでは、それらは私たちの心のなかで絡み合っている。[*5] プロフィットは、重いバックパックを背負わせる(背負わせない)、事前に断食させる(させない)、事前に運動をさせる(させない)など、さまざまな条件のもとに置いた被験者に丘の傾斜を見積もらせた。重いバックパックを背負っているときや、断食や運動をしたあとでは、丘にのぼる意欲がそがれることは容易に推察できるが、意外な結果は、それらの条件のもとに置かれた被験者が丘の傾斜を過剰に見積もったことである。つまり丘をのぼろうとする意欲が、丘の知覚に影響を及ぼしたのだ。

その種の事例は、脳が交換条件を評価するとき、個人的な資源を計算に入れることを示している。ところでデニスは、丘の傾斜を見積もらせるにあたって、被験者が友人の隣に立っている場合と、一人でいる場合を比較する実験も行なっている。その結果、被験者は友人がそばにいるだけで、丘の傾斜をよりなだらかなものとして見積もった。脳は、個人的な資源(バックパックを背負っている、事前に断食をした、事前に運動をしたなど）を計算に入れる場合と同様、無意識のうちに楽々と社会的な資源（友人の存在）を計算に入れたのである。

小グループは人間の社会的組織の基本単位をなし、個人の健康や、より大きな規模での活動の効率化に必要とされることを、私は第6章で論じた。ジムの社会基準値モデルは、協調的な他者に囲まれている必要性が、私たちの脳と身体に深く刻み込まれていることを明らかにする。つまり私たちの脳と身体は、協調的な他者とともに暮らすべく設定されており、一人で世界に直面しなければならなくなると警戒状態に置かれるのだ。だから慢性的な孤独は、私たちの心と身体の健康を蝕む。この見方は、現代の経済理論や他の形態の個人主義の基盤をなす、個人を人間社会の基本構成要素と見なす考えとは根本的に異なる。

ジムの研究の実践的な意義は明らかである。自分の健康状態を改善したければ、協調的な他者に囲まれていることが肝要だ。手を握ることや、触ることそれ自体の役割は、今後の研究の魅力的なトピックになるだろう。脳は、触覚に依拠して社会的支援を評価しているのか？　触覚を活用しないグループは、活用するグループに比べてうまく協調し合えないのだろうか？[*6]　それが正しければ、学校や職場で実施されている、善意から出たものとはいえ誤った「ノータッチ」ルールを見直す必要があるだろう。個人の健康にとって重要なこれらの問いに答えるには、今後の研究を待つしかない。

養育効果

トニー・ビグランは、人間の行動を理解し、生活の質を向上させるための研究を一九六〇年以来行なっているオレゴン研究所に所属する主任研究員である。七〇歳になっても健康そのもののトニーは、薬物乱用、肥満、怠惰、子どもの性行為などといった破壊的な行動として顕現する一連の行動問題の研究を「十分すぎるほどやってきた」。彼の研究は、国立がん研究所、国立薬物乱用研究所、国立精神衛生研究所、国立小児保健発達研究所など、アメリカ国立衛生研究所（NIH）のさまざまな機関から資金援助を受けてきた。彼は、予防研究協会（Society for Prevention Research）の元会長で、米国科学アカデミーの一部である医学研究所が主催し、アメリカにおけるそれらの問題の対策の進展を調査する委員会の委員を務めたこともある。拡大し続ける行動健康科学を、彼以上により広く理解している人物はいないだろう。

トニーはこの知識を、二〇一五年に刊行された一般読者向けの著書『養育効果――人間の行動の科学はいかに私たちの暮らしと社会を改善できるか（*The Nurture Effect: How the Science of Human Behavior Can Improve Our Lives and Our World*）』にまとめている。この本の主題は、「人が他者を養育する向社会性は、主変数をなす」という至って単純なものだ。誰かを助けようとする人々に囲まれている人はさまざまな資質を発達させるのに対し、無関心な、あるいは敵対的な人々に囲まれている人はさまざまな負債を抱えることになる。もちろんこれは、ジム・コーンの研究が示唆するところでもある。世界をよりよき場所にし、その成果を社会政策や個人の意思決定に反映させる方法を一つあげるとすれば、それは生涯を通じての、そしてとりわけ誕生する以前を含めた幼少期における愛情のこもった養育を強化することである。

この考えの新しさは、トニーや彼の同僚たちの研究を何年も支援してきた機関の状態を見てもわかる。それらの機関は、行動健康科学が、個別の問題を扱ういくつかの研究組織に分かれていることを示している。彼とは異なって行動健康科学者の多くは、自身の経歴をたった一つの問題行動を研究することに費やし、木ではなく森を見ることに困難を覚えている。それどころか、自己の専門分野をより深くきわめることを研究者に望む組織から助成金を獲得しなければならないとなると、森を見ようとする動機などほとんど生まれない。

トニーがその種の陥穽にはまることを免れられたのは、若い頃に行動主義の伝統と、そのもっとも著名な擁護者たるB・F・スキナーに影響を受けていたからである。第5章で見たように、行動主義は、認知革命によって心理学の世界から抹消されたとき絶滅したわけではなく、応用行動科学の分野で発展し続けていた。実践による変化の試みに関する行動主義の中心的な洞察は、「結果による選択」という言い回しにうまくとらえられている。[*7] 私たちの身体と心は、一定のあり方で行動し続けると、その結果が有益なものになるのか、それとも有害なものになるのかを感知できるよう設定されている。その行動は快を生んだのか、それとも苦痛を生んだのか？　そうすることで相手は微笑んだのか、それともしかめ面をしたのか？　たいてい意識の埒外で自動的に生じるその種のフィードバックに基づいて、次回同じ状況に置かれたときに、その行動の発露が促されたり、抑えられたりする。かくして私たちは、遺伝的進化によって個体群が環境に適応するのとちょうど同じように、個人として環境に適応するのである。

行動主義は、学問の一分野としては影響力を失ったのかもしれないが、現実的な行動問題を解決しようとしているトニーのような人々にとっては、捨てるにはあまりに有益すぎた。事実を言えば、私たちの行動はかなりの程度、それによって生じた結果によって形作られる。そして私たちの行動は、たいてい社会的環境によって選択される。ここまで見てきたように、人類は、その進化の歴史のほとんどの期間を通じて、高度に協調的な小グループを形成して暮らしてきた。私たちは十分に養育され、その返済を期待される。他人にいばり散らしたり、自分の仕事を怠ったりすれば、その態度を改めるよう社会的な圧力がただちに加えられるだろう。共通の目的に寄与すればするほど、それだけ私たちは社会的に認められ、受け取る物質的恩恵も増える。これは、他人を犠牲にして成功しようとする戦略を非常にリスクの高いものにし、他者と協調しながら成功することを、個人としての生存と繁殖を達成するためのもっとも確実な手段にする。私たちは、社会的な承認を追い求め、そのためならどんなことでもするよう遺伝的に適応しているのである。

そうではあれ、進化の歴史においてグループ内の養育がすべてであったわけではない。他人を犠牲にして成功することはリスクの大きな戦略ではあるが、特定の状況のもとでは実行する価値があるだろう。遺伝的進化は、協調のスキルとともに利己的に行動するスキルも私たちに与えた。哺乳類に見出されるもっとも親密な絆、すなわち母子の関係について考えてみよう。この絆でさえ、完全に養育的なものとは言えない。母親は、その生涯を通じて特定の子どもの成功ではなく総体的な繁殖成功度を最大化するよう、また子どもは、母親や兄弟姉妹の幸福より自分の幸福を重視するよう遺伝的進化によって形作られている。さらに言えば、多くの哺乳類の父親はできるだけ多数のメスと交尾し、子どもの養育にまったく関与しないことで繁殖成功度を最大化するよう遺伝的進化によって形作られている。それに関して言えば、すでにいる子どもを殺して別の子どもを設けようとする、幼児殺しという進化的ロジックさえ存在する。[*8]

母子間の争いは、子どもが誕生する前から始まっている。胎児は、母親が自然な傾向として与えようとする以上の資源を引き出そうとするのだ。[*9] 生命プロセスのこの段階における母子の相互作用は、心的ですらない生物化学的な綱引きである。子どもの誕生後、母親やその他の養育者《アロペアレント》は、厳しい状況のもとでは子どもの養育を控えるよう遺伝的に設定されている。それに対して、子どもは自分が必要な養育を受けていない場合、可能な限り悪さをするよう遺伝的に設定されている。[*10] これらの生理的、神経的なメカニズムの多くは、人類が誕生するはるか以前から、それどころか霊長類が哺乳類から枝分かれする以前から哺乳類の系統で進化してきたものである。

事態をより複雑にしているのは、第4章で見たように、グループ間の社会的相互作用が、グループ内のそれとは異なる点だ。メンバーが互いに扶養し合うグループは、状況に応じて他のグループと友好的に接したり、敵対的に接したりするだろう。貿易や結婚相手の交換などの友好関係は進化の歴史のはるか昔から存在していたが、[*11] 襲撃、食人《カニバリズム》、他グループの抹殺などの敵対関係にも同じことが当てはまる。[12]「私たち」と「彼ら」を区別し、養育の対象を「私たち」に限定する能力は、観点によっては謎や偽善に思えるかもしれないが、進化論的観点からすれば当然予測されることである。

第5章で論じたように、個人として進化する能力が、学習された情報を世代間で受け継ぐ能力と合わさると、人類の進化は圧倒的に加速した。人類は地球全体に広がり、小規模社会を形成しつつ、あらゆる気候帯、そしてさまざまな生態的地位《エコロジカルニッチ》に適応してきた。およそ一万年前に農耕が発明されると、小規模社会は次第に現代の大都市へと拡大していった。一万年は私たちにはとても長い期間に思えるが、遺伝的進化にとっては十分でない。大規模社会の一員として機能する私たち個人の能力と、効率的に機能する大規模社会の能力は、行動主義の伝統の核心的な要素である開かれた行動をもたらす柔軟性を人間が備えていることの証明になる。

私が語ったストーリーは進化論的であるばかりでなく、さまざまなあり方、そして時間尺度で進化を思い起こさせる。トニーのような研究者は、いかにこの包括的な枠組みを用いて、現代社会で行動問題に取り組んでいるのだろうか？　基本的な処方の一つは、祖先が生きていた、互いの行動を通じて互いを知る、養育的な個人から成る小グループという社会的環境をあらゆる手段を尽くして再現することである。そのような環境を用意すれば、向社会的な子どもの養育やおとな同士の関係は、驚くほど簡単に成就するだろう。養育的な環境を欠けば、人々の行動の形成はまったく異なった方向に進み、社会的支援の欠如から生じることが予測される生存や繁殖の戦略、すなわち「あなた」ではなく「私」、「彼ら」ではなく「私たち」、そして「明日」を考えない「今日」を重視する戦略が頻繁に用いられるようになるだろう。養育を主変数と呼んだときにトニーが意味していたのは、まさにそのことだったのである。

進化するシステムとして個人をとらえる見方を真に理解することで、もっと多くの洞察が得られるだろう。進化的思考の要諦をつかんだ読者なら、進化論でいう適応が、「適応」という言葉が持つ標準的な意味とは必ずしも一致しないことに気づいているはずだ。「適応」という言葉の標準的な用法では、それが長期にわたりあらゆる人々に有益であることを意味するのが一般的であるの対し、進化論的な用法では、全体の一部のみが、ときに他者や全体を犠牲にしてまでも利益を享受することができるような環境のもとで、長期的な結果を無視して短期的な利益の獲得に至る場合を指すことが多い。そのような状況を絶望的と考える必要はなく、進化論的な意味での適応を標準的な意味での適応に沿わせる社会環境を構築することが可能である。ただしそれに際しては、進化論に基づく知識を動員することが求められる。それに関して、私たちの誰もが関連し得る日常的な例をあげよう。

スーパーマーケットで買い物をしているあなたは、小さな子どもがかんしゃくを起こしているところを見ている。子どもの母親は降参したのか、言葉や身振りで子どもを甘やかしている。いずれにせよ、まわりの人々にはいい迷惑だ。このありきたりの光景を進化論的観点から見た場合の利点は、子どもも母親も、進化論的な意味での適応に沿って振る舞っていることがわかる点である。子どもは、不愉快な態度で我を通すたびにそのやり口が強化され、再度その行動を繰り返す可能性が高まる。また両親は、言葉や身振りで子どもを甘やかすたびにそのような対応が強化され、再度それを繰り返す可能性が高まる。両親と子どもは、チーターとガゼルが相手を走り負かせるようになることを競う遺伝的な軍拡競争にも似た、行動の軍拡競争の共進化にとらえられている。その行動が、家族や社会全体にとって有益か否かは関係ない。進化は徹底して相対的であり、家族の各メンバーは家族内での相対的な優位性を最大化する行動をとる。そのことは、本人が必ずしも意識しているわけではない。意識には、実際に起こっていることのほんの一部がのぼるにすぎないのだ。スキナーの言葉を借りれば、個人的な形態の進化が、たまたま規範的な目標にうまく合致していないのである。「家族の共有地の悲劇」とでも呼ぶべきであろう。

もちろんあなたは、スーパーマーケットの別のコーナーに移動すれば、その子どものかんしゃくをそれ以上見ないで済ませられる（あなたの子どもがかんしゃくを起こしているのでなければだが）。しかし、両親や他の養育者と不愉快なやり取りをしつこく繰り返して、社会的スキルを研ぎ澄ませてきた子どもの行動が引き起こした社会的結果から逃れることはできない。そのような子どもは、学校でもわがままな態度を示し、他の生徒や教師の反発を引き起こしやすい。自分の態度が拒絶されると、もっと不愉快な態度を示すことが多い。そのように反応するべく強化されているのだ。成長するにつれ、同様な社会的戦略を駆使する生徒と仲良くなり、自分たちの家族にも似た、逸脱した仲間集団を形成して互いの行動を強化し合うという次第になりやすい。おとなになると、仕事を見つけることに苦労し、犯罪に走る可能性が高い。親になっても、同じサイクルを発動しやすい。*13 このような軍拡競争の共進化は、簡単に恒常化し得る。彼らが通常の意味で社会的に病んでいるという事実は、ここでは関係ない。自然界は、多細胞生物を破壊するがん細胞や、サンゴ礁の生態系全体を崩壊させるオニヒトデなど、類似の事例に満ちている。進化は、すべてをよきものにするわけではない！

しかしその弊害のほとんどは、進化論の知見に基づくノウハウを少しばかり知っていれば避けられる。「結果による選択」がどん底に向かう競争になる必要はなく、美徳の共進化のスパイラルにも至り得る。ここでの黄金律は、「よい行ないには十分な報酬を、悪い行ないには最初は穏やかな罰を、必要なら段階的に重い罰を与えるべし」である。これは、エリノア・オストロムが提起する、家族や他のあらゆるグループに必要とされる段階的な制裁を規定したCDP5に相当する。また報酬や罰は、尊敬されているおとなや人気のある仲間などの有意義な他者によって与えられることが肝要である。そのような人から受ける報酬（罰）は、微笑み（しかめ面）のようなごく単純なものであってもよい。

世界平和に関する問題を解決しようとする前に、まずこの問題を解決できるだろうか?

両親や子どもの養育者の多くは、教えられなくてもその種の戦略を自然に用いる。とはいえコーチが必要な者もいる。より正確に言えば、積極的な介入という形態で、これまでにはなかった一連の結果を生じさせることで自己の行動を新たに形作る必要がある者もいる。問題を抱える家族がスーパーナニーの訪問を受けるというリアリティ番組は（『スーパーナニー』はイギリスのリアリティ番組）、台本に基づくとはいえ現実からまったくかけ離れたものではない。『スーパーナニー』の背景をなす科学についてもっとよく知りたい向きには、トリプルＰ（肯定的な養育プログラム（Positive Parenting Program））というウェブサイトを訪問することをお勧めする。[*14] トリプルＰでは、世界中の人々が、トニーのような研究者が行なった科学研究を参照することができる。そこで学べるヒントには、「計画的な無視」「質の高い時間を過ごす」「学習環境の形成」などが含まれる。子どもの望ましくない行動に無反応でいることで、その子どもに何か別のことをするよう促せる（「計画的な無視」）。とりわけ質の高い時間を過ごすことができ（「質の高い時間を過ごす」）、粋なことや興味深いことが学べるのであれば（「学習環境の形成」）、より肯定的な行動を強化することができるだろう。ヒントの一つ「タイムアウト」は、よき態度を強化するための他の試みがすべて失敗したときにのみ実行すべきものである。家庭生活が円満である限り、それを実行する必要はない。

これらのヒントが子どもを操る戦略であるように思えるのなら、私たちはつねに、何らかの方法で互いを操っているのだということを思い出されたい。そもそも人間は、社会的な相互作用の産物なのだ。「操作」という言葉が、より中立的な用語の「社会的相互作用」に比べて邪悪に響く理由は、それが利己的な目的のために、相手の利益に反して誰かの行動に影響を及ぼすことを含意しているからだ。「操作」の持つこの側面こそ避けるべきものであり、第6章で取り上げたＣＤＰが防ごうとしているものなのである。善行ゲームに見たように、幼い子どもでさえ、ＣＤＰによって統制された社会環境の恩恵を受けられる。そしてそれは、学校のみならず家庭にも当てはまる。

トリプルPサイトにあげられている事例に邪悪なものは何もない。たとえば、ある離婚した父親は、八歳の息子を、かんしゃくを起こさせずにディズニーランドに連れていけることを感謝している。トリプルPのコーチングを受ける前は、「息子に私がしてほしいことをさせたり、私の話に耳を傾けさせたりすることが非常に困難で、そもそも一緒にいることさえむずかしいこともありました」。彼の報告によると、トリプルPのコーチを受けたあと、息子との関係は「混沌から平和」へと変わったのだそうだ。

科学にしっかりと根づいた方法を用いるトリプルPは、事例の紹介や一人親家庭との協力以上のことも行なっている。トニーの同僚で、サウスカロライナ大学心理学部教授のロン・プリンツが行なった大規模な研究について考えてみよう。[*15] ロンは、面積と人口が互いに似通ったサウスカロライナ州の一八の郡を取り上げ、そのうちからランダムに九つの郡を選んでトリプルPのコーチングを受けさせ、残りの九つの郡を比較対照群に割り当てた。ちなみにこの研究は、前章で取り上げた、カウフマンと私がリージェンツアカデミーで行なった実験に類似するランダム化比較試験だが、規模は私たちの実験よりはるかに大きい。

どうすれば、郡全体を対象にトリプルPのコーチングを受けさせることができるのか？ ロンはマルチレベルのアプローチをとっている。レベル1では、マスメディアを介して両親と、養育方針をまったく考慮せずにコンタクトをとった。レベル2では、保育士や社会福祉士のアドバイスを両親に提供した。彼らは両親と頻繁にコンタクトをとり、短時間の相談や九〇分のセミナーなどといった形態でアドバイスを与えた。レベル3では、問題行動を呈している子どもの両親に、より集中的な訓練を施した。追加のレベルでは、親の抑うつ、夫婦間の不和などといったより広範な問題に対処するための訓練を家族に施した。どのレベルの目的も、子どもの不愉快な行動を強化する負の循環から、向社会的な行動を強化する正の循環へと抜け出せるよう両親を支援することにあった。このマルチレベルアプローチの利点の一つは、もっとも介入が必要とされる家族に無用な烙印《スティグマ》を押すことがない点にある。彼らは、あらゆる人々に提供されているアドバイスを受けたにすぎないからだ。

それらすべてを九つの郡で実施し、一八の郡で結果を追跡することは、並大抵の仕事ではない。しかし得られた結果は、その努力に値する。比較対照群と比べると、トリプルPを実施した郡は、実証された児童虐待、児童虐待に起因する子どもの養育の家庭外委任、病院報告による子どもの負傷の件数が少なかった。実際の数値で示すと、トリプルPは一〇万人のコミュニティに換算して、児童虐待を六八八件、児童虐待に起因する子どもの養育の家庭外委任を二四〇件、病院報告による子どもの負傷を六〇件減らすことができた。第三者の査定による費用対効果の控えめな見積もりによれば、トリプルPに一ドル費やすごとに、それによって防止できた問題の対処に費やさねばならなかったはずの六ドル以上が節約された。

トリプルPの実施は簡単ではないが、その努力は最終的には確実に報われるはずだ。そしてトリプルPは、トニーが『養育効果』で取り上げている、効果がすでに実証されている介入プログラムの一つにすぎない。トニーの言葉を借りると、ひとたび進化論的観点に基づいて社会的相互作用の産物として個人を見るようになれば、私たちは何が機能するかがたちどころにわかるようになるだろう。

精神分析ではない

ネバダ大学リノ校の心理学部教授スティーヴン・C・ヘイズを紹介しよう。スティーヴは、三五冊の著書と五〇〇本の論文を著した、世界でもっとも多産、かつ広く引用されている心理学者の一人だ。彼は、二〇〇六年に『タイム』誌によって六頁にわたり取り上げられた、アクセプタンス&コミットメント・セラピー（ACT）と呼ばれる心理療法でよく知られている。彼が著したACT自己啓発書『自分の心から自由になって人生を送る（Get Out of Your Mind and into Your Life）』は、これまでに五〇万部以上売れている。*16

20 世紀の偶像の一人ジークムント・フロイトの考えは、現代の進化論の観点からの相当な書き直しを必要としている。

スティーヴに会う前の私を含む多くの人々にとって、心理療法は、効果が現れるのが遅く、非効率で、非科学的だという評判が頭に入っている。私の母親は、フロイトの精神分析の熱心な支持者で、成人してからのほとんどの期間を、一週間に一度精神分析医のもとに通いながら過ごしていた。彼女はその経験から何かを得ることができたと感じていたが、その種のセラピーが科学的に精査されると、牧師や思いやりのある友人と話す以上の効果はないことが証明された。[*17] フロイトは医師だったが、彼の方法はまったく科学的ではなかった。彼の無意識の理論は明らかに何かをつかんでいたとはいえ、自分の考えを単なる思索以上のレベルに引き上げることのできる技法を、彼はまったく持ち合わせていなかった。

それとの比較として、ここでスティーヴが書いた一本の論文について考えてみよう。[*18] アメリカで学ぶ外国人留学生は、強いストレスを受け、それが不安障害やうつ病となって現れることがある。スティーヴと同僚たちは、ネバダ大学で学んでいる七〇人の日本人留学生を集めて、二つのグループにランダムに割り当てた。第一のグループの被験者は、スティーヴが著した自己啓発書を読み、そこに書かれていることを実践した。第二のグループの被験者は、二か月の待機期間を置いて同じことをした〔待機期間を置いた理由については次段落を参照〕。スティーヴらは、GHQ精神健康調査票や、うつ、不安、ストレス尺度（DASS）などの広く流布している評価ツールを用いて被験者の身体の健康や心の健康の状態を追跡した。

研究に参加した日本人留学生は強いストレスを受けており、ほぼ八〇パーセントがDASSの一つ以上の診断項目で病態識別値《カットオフ》を超えていた。両グループに属する被験者とも、スティーヴの著書を読んでその内容を実践したあとでは、ストレスの程度が平均して低下した。第一のグループの改善の要因がスティーヴの本を読んだことに特定されてから二か月が経過するまで、第二のグループには改善が見られなかったが、この事実は、両グループに同時に影響を及ぼし得る未知の要因が存在する可能性を排除した。被験者を二つのグループに分け、おのおののグループの実験開始の時期をずらした理由は、そもそもそこにあった。

ＧＨＱやＤＡＳＳを用いることで、スティーヴは同じ測定尺度を用いた他の研究の結果と自分の研究の結果を比較することができた。彼はこの比較に基づいて、セラピストとはまったく面談せず彼の著書を読むだけの「ビブリオセラピー」を実践すれば、訓練されたＡＣＴセラピストと面談することによって得られる改善のおよそ三〇パーセントを享受できると、厳然として主張することができた。さらには、バーンアウト症候群〔仕事に没頭してきた人が意欲を失う症状〕に苦しむ公立学校の教師を対象にした別の研究で、類似の結果を得た[*19]。たいていの自己啓発本のカバーには、「あなたの悩みを癒やします」などといった能書きが躍っているが、スティーヴはそれを証明することができたのだ！

スティーヴの他の科学論文や、他の著者の数百本の論文を読んでみれば、心理療法は、効果が現れるのが早く、効率がよく、科学的であることがわかるはずだ。さらには、ＡＣＴの「Ｔ」は、「セラピー（Therapy）」に加え「訓練（Training）」をも意味し得ることに気づけるだろう。いかなる技量の運動選手であろうとコーチングの恩恵を受けられるのと同じように、現在の心的機能がどんな状態にあろうと、あなたもＡＣＴや関連する技法の恩恵を受けることができるだろう。

ＡＣＴは、どんな構成要素のおかげでかくも印象的な結果をもたらせるのか？　スティーヴは、Ａ

CTを個人的な進化を管理するプロセスとして次第にとらえるようになっていった。[20] それがいかに作用するのかを理解するために、絶望して「正常な」人々をうらやむようになった人を想像してみよう。私たちは、あたかも脳がまともに機能していないかのように、そのような人を異常と見なすことに慣れている。ここで、その人物は、身体組織にいかなる問題も抱えていない可能性を考えてみよう。つまり彼は、他の誰もと同じ、基本的な心の装置を備えているものとする。唯一の問題は、進化が彼を自分が望んでいない方向へと導き、それが不快感を引き起こしていることだ。だがそれに関する知識が少しでもあれば、進化は解決手段にも転じ得る。[21]

他のあらゆる形態の進化と同様、個人の進化は、変異と選択を必要とする。他のあり方で振る舞わないのなら、それは同じことをし続けるということだ。他のあり方で振る舞えば、私たちが行なった行動はたいてい以前とは異なる結果を生むだろう。そしてそれは、快や苦痛、社会的な承認や拒絶などといった形態で本人に体験される。遺伝的進化が私たちに与えてくれた複雑な装置は、その結果に基づいて次回は最大の報酬が得られる行動をとるよう、また厳しい懲罰を受ける行動を抑えるよう私たちを仕向ける。このメカニズムの大部分は意識的な気づきの埒外で作用するので、私たちは、そのようなことが起こっていることを知らないはずだ。

適応度地形と呼ばれる視覚的なたとえがある。このたとえは、進化論思考において由緒ある歴史を持ち、個人の進化のプロセスが、いかにその人を絶望的な状況に陥れるのかを説明することができる。[22] たくさんの丘と谷が存在する地域で暮らしているとしよう。丘には非常に高いものもあれば低いもののもある。あなたの唯一の望みは、上へ上へとのぼることで、高くのぼればのぼるほどそれだけあなたは嬉しくなる。そのようなわけで、あなたはとある丘の斜面を喜々としてのぼり始める。それが高い丘なら、あなたはとても嬉しくなるだろう。低ければ、頂上にたどり着くと、あたりを見回しながらがっかりする。遠くには、もっと高い山がいくつも見える。しかしどの方向に一歩を進めても、今立っている丘を下るしかない。

仕事に取りかかるよりベッドに横たわったままでいるほうがよほどましだと思い込む、ふさぎ込んだ人々がいる。がまんするより、何が何でも次の一杯を手に入れようとするアルコール依存症患者や、パニック発作を避けるためなら何でもする、不安障害に苦しむ人々がいる。彼らは皆、他のいかなる手段よりも見返りが期待できる行動を選択することで適応的に振る舞っているのだ。だが問題は、彼らが非常に低い山の頂に立っていることにある。

幸いにも、この問題には解決方法がある。というのは、上がることや下がることに関する私たちの知覚は、それをどう考えるかによって変化するからだ。ACTは、この見方を一つの手段として、B・F・スキナー流の行動主義の伝統を踏まえつつそれを乗り越え、フロイトの考えの妥当な部分を取り込みさえする。私たちが持つ象徴的思考能力は、非常に際立ったものであり、おそらくは人間独自のものなのかもしれない。他のほぼすべての動物では、心の連関は、環境の連関に密接に関係している。ラットがチーズを「チーズ」という言葉に結びつけるのは、実験者がそれら二つをペアにして提示したときに限られる。それに対して私があなたに、実物を見せずに何百万回も「チーズ」と言えば、あなたは私を殴るだろうが、その言葉が実物のチーズに関連していることを忘れたりはしないだろう。「トロール」などといった、現実世界には存在しないものを指す言葉さえある！

要するに、私たちは皆、外界に加えて私たちの頭の内部の象徴的な世界にも住んでいるのである。フロイトの偉大な貢献の一つは、「外界に直接的に対応しない何かが、なぜ進化したのか」という謎をつきつける内的世界の存在を認め、探究の糸口をつけたことにある。現代の進化論的観点から引き出せる答えは、「私たちの頭のなかのあらゆる象徴的関係は、外界で生じる一連の行為に帰結する」というものだ。トロールは現実世界には存在しなくても、それに対する信念は行動を変える。もっと一般的な言い方をしよう。あなたの頭のなかにある象徴の世界を「象徴型《シンボタイプ》」と、また測定可能なあなたの行動を「表現型《フェノタイプ》」と呼ぶとすると、「象徴型・表現型関係」と言うべきものが存在する。なおこの言い方が有用なのは、「各人の持つ一連の遺伝子（遺伝子型）は、それに対応する一連の測定可能な特徴（表現型）に帰結する」という意味の「遺伝子型・表現型関係」という、遺伝的進化の研究で使われている用語に沿うものだからである。[*23]

このような遺伝子と象徴の比較は、心理療法には大きな意義がある。遺伝子について私たちがどのように理解しているかを考えてみよう。生物がそれぞれ異なるのは、その生物独自の一連の遺伝子を備えているからだ。加えて、有性生殖を行なう生物では、各個体は遺伝子組み換えによって遺伝的に独自なものになる。遺伝子同士の関係や遺伝子と環境の関係が非常に複雑であるにもかかわらず、たった一つの変異が、異なる表現型に結果する場合もある。私たちはこの事実を利用して、疾病の治療や能力の向上のために外科的に遺伝子型を変える遺伝子治療に着手しつつある。象徴型が表現型に類似するのなら、心理療法にも同じことが当てはまるだろう。ここで、心理学の文献を渉猟してその証拠を探してみよう。

一例をあげよう。あなたは大教室で行なわれる心理学入門講座を聴講する大学生だったとしよう。教授はあなたに、一週間おきに三度、自分が経験した人生の重大事について一五分でまとめよという興味深い課題を出す。あなたには知らされていないことだが、この課題は、ランダムに選ばれた半分の受講生にしか与えられておらず、もう半分の受講生には、同じ条件で、スポーツやそのとき開催されているイベントなどの比較的中立的な題材についてまとめよという課題が出されている。

この実験は、テキサス大学の健康心理学者ジェームズ・W・ペネベーカーの手で何度も行われている。[*24] その結果は驚嘆すべきものだ。自分の人生の重大事について書いた学生は、中立的なトピックについて書いた学生と比べて、よい成績を収め、その学期を通じて病気にかかることが少なかった。つまり、専門のコンサルタントの助言なしに、四五分間の自己カウンセリングを行なっただけで、自己の進化をよい方向に導くようなあり方で自分の生活について考えられるようになったのである。

もう一つ例をあげよう。あなたは、大学に入ったばかりの新入生だったとしよう。大学生活はエキサイティングだが、不確実さに満ちている。友だちはできるだろうか？　高校の頃と同じくらいよい成績がとれるだろうか？　そこであなたは、四年生に新入生だった頃の経験を振り返ってもらう調査の結果を知ることのできる研究に参加する。四年生の報告では、彼らも新入生の頃は、あなたと同じように不確実さを感じたが、すぐに順応してあとは順調そのものだったのだそうだ。その調査によれば、この結果は男女の別、人種の別に関係なく当てはまった。

次にあなたは、その調査の結果が自分の経験にいかなる影響を与えたかについて短い文章を書き、未来の新入生が大学生活に順応するにあたって参考になるようビデオカメラの前で朗読せよと言われる。この課題の遂行には一時間ほどかかる。それから一週間、あなたは毎日、自分の経験や、それについてどう感じたか（大学への帰属感など）を尋ねる短い調査票に記入するよう求められる。あなたは知らないことだが、比較対照群に割り当てられた学生も同じ課題を与えられていた。ただし調査票の質問内容は、大学への順応ではなく社会政治的な態度に関するものであった。

この実験は、スタンフォード大学のグレゴリー・M・ウォルトンとジェフリー・L・コーエンの手で行なわれている。[*25] 文章を書くことと朗読は、調査の結果を内面化するよう学生を仕向ける巧妙な手段であった。三年後に参加者が四年生になったとき、彼らは大学卒業時の調査に答え、学業成績証明書を提示するよう求められた。

驚くべきことに一時間の介入は、アフリカ系アメリカ人の学生には変化を促す効果をもたらしたが、ヨーロッパ系アメリカ人にはもたらさなかった。比較対照群やそれ以外のアフリカ系アメリカ人のスタンフォード大生と比べ、実験群のアフリカ系アメリカ人の学力不足者は半分に減った。クラスのなかで成績が上位二五パーセントに入るアフリカ系アメリカ人の割合は三倍になった。健康感や病院に行った回数に関する自己報告に基づくと、アフリカ系アメリカ人とヨーロッパ系アメリカ人のあいだの健康格差は完全になくなった。それもこれも、新入生のときに行なった一時間の介入のおかげなのだ！

介入後の一週間、毎日行なった調査によって、被験者の内面に何が起こったかが明らかにされている。エリート大学に通っているアフリカ系アメリカ人の学生にとって、「私はこの大学の学生なのだろうか？」という疑問がつねに頭を離れずにいる。その思いは、何か悪いことが起こるたびに湧き上がってくる。しかし何か悪いことが起こっても、そのできごとをそのような意味で解釈したりはしないヨーロッパ系アメリカ人の学生には、同じことは当てはまらない。介入によってアフリカ系アメリカ人の新入生は、日常生活で起こったできごとを、自分たちに特異なものとしてではなく新入生にはよくあるものとして解釈できるようになったのである。ウォルトンとコーエンが述べるように、「介入は、（……）帰属感を日々の困難から解き放ったのだ」。進化論の用語を借りると、概念的に遺伝子治療に類似する、ある種の「象徴治療」によって象徴型が変わったのだと言えよう。*26

ここまでの流れを振り返ってみよう。グループレベルをめぐる三章〔第6、7、8章〕を書いた理由は、人間の進化における選択の単位としての小グループの重要性を強調するためである。そして私は、個人が社会的相互作用の産物である点を強調することで、個人を取り上げる本章を開始した。私があなたを対象に、たとえば各年次の成績や、身体や心の健康を測定できるからといって、それらがあなたの本質的な特徴を表していることを意味するわけではない。ジム・コーンの研究は、人間の脳が、個人的な資源と社会的な資源を一体として統合するべく配線されていることを示した。またトニー・ビグランの研究によれば、愛情のこもった養育や向社会性は、人間の福祉の主変数である。そして今や、私たちはウォルトンとコーエンの研究を通じて、大学での成功が帰属感、つまり自分が「彼ら」ではなく「私たち」の一員であるという感覚に依存することを知った。たった一時間の介入で、マイノリティの学生の学力不足者が半分に減ったのなら、弱者の立場にある学生の帰属感を向上させるもっと包括的な試みを実施すれば、どれほどの効果が生まれるのだろうか？

ここで重要なのは、帰属しているという認識である。ウォルトンとコーエンは、被験者の生活を変えるようなことは何もしていない。被験者の世界観を変えただけであり、それは、「何が観察可能なのかは、理論によって決まる」という本書のもう一つの主要なテーマにも関係する。適応度地形のたとえに戻ると、地形は自分がそれをどう考えるかによって変わり得る。ある見方をとれば、あなたはちっぽけな丘の頂に立って、もっと高い丘の頂上に立つ人々を羨望のまなざしで見ているにもかかわらず、どの方向に一歩を進めても丘を下るしかないためにそちらの丘に行けずにいるかもしれない。だが、別の見方をとれば、自分が巨大な山塊の中腹にある小さな丘に立っていることにただちに気づけるだろう。丘をのぼるにつれさまざまな障害を迂回しなければならないが、その一歩一歩があなたを丘の頂上へと連れていってくれる。ＡＣＴやそれに関連する療法がしてくれることも、それと同じだ。多くの時間をかける必要はなく、さまざまなあり方で、帰属感を含めた心の健全性を向上させることができる。

ＡＣＴは、個人の進化における変異の部分と選択の部分の両方に対して作用する。変異の部分は、

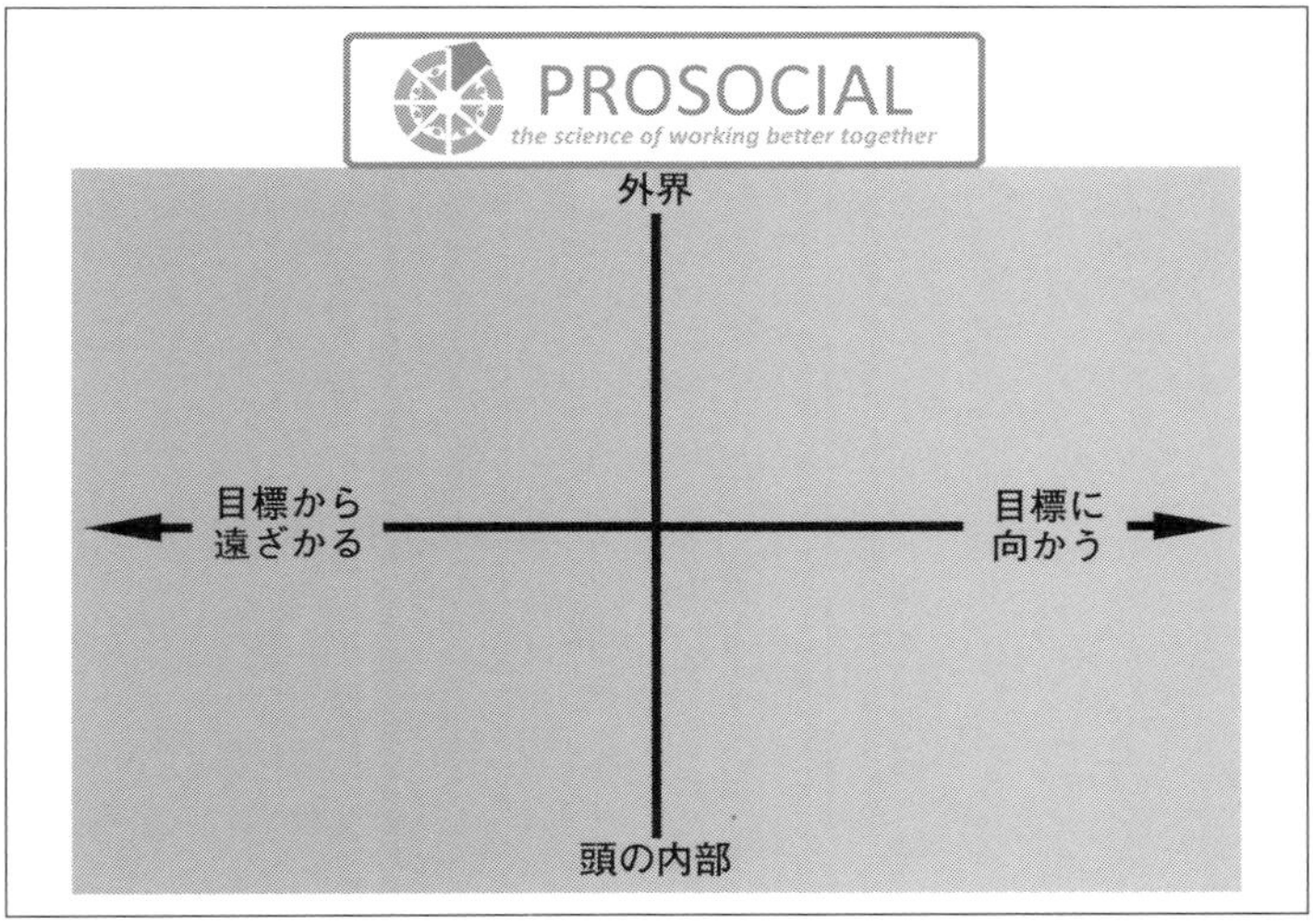

マトリックスは迅速に行なえるACT訓練の一つである。自分の未来を進化させる準備を整えよう。

心理や行動の柔軟性の改善、つまり自分に馴染みの決まりきった行動に執着するのではなく、新たな方法を試してみることを求める。選択の部分は、自分の人生で何がほんとうに重要なのかを熟慮して、自分にとって価値があると見なす目標に導いてくれる行動を選択することを求める。

とりわけ即効性があるACTとして、空間を四つの象限に分割するマトリックス（上図）があげられる。[*27] この空間の下半分は象徴型、すなわちあなたの心の内なる思考や感情の世界を、また上半分は表現型、すなわち外界で生じる行動を表す。右半分は、価値があると自分が考えている目標にあなたを導いてくれる思考、感情、行動を、また左半分はそのような目標から遠ざける思考、感情、行動を示す。右下の象限から始めよう。自分の人生で何がほんとうに重要なのかを少し考えてみよう。たとえば、自分にとって非常に大切な人について考えてみるのである。その人物がなぜ重要なのか？　彼（女）に対していかなる肯定的な思いや感情を抱いているのだろうか？　白紙にマトリックスを描き、右下の象限にそれについて思い浮かんだ言葉を書き込んでみよう。

　次に左下の象限に移り、他の側面では大いに愛情を抱いていたとしても、その人に対して何か否定的な思いや感情を持っていないか考えてみよう。その人が自分以外の人に関心を向けたために、あなたは嫉妬を感じているのかもしれない。あるいはその人のちょっとした癖にいらだったり、過去の行動を許せなかったり、自分の邪魔をしたことに腹を立てているのかもしれない。左上の象限に移ると、その種の否定的な思いや感情が、その人と築きたいと考えている関係から、いかにあなたを遠ざける行動として現れるかを考えてみよう。最後に右上の象限に移り、自分が望む関係の構築へと導いてくれる行動とはいったいどのようなものかについて検討してみよう。それが終わったら、マトリックス上の原点に自分を置き、いつでも構わないので、その瞬間の自分の思考、感情、行動が、マトリックス上のどこに位置するのかを考えてみよう。それが原点から「前に向かう」動きなのか「後ろに向かう」動きなのかを知るだけでも、価値ある目標に向けて邁進するのに役立つはずだ。

　おめでとう！　これで読者は、カウチの背にもたれかからなくてもよい〔カウチの背とは、精神分析に言及しているものと思われる〕ACT無料講座の最初のセッションの受講を終えた。心の柔軟性（変異）が改善され、価値ある目標に向けて自分を導いてくれる行動を選択できるようになったことだろう。つまり意図して自己の進化を導くための第一歩を踏み出したのだ。[*28]

マトリックスは個人として実践する内省手段ではあるが、三つの点で社会的でもある（あり得る）。一つは価値ある人との関係について考察する点で、あえて私がそうするよう促さなかったとしても、どの道あなたは自分の社会的関係について振り返ったことだろう。

二つ目に、スティーヴらは、次第に個人をさまざまな人格《ペルソナ》の集合としてとらえ始め、自己の内面の敵対的ではなく協調的なペルソナ同士の相互作用を選択する方法としてセラピーを見るようになっていった点があげられる。これは、個人の遺伝子型をさまざまな遺伝子の社会的なグループとしてとらえる見方に類似する。*29

三つ目は、グループが組織的な柔軟性を高め、価値ある集団的目標の達成に向けて前進するにあたって、マトリックスが内省手段として有用であることが示されつつある点だ。前章の末尾で簡単に紹介した、グループを対象とする実践方法では、われわれはCDPを概観するための準備として、マトリックスの実践から始めるようにしている。なお、それについては最終章で詳述する。このようにして、私たちは個人の進化の軌跡のみならず、グループや多細胞社会〔多細胞社会については第8章参照〕の進化を意図して導くことができるのである。

ジム・コーン、トニー・ビグラン、スティーヴ・ヘイズは、彼らが属する専門分野で自身の経歴のピークを迎えている。彼らは自分がたどってきた経歴のどの時点でも、ダーウィンの進化論を自明なものとして受け入れてきたと答えたことだろう。進化する独自の実体として個人をとらえる見方を真に理解していたB・F・スキナーによる行動主義の伝統にもっとも顕著に見られるように、進化は彼らが正式に受けた教育のそこここに姿を見せていた。しかしかつての彼らは、現在理解されているようなあり方で、進化論的な世界観の適用方法を十全に「把握」していたわけではなかった。今から一〇年ほど前になってようやく、各専門分野において、進化がほとんどあらゆる局面に現れる、十分に熟成されたアプローチを発見し、採用し、それに貢献することができるようになったのである。こうして彼らは、ダーウィンが着手した革命を完成させる試みの最前線に立っているのだ。

グループと個人について検討を終えた今や、次にもっと大きな尺度で、そして究極的には地球全体のレベルで何ができるのかを考えてみよう。

第8章

グループから多細胞社会へ

地球の全人口は現在およそ七六億人である。そしてこの七六億人はほぼ二〇〇か国に分かれて暮らしているが、統治状態は国によって大きく異なる。ＮＡＴＯ、国連、ＥＵなどの超国家的な統治機構は力が非常に弱く、国家は国際的な影響力という側面で巨大な多国籍企業と競い合っている。栽培植物や家畜も加え、私たちは野生世界を急速に縮小させている。地球や大気への人類の集合的な影響は、新たな地質時代を指す「人新世」という新語を生んだ。[*1] 地球温暖化に関する科学的な予測は、これまではあまりにも控えめであった。地球は、私たちが恐れていた以上に急激に温暖化しつつある。それにもかかわらず、意思決定者の多くはその見方に否定的な態度を示しており、陰惨な真実を正しく理解している人たちも、どう対応してよいのかがわかっていない。

地球レベルで私たちが直面している問題は、理論的な展望がどうであれ、解決するにはあまりにも巨大かつ複雑すぎると結論づけるのは実に簡単だ。しかし、大きさや複雑さの認識は欺かれやすい。

思い出してほしいのだが、私たちの身体は数兆個の細胞から成り、そのうちの数十億個が毎日入れ替わっている。そして他の無数の生物から成る多様な生態系を宿す一種の惑星として機能している。しかし、ようやくわかり始めてきたことだが無数のきわめて複雑な相互作用が進行しているにもかかわらず、私たちの身体は、少なくとも健康という面では、スイス製の時計を恥じ入らせるほど精確に機能しているのだ。

あるいは次の事実を考えてみよう。およそ一万年前には、大規模な人間社会は存在せず、数千人から成る部族のみが存在していた。ところが地質学的な時間の尺度からすれば一瞬のあいだに、数百万、あるいは数十億の人口を抱える国家が生まれた。超国家的な統治機構は力が非常に弱いのかもしれないが、二世紀前には想像すらできなかった。一万年前に比べれば、地球規模の健全な統治は、すぐにでも手が届きそうなところにあるように思われる。[*2]

「身体」を意味するラテン語（corpus）に由来する英語の用法「コーポレーション（corporation）」が示すように、単一の身体は、健全に機能する人間社会の至適基準《ゴールドスタンダード》である。人間社会は、アリストテレスの『政治学』からホッブスの『リヴァイアサン』に至るまで、古代から単一の身体になぞらえられてきたが、ようやく今になって、この見方を堅固な科学的基盤の上に据えることができるようになった。地球全体を一個の組織として見ることに向けての第一歩は、現在通用している正統教義に挑み、正しい理論を採用することで踏み出せる。

見えざる手は死んだ

異論はあろうが、経済学の歴史を通してもっとも重要な概念は、「レッセフェール」である。[*3] これはフランス語で、「自由放任」を意味する。この言葉の文献上の初出は、知られている限り一七五一年に書かれた文章に見られ、文脈は今日とまったく変わらず、貿易に対する政府の規制に反対するというものだ。当時の政体は絶対君主制で、キリスト教の世界観は疑いを入れないものと見なされていた。「自然の秩序というものが存在する」「政府はその自然の秩序を乱している」「経済の分野でこの問題を解決するためには、ものごとをあるがままにまかせることで自然の秩序に回帰しなければならない」と、当然のことのように主張されていた。

自由放任という概念の歴史におけるそれ以後の画期的なできごととしてあげられるのは、各メンバーが貪欲さのみに動機づけられて行動する蜂の巣に人間社会をたとえる、バーナード・マンデヴィル（一六七〇〜一七三三）の主著『蜂の寓話』の刊行と、[*4] アダム・スミス（一七二三〜一七九〇）による、利己的な関心を社会的に有益な目標に向けて導く「見えざる手」というたとえの提起である。[*5] マンデヴィルとスミスの定義は、同じではない。従来的な宗教家は『蜂の寓話』に憤慨したが、スミスもマンデヴィルの賛美者ではなかった。しかし自由放任という概念のいかなる定義も、自然の秩序という概念、具体的に言えば、各構成要素が知らず識らずのうちに自らの役割を果たしつつ全体としてうまく機能するシステムという概念に依拠している。自然の秩序という概念がなければ、自由放任を正当化する根拠は何もなくなる。

自由放任という概念の歴史における次の画期的なできごとは、誕生しつつあった物理学に啓発されて「社会的行動の物理学」を提唱した、フランスの経済学者レオン・ワルラス（一八三四～一九一〇）の登場であった。この見方には魅力がある。アイザック・ニュートンをはじめとする物理学者たちは、驚くべき精確さで惑星の運動などの自然現象を予測する方程式を考案した。経済システムに関しても、それに匹敵する方程式を導き出すことができればどんなにすばらしいことだろうか？　ワルラスらはこの目標を達成したが、それにあたり、個人の嗜好や能力、あるいは経済的な取引が行なわれる社会環境に関して、多くの単純化された前提を立てなければならなかった。彼らの業績は、今日では「正統派的」「新古典派的」「新自由主義的」などと（まぎらわしくも）呼ばれている経済学派の礎石になった。方程式が機能するために必要な、人間の本性に関する一連の想定は、あたかもそれが生物であるかのごとく「ホモ・エコノミクス」と呼ばれることが多い。

以上はすべて、前ダーウィン時代の話である。第4章で見たように、ダーウィンの理論は自然の秩序という概念に挑戦し、キリスト教の世界観を根本から動揺させた。ダーウィン自身ですら、自分が提起した理論の意義を真に理解するまで長い時間がかかった。当初彼は、自然選択の原理によって、それまでは創造者に帰されていたあらゆる自然の設計《デザイン》を説明できると考えていた。しかし彼は、自分の理論が個体レベルでの機能的設計を説明するにすぎないことに次第に気づくようになった。誠実、勇敢、慈愛などといった道徳的賞賛に値する特徴は、自然選択という文脈のもとでは、グループ内での利己的な態度に比べ不利に作用する。個体レベルで機能的な秩序を生む、まさにその進化のプロセスが、グループレベルでは機能的な無秩序を生んでしまうのだ。彼は、グループ間選択という概念を考案することで、この問題をある程度は解決することができたが、グループ内の個体間の争いからグループ間の争いに目を向け変えることで、自然の階層の少しばかり上位に機能的な設計を刻み込んだにすぎなかった。

現代の経済学が前ダーウィン時代に置かれた礎石に基づいている事実を知る人はほとんどいない。「社会的行動の物理学」という概念そのものが、当時それがいかに魅力的に映ったとしても、まったくの見当違いである。ホモ・エコノミクスという仮定をいくら巧妙に手直ししても、経済学者にかくも大きな権威を与えていると思しき数理体系を救うことはできない。ジョセフ・シュンペーターやフリードリヒ・ハイエク、あるいは彼らの支持者がとった、ダーウィン主義に向けての最初の一歩はまさに始まりにすぎず、しかも彼らの業績から引き出された推論は、間違っていることが多い。経験的な基盤に立って正統派経済学に挑戦する分野である行動経済学も、依然としてティンバーゲンの四つの問いのアプローチを完全に体現しているわけではない。つまり、私たちのよく知る自由放任の概念は、どれほど政治や経済政策に影響を及ぼし続けていたとしても、科学的実証という観点からすれば、死んだも同然である。

見えざる手万歳

絶対君主制の時代には、一人の王の死と次の王の戴冠は「国王は死んだ！　新国王万歳！」という言葉で宣言された。この精神に則って、私は、進化論によって裏づけることのできる新たな自由放任の概念の誕生を祝いたい。それに必要なのは、自然の秩序の概念を選択の単位の概念で置き換えることだけだ。[*6]

自由放任という言葉が、メンバーが全体の利害を念頭に置いていないにもかかわらずうまく機能する社会を意味するのであれば、自然界にはあまたの実例がある。マンデヴィルが人間社会と比較するために取り上げた寓話のミツバチについて考えてみよう。ミツバチのコロニーは全体としてうまく機能しているという彼の指摘は正しい。また、個々のミツバチはコロニーの安寧を念頭に置いて行動しているのではないという指摘も正しい。そもそもミツバチには、人間と同じ意味での心など備わってはいないのだから。しかし彼は、個々のミツバチを利己的に行動する人間のごろつきのように描いている点で、滑稽なほど間違っている。彼の見方とは違い、ミツバチの個体は、各ニューロンが脳の経済に参加しているのと同じように、巣の経済に参加している。

一例をあげよう。蜜の採集を担当する働きバチは、蜜や花粉を運んで巣に戻ってくると、訪れた花が咲いていた小区画の位置と、その小区画が提供する資源の質に関する情報を伝えるべくダンスをするよう（質が高いほどダンスの時間が長くなる）遺伝的にプログラムされている。他の働きバチは、ダンスしている個体を無作為に選んで、その個体が訪れた小区画へと飛んで行く。ダンスごとに継続時間が異なることで、統計的な偏差《バイアス》が生じ、いかなる個体も意思決定を下さずに、最高の小区画へとより多くの個体が集まる。このように個々のミツバチによる無数の断片的な行動が組み合わされることで、コロニー全体が、うまく機能するのである。しかし、コロニーにとって有害な行動はいくらでもある。幸いにも、そのような行動は自然選択という編集室で切り取られる。言い換えると、周囲の環境が呈する手がかりにメンバーが正しいあり方で反応するコロニーは、間違ったあり方で反応するコロニーより、生存や繁殖を効率的に行なえるのだ。その結果生じるのは、典型的な自由放任の社会、すなわち個々のメンバーが全体の安寧を念頭に置いていないにもかかわらず繁栄する社会である。これは、コロニーレベル選択がなければ起こり得ない。コロニーレベル選択は、共通善を損なう個体レベルの無数の行動より、共通善に資する個体レベルの行動を促進する見えざる手だと言える。

それと同じストーリーは、遺伝子、細胞、そして健全に機能する社会の至適基準と見なせる多細胞生物の諸器官にも当てはまるだろう。多細胞生物を低次の構成要素から成る社会と呼んでも、今やそれは単なるたとえではない。私たちは文字どおり、グループのグループのグループであり、生物間選択によって進化した高度な機能的組織体をなすがゆえに、人間は生物としての資格を持つ。またよく観察してみれば、理想的な生物など存在しないことがわかるはずだ。それらの至適基準でさえ、第4章で取り上げたがんの事例に見たように、細胞や遺伝子の相互作用のレベルで、利己的で破壊的な行動として、私たちの言葉ではっきりと認識することのできる有害な行為によって阻害される場合がある。

規制を再考する

ひとたび自然の秩序の概念を選択の単位の概念で置き換えれば、規制の概念を新たな光のもとで見ることができるようになるだろう。規制に関する政治家や経済学者の発言は忘れて、生物学者がそれについてどう語っているのかに焦点を絞ろう。何かを規制することとは、それを高すぎもせず低すぎもしない一定の境界内に保つことを意味する。室温は、サーモスタット、暖炉のような暖房装置、エアコンのような冷房装置によって「規制」されている。サーモスタットは室温を監視し、それを一定の境界内に保つために、必要に応じて暖房装置か冷房装置のどちらかのスイッチを入れる。

生きるために規制が必要な身体プロセスは、ぼう大な数にのぼる。たとえば、体温、血糖値、血中の二酸化炭素濃度、血圧、睡眠サイクル、情動などだ。これは一覧のほんの一部にすぎない。各プロセスには、サーモスタット、暖房装置、冷房装置に相当するメカニズムが備わっている。それらはすべて、効率が悪い、あるいはまったく機能しないプロセスよりも効率的に機能するプロセスを選好する、生物間選択の過程を通して組み込まれたものである。

ミツバチのコロニーでは、規制は少しばかり上方に拡大され、コロニーの個体間の社会的相互作用にも適用される。社会性昆虫を研究する生物学者は、この相互作用を「社会生理」と呼び、それらがコロニー全体の安寧のために統制される点を強調しさえする。巣内の温度の調節を例にとろう。巣の温度が低くなりすぎると、私たちが同様な状況に置かれると震えるように、一部の働きバチは筋肉を振動させて熱を発生させる。反対に巣の温度が高くなりすぎると、私たちが汗をかくように、一部の働きバチは巣から飛び立って水を集め、コロニーに戻って撒く。ミツバチやその他の社会性昆虫のコロニーにおける社会的規制の一覧は、人体で作用している生理的プロセスの一覧と同様、延々と続く。規制のないコロニーは、死んだも同然である。

人間のグループが生物のように機能すべきだとするなら、生物と同じように規制されなければならない。共通目標の達成に資するよう私たちの行動を一定の境界内に抑える、人間の小グループの社会生理とはいったいどのようなものか？　またこの規制メカニズムは、ここ一万年のあいだに起こった人類の文化的進化を通じて、いかに拡大したのだろうか？

わが恥の殿堂

わが人生における些細なできごとを、人間の小グループの社会生理の例として紹介しよう。子どもたちがまだ小さかった頃、私は彼らをボウリングに連れていった。私はめったにボウリングをしない。だから、隣のレーンで誰かがボールを投げようとしているときには、自分はその人が投げ終わるまで待たねばならないことをすっかり忘れていた。私がこのきまりを何度か破ったあと、ボウリング場のスタッフがやって来て、こっそりと、そして丁寧に正しいボウリングの遊び方を教えてくれた。これは些細なできごとでしかないのかもしれないが、私の心のなかは恥ずかしさで一杯になった！　活力は失せ、あわてて子どもたちを連れてボウリング場を立ち去る破目になった。

わが恥の殿堂からもう一つ些細なエピソードを紹介しよう。娘が空手のレッスンを受けるようになったとき、私は、他の親たちと同じように脇にすわってレッスンが終わるのを待つのではなく、彼女と一緒に稽古に参加することにした。すぐに私は空手道場に魅せられるようになった。一人の先生が、オーケストラの指揮者のように数十人を操っていた。生徒はペアになって型を実践し、ケガをしないようにしながら組み合った。ペアは、二人のスキルレベルに応じて一人が先生に、もう一人が生徒になった。ある活動から別の活動への移行は、お辞儀などの儀式を行なって迅速になされた。このようにして、非常に複雑な知識体系が、人から人へと伝えられているのである。

レッスンが終わると、生徒全員が先生の前に整列し、昇級する権利を得た生徒にはその旨知らされた。昇級すれば、生徒の誰もがほしがる、その階級に応じた色の帯を締めることができた。自分の名前を呼ばれた生徒は、前に出て先生と面と向かってお辞儀し、先生の左側に立って一通りの褒め言葉とともに新しい帯を受け取った。ところが私は、黄色い帯を締める権利を手にしたとき、うかつにも先生の右側に立ってしまった。このときも、私は特に叱責されることもなく、やさしく帯の受け取り方を教えられた。しかし、私は今でもそのときの恥ずかしさを思い起こすと、顔から火が噴き出る思いがする。

人生というダンスを踊っているうちに生じる他者との協調にきわめて敏感なのは、私一人ではない。そのことは、私もよく承知している。そもそもそれは、人間の本性の一部なのだから。私たちは、日常生活を十分に行なってきたので、めったにその事実に気づかない。その点では、誰もが黒帯を手にしてきたのだと言える。しかし普通の人なら、文化が違う国々を訪れたとき、あるいは自文化の内部にいても何か新しいことを始めるときには、他者と歩調を合わせることの必要性に鋭敏に気づかざるを得ない。

そのように感じ、行動すべきだとわざわざ教えてくれる人などいない。それは、数千世代にわたる私たちの祖先が、小グループを形成して暮らしてきたことを通じて、遺伝的進化によって私たちに与えられた心理装置の一部なのである。[*7] 規則を遵守しようなどとはつゆほども思わない人は、生存競争に勝てない。同じグループの他のメンバーの否定的な反応のゆえに失敗するか、生存がかかる問題に対して協力し合いながら対処することができないためにグループごと失敗するかのいずれかであろう。

生死がかかる問題は、状況に強く左右される。北極圏で暮らすイヌイット族は、アフリカの赤道直下のジャングル地帯で暮らすムブティ族とは異なる様式で、自己の行動を他者に合わせなければならない。私たちが備える基本的な心理装置は学習されたものではなく、おおざっぱに言えば世界中で共通するものだ。しかしそれは、私たちが学習し、規制し、時代と場所を問わず生存と繁殖に必要とされる、途轍もなく複雑な知識体系を受け渡すことを可能にするものでもある。遺伝的に進化した心理装置がなければ、知識の学習は不可能になる。

まとめると、人間が小グループを形成して協調するためには、身体やミツバチの巣と同様、生物学者が用いる意味での調節〔「regulation」の訳で、政策に言及して用いられている箇所では「規制」と訳している〕を必要とする。大規模社会や、最終的には地球全体へと論を進めていく前に指摘しておくべきことが一つある。身体やミツバチの巣が見えざる手の格好の例になるのは、低次の組織が全体の利害を考慮していないにもかかわらず、うまく機能しているからである。そう言い切れるのは、遺伝子、細胞、ミチバチが通常の意味での心を持っていないからだ。人間の小グループを遺伝的進化における選択の単位として考えることで、低次の組織（個体）が心を持ち、高次の組織（グループ）の安寧に資するべく意識的に行動できるようになる可能性が導入される。もちろんそれは可能性であって必然性ではない。その意味では、人間は遺伝子、細胞、ミツバチと同じであったとしてもおかしくはない。しかしその実現が禁止されているわけでもないのである。名声の獲得とともに得られる個人の利益ばかりに関心を持ち、グループ全体をまったく気にかけないメンバーで構成されるグループを思い浮かべてみることは簡単だ。そのようなグループでも、評判を獲得するには堅実な市民として振る舞うことが求められるのなら、うまく機能することだろう。また、自分の評判だけでなく全員の幸福にも関心を持つメンバーで構成されるグループも、いとも簡単に想像することができる。そのようなグループも、万全に機能することだろう。ではどちらのタイプのグループが、グループ間選択によって生まれやすいのだろうか？　これは、グループレベルの機能の基盤をなすメカニズムをめぐる問いである（【メカニズム】）。もろもろのメカニズムが同じ機能を果たすのなら、どのメカニズムが進化するかは、異なる方法でグルコースを消化するべく進化した、大腸菌のいくつかの個体群と同じように、歴史的な偶然性の問題になる（【系統発生】）。進化論の世界観を直感的に把握できるようになれば、このようなティンバーゲンの四つの問いの相互作用は、自明に思えるようになるだろう。

より大きな規模で考える

環境に迅速に適応する人類の能力はやがて、食物の生産能力の向上が形成可能なグループのサイズを増大させ、それがさらに食物の生産能力を向上させるという正のフィードバックループを導いた。古人類学、考古学、文書記録は、この文化的進化のプロセスに関する化石記録を提供してくれる。特に驚くべきことではないが、大多数の歴史家は、歴史（【系統発生】）に関する問いに焦点を絞り、ティンバーゲンの他の三つの問いにはほとんど注意を払ってこなかった。その例外の一人はハーバード大学の歴史家ダニエル・ロード・スマイルで、著書『ディープヒストリーと脳について（*On Deep History and the Brain*）』で、「ほとんどの世界史の記述はおよそ紀元前四〇〇〇年の中東で始まっているが、これは奇しくも、場所と時期の点で聖書に書かれているエデンの園に近い」と指摘している。[*8] 言うまでもなく、ほとんどの歴史家は若い地球説を唱える創造論者などではない。それならば、彼らは調査の対象にする時間と空間をもっと拡大すべきではないのか？　遺伝的進化の産物としての脳についてもっと知るべきではないのか？　メカニズムという意味で人間がいかに行動するかは、時間と場所を問わずそれによって決まるのだから。

この考えを他の誰よりも先へと進めたのは、歴史家ではなく、ピーター・ターチンという名の生物学者であった。[*9] 彼は、ロシアの物理学者で反体制活動家であったヴァレンティン・ターチンの息子で、一九七八年に父親とともにアメリカに移住し、コネチカット大学で生態学と進化生物学を教える教授になった。専門は個体群動態論である。自然界に存在する生物は数が変動し、繁栄と衰退が定期的に繰り返される場合もあれば、もっと混沌とした状態に置かれている場合もある。そのような変動は、気候などの外的要因とともに、同じコミュニティに属する他の生物との複雑な相互作用を反映している。数理モデルと時系列に沿ったデータを解析する統計ツールを併用することで、個体群生物学者は、レミングやキクイムシなどの生物の繁栄や衰退を巧みに説明してきた。ピーターはその分野で最高の専門家の一人だったが、中年にさしかかった頃、新たな分野に挑戦する決心をした。数理モデルや統計学の知識を人類史の研究に応用するようになったのだ。

あっという間にピーターは、自分の大学と、学問の世界から孤立してしまった。彼が所属する、生態学と進化を教える学部の同僚たちは人類史の研究などまったく眼中になく、逆に人類史を専攻する学部の研究者は、数理モデルや統計ツールを用いようとは夢にも思っていなかった。（マルクス主義などの）歴史を語る数々の壮大な物語《ナラティブ》が現れては消えてきたために、多くの歴史家は、統合的な理論的枠組みを考案する試みを放棄していたのである。

ピーターはそれにめげず、クリオダイナミクスという新分野の誕生を宣言した。ちなみに「クリオダイナミクス」という言葉は、ギリシア神話の歴史の女神《ミューズ》の名前「クリオ」と、諸事象が時系列に沿っていかに変化するかを研究する「ダイナミクス」を合わせたものである。それは一五年前のことで、現在では彼の提起した展望は、かなり実現されたと言える状況になりつつある。彼やますます増えつつある彼の同僚たちのおかげで、今や私たちは、ここ一万年間、文化的進化がより大きな社会を選好してきたこと、そしてそれが現代の超巨大都市の成立を導いたことを理解できるようになった。

またアメリカを、その二五〇年の歴史を通じて調和の期間と不和の期間が交互に生じてきた、繁栄と衰退の社会として見ることができるようになった。歴史を進化の一部として理解して初めて、私たちは過去の国家による支配の試みを超えて、地球規模での人間の活動の規制へと歩を進めることができるのだ。

過去一万年間

ピーターの分析によれば、文化的進化は、遺伝的進化にも似たマルチレベルのプロセスである。学習行動は、同じグループの他の個人より特定の個人に、また、近隣の他のグループより特定のグループに優位性を与えることで拡大していく。[*10] さらには、個人もグループも犠牲にして、リチャード・ドーキンスが唱える「寄生的なミーム」のように、疫病のごとく蔓延することもある。[*11]

人間の小グループで働いている規制のメカニズムは、寄生的な学習行動や、同じグループの他のメンバーを犠牲にして特定の個人に利益を与える行動を刈り取ることに非常に長けている。しかしこのメカニズムは、大規模なグループでもうまく作用するようには設計されていない。したがって最初の農耕社会は、皮肉にも小規模の人間の社会より動物の社会によく似た、専制的なものと化した。専制的な人間社会は、グループ内の他のメンバーを犠牲にして、エリートで構成される小グループに資するよう組織化されている。基本的な交換条件の問題として、専制君主として権力の座に居すわるための条件は、グループが全体としてうまく機能するための条件とは異なる。誰かを力で支配しながら、自分が権力の座にすわり続けられるよう、その誰かに援助を求めても無駄であろう！　したがって専制君主に支配されたグループは、より包摂的なグループとの競争に勝つことがたいていむずかしい。グループ間競争は、さまざまな形態をとる。そこには直接的な戦争も含まれるが、それに限られるわけではない。ダーウィンの主張によれば、自然のもたらす争いは、血を見るような無慈悲なものであるとは限らない。砂漠では、干害に対する耐性を持つ植物は、干害に弱い植物を、両者がまったく接触することなしに打ち負かすだろう。人間のグループの選択にも同じことが当てはまる。格好の例としてあげられるのは、年長者や先祖に向けられた尊敬の念である。高齢者は、グループ内の若くて強いメンバーに簡単に支配されてもおかしくない（グループ内選択）。しかしそのような状況が起こるグループは、高齢者の知識を効率的に活用することができない（グループ間選択）。グループ間での優位性は、干ばつ時にも利用できる水場の位置を記憶している、あるいは直接的なグループ間闘争で勝利に導いてくれる戦略を思い出せるなどといった形態で現れる。

直接的な闘争は、グループ選択がとる唯一の形態ではなく、争いの対象になる何かが存在するときにはいつでも生じる闘争の主要な形態の一つにすぎない。それは、農耕の誕生とともにますます頻繁に起こるようになった。マルチレベル選択は、あらゆるもめごとを円満に解決するわけではない。人類が持つ、グループ内で協力し合う賞賛すべき能力は、おもにグループ間の暴力的な争いのおかげで生まれたという事実は、否定しがたい。今後もそうであってほしいとは誰も思わないとしても、それが過去の事実である点に変わりはない。

ピーターに従って、粘土板や石版に刻まれた記録をもとに、人類史のなかから二つの時期における事例を取り上げよう。一つは、紀元前一一一四年から紀元前一〇七六年にかけてアッシリア帝国を支配したティグラト・ピレセル一世に関するものである。

それから私は、わが主アッシュール〔アッシリアの国家神〕に貢物や贈り物を献呈しようとしない反抗的なコムカの国に行った。私はコムカの国全体を征服し、彼らの家財や富や貴重品を簒奪した。そして都市を焼き払い、破壊し、廃墟にした。森のなかでは、野獣のように戦う彼らの兵士を打ち負かした。死体はチグリス川にあふれ、山の頂を覆った。（……）わが帝国の重いくびきを、彼らに科した。

次は、紀元前二六八年から紀元前二三九年にかけて、現在のインドとパキスタンに相当する地域を統治していたマウリヤ朝を支配したアショーカ王に関するものだ。

わが親愛なる神はかくのたまう〔この部分は、冒頭に置かれる形式的な言い回しと思われ、以下の内容とは特に関係がない〕。このダルマ勅令は、わが戴冠後二六年が経って書かれた。わが行政官は数十万の人々と働いている。嘆願の聴取と正義の執行は、彼らが恐れることなく自信を持って自らの義務を遂行できるような方法で、また、この国の人民の福祉、幸福、利益のために働けるような方法で、彼らの手に委ねられている。しかし彼らは、何が幸福や悲しみをもたらすのかを、またダルマに仕える者として、同じことをするよう国民を鼓舞すべきことを、そしてこの世でも来世でも幸福を達成することが可能であることを心得ておくべきである。

どちらの皇帝も得意げな様子で書いていることはさておき、両者が自慢の対象として選んだものは、前者では野蛮な専制君主の文化について、後者ではより穏健な包摂的社会について雄弁に物語っている。マウリヤ朝に限らず同時期のユーラシア全体で、（他の地域と比べて）社会正義が開花したのはなぜだろうか？　ピーターによれば、その理由は戦争の廃絶にあるのではなく、戦争の規模の拡大にあるのだそうだ。

自分を神と宣言する専制君主のいばり屋戦術は、社会が一定の規模を超えるとうまくいかなくなる。王にも説明責任を求める比較的公平な社会を築くためには、次のレベルの社会組織、すなわち数百万平方キロメートルの広さと数千万の人口を擁する帝国が必要とされる。いわゆる枢軸時代（おおよそ紀元前八世紀から紀元前三世紀にかけての時代）に進化した宗教、哲学、制度は、そのような大規模社会の維持を可能にする「社会生理」を提供した。それには、インドにおける仏教の、中国における道教と儒教の、そしてローマ帝国におけるキリスト教の拡大が含まれる。これらはすべて、大規模なグループ間競争に勝つために必要とされるグループ内の協調を促進するための、独自の解決手段として誕生したのである。

グループ間選択は、つねにグループ内選択を凌駕するというわけではない。人類史を詳細に分析すると、両プロセスとも作用していることがわかる。帝国は、恒常的にグループ間戦争が生じている地域で成立しているが、グループ間戦争は、協調的な社会の文化的進化のるつぼとして作用する。ひとたび他のグループより大きな規模で協調し合うことが可能な社会が出現すれば、その社会は拡大して帝国になる。すると帝国内で文化的進化が生じ、利己的な行動やさまざまな形態の派閥主義が選好される。やがて帝国は、がんが全身に広がった生物のように崩壊する。ターチンによれば、旧帝国の中心は、協調を欠く不毛な文化的荒野に成り下がる。新帝国はたいてい旧帝国の辺縁地域で誕生し、中心ではめったに生まれない。社会は過去一万年を通して徐々に拡大してきたが、その軌跡は滑らかで連続的な曲線を描いてきたわけではない。そこではレベル間の綱引きが生じ、総体としては高次の選択が支配するとはいえ、逆行を含め紆余曲折を経てきた。この綱引きは現在でも生じており、その証拠は、見る目を持ってさえいれば至るところに見つかるはずだ。

マルチレベル選択と現代

人類は、一万年にわたるマルチレベルの文化的進化を経て現代に至った。現在では、さまざまな大きさの国家がおよそ二〇〇あり、程度に差はあれ共通善のために規制を行なう能力を持っている。二つの小さな国、ノルウェーと赤道ギニアについて考えてみよう。両国とも石油資源に恵まれている。ノルウェーが（一兆ドル以上の価値がある）その資源を活用して、市民のために世界最大の厚生年金基金を創設したのに対し、赤道ギニアは、大統領やその家族、ならびに小規模のエリート集団のために使っている。それ以外の国民の平均寿命は五一歳であり、七七パーセントの国民は一日あたり二ドル未満の収入で暮らしている。

このことからも、あるいはその他多くのことからも、ノルウェーは赤道ギニアよりはるかにすぐれた組織体（生物のように機能する社会）と見なすことができる。[*12] 政治史家のダロン・アセモグルとジェイムズ・ロビンソンが著した『国家はなぜ衰退するのか——権力・繁栄・貧困の起源』[*13] や、社会科学者のリチャード・ウィルキンソンとケイト・ピケットが書いた『平等社会——経済成長に代わる、次の目標』[*14] は、国民に充実した生活を提供する能力に関する国家間の相違を測定し診断している。左にあげるグラフは『平等社会』に掲載されている多数のグラフのなかから抜粋したもので、健康と社会をめぐる問題を示す指数を収入格差の度合いに関連づけている。北欧諸国は、日本、スイス、オランダとともに、分布の「よいほう」の極に位置する。イギリス、ポルトガル、アメリカは「悪いほう」の極に位置し、アメリカに至っては、収入格差でも、健康と社会に関する問題でも、他の国々から大きくかけ離れている。このグラフや、著者たちのもっと一般的な診断によれば、アメリカは自国を組織体としてうまく規制できていない。

これらの本や関連する本は、すでに広く読まれており、政治や経済の分野で議論されている。政治経済学者のフランシス・フクヤマは、「デンマークに近づく」という言い回しで、国家が、「悪いほう」の極から「よいほう」の極へと移行する道をいかにたどれるかという問いを提起している。[*15] 現代

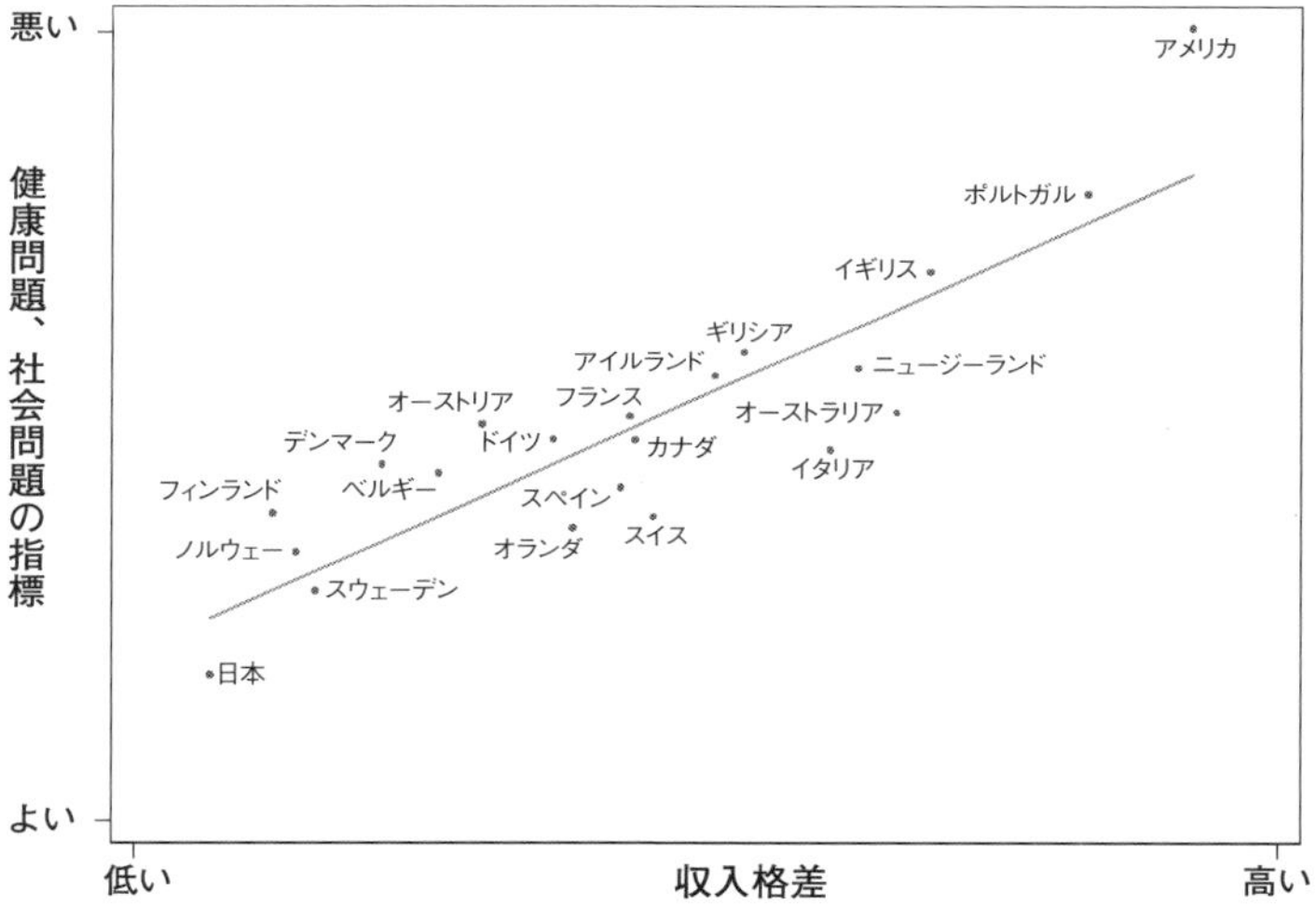

現代の諸国家には、組織体としてどの程度うまく機能しているかに関して著しい差がある。

のアメリカの統治方式を擁護する人々は、アメリカがこのグラフによって示されるほど状況が悪化していない理由や、北欧諸国との比較が不適切である理由を並べ立てることができるだろう。北欧諸国は、アメリカに比べればとても小さい！ 文化的に同質的だ！ ノルウェーには石油がある（あたかもアメリカにはないかのように）！

上記の著者たちが正しく認識し始めているように、ティンバーゲンの四つの問いに基づく分析は、その種の議論に大きな価値をつけ加える。【系統発生】に関する問いは、文化的進化が、他のいかなる形態の進化とも同様、その経路に高度に依存することを認識させてくれる。文化はいかなる方向にも変化できるというわけではない。系統発生の経路が異なり得るということは、社会的プロセスを規制する異なったメカニズムが進化し得ること（【メカニズム】）、そしてさまざまな方法で、それらのメカニズムが世代間で受け渡され得ること（【個体発生】）を意味する。「国造り」が少しでも可能なら、【系統発生】【メカニズム】【個体発生】に関する問いに、これまで以上に注意を向ける必要がある。

「デンマークに近づく」ことは途轍もなく困難であるにせよ、ティンバーゲンの四つの問いは、いかなる国家も従うべき青写真を提供する。どんな国家であれ、個人や特定の集団による破壊的で利己的な行動を抑えられるように組織化されていなければならない。また、さまざまな文脈で、たとえ欺瞞が問題ではなかったとしても、正しい行動を導くようなあり方で組織化されている必要がある。生物学的な意味で規制がうまく機能していないと、その国家は、先に示したグラフの右上の状態に至ってしまうだろう。

国家間の比較がむずかしいのは、各国とも【系統発生】【メカニズム】【個体発生】に関して独自の経緯を持つからである。おそらくアメリカは、ノルウェーやデンマークのようには決してなり得ないのだろう。また、そうなる必要もないのかもしれない。ただかつてのアメリカと同じ状況に戻ればよいだけなのかもしれない。

アメリカにおける統合と不和の時代

一つの国家を対象とした歴史的変遷の分析は、国家間の比較につきまとう多くの問題を回避するのに役立つ。アメリカはいつのときにも不平等な国だったわけではない。かつては先のグラフの分布で逆の側に位置していたことがある。しかも二五〇年の歴史のなかで一度のみならず二度も。それどころか着眼点さえわかれば、ヨーロッパ人によるアメリカの植民地化の歴史から、文化的なマルチレベル選択について貴重な教訓を得ることさえできる。

アセモグルとロビンソンが『国家はなぜ衰退するのか』で語っているように、スペインやポルトガルは、中南米を植民地化したとき、すでに階級制をとっていた社会に遭遇した。そして自分たちが新たなエリートになって、住民全体ではなく自己の利益のために支配することができた。この「搾取的」な社会組織は現在まで続いており、搾取的な形態の統治の根深さを示している。中南米のほとんどの国は組織体としてうまく機能しておらず、今までもつねにそうであった。文化的DNAの一部になっているとも言えよう。

一六〇七年にバージニア会社によって設立されたコロニー、ジェームズタウンをはじめとするアメリカにおけるイギリスの最初の植民地も、ネイティブ・アメリカンを支配する意図を持っていた。それに失敗すると、彼らはイギリス人労働者を輸入して仮設小屋に住まわせ、食糧生産に携わらせることで、ヨーロッパの封建社会を新大陸で再現しようと試みた。逃げようとした労働者は、奴隷のように処刑された。しかし新大陸のイギリス人労働者は、他の選択肢を持っていた。処刑の恐れがあっても、植民地を去って辺境開拓者になることができたのである。実際、その選択肢をとった者は多かった。そして一六一八年には、植民地は生き残りのためにより公平な社会組織を採用せざるを得なくなっていた。男性の開拓移民すべてに、一定の土地区画が譲渡され、植民地を統制する法や制度に関して発言する権利がすべての成人男性に与えられた。こうして小グループ規模の文化的進化が短期間に集中して生じたことで、搾取的な社会組織は、少なくとも白人の成人土地所有者にとっては包摂的な社会組織に取って代わられたのである。この経験は、やがてアメリカ合衆国として統合されることになる一三の植民地のおのおので繰り返された。中南米諸国とは対照的に、（少なくとも白人男性にとって）アメリカが活気に満ちた民主主義社会に発展した理由は、まさにそこにある。

残念ながら合衆国憲法に基づく権力分立は、特定の人々が他者や国家全体を犠牲にして利益をむさぼる社会的プロセスから、生まれて間もない国家を完全に守ることはできなかった。不平等社会へのアメリカの急転回を明瞭に見て取るためには、アセモグルとロビンソンの著書『国家はなぜ衰退するのか』で示されているもののような歴史的な物語《ナラティブ》から、ピーター・ターチンのクリオダイナミクスのアプローチに移行する必要がある。左のグラフは、ピーターの最新刊『不和の時代――アメリカの歴史の構造的、人口統計学的分析（Ages of Discord: A Structural-Demographic Analysis of American History）』から抜粋したもので、黒の実線は福祉指数を示す。これは、『平等社会』から抜粋したグラフ（二五五頁）のY軸に類似する（ただし極性は逆になっている〔左の図では上にいくほど福祉の程度が高い〕）。福祉指数は高い状態で始まり、一八三〇年代にピークを迎えるまで上昇し続けている。この期間は歴史家によって「好感情の時代」と呼ばれ、フランスの外交官で社会理論家のアレクシ・ド・トクヴィルが、一八三一年にアメリカを旅行したときの体験をもとに著した『アメリカのデモクラシー』によって理想化された。

その後、福祉指数は落ち始める。歴史家によって「金ぴか時代」と称される一九〇〇年のアメリカ

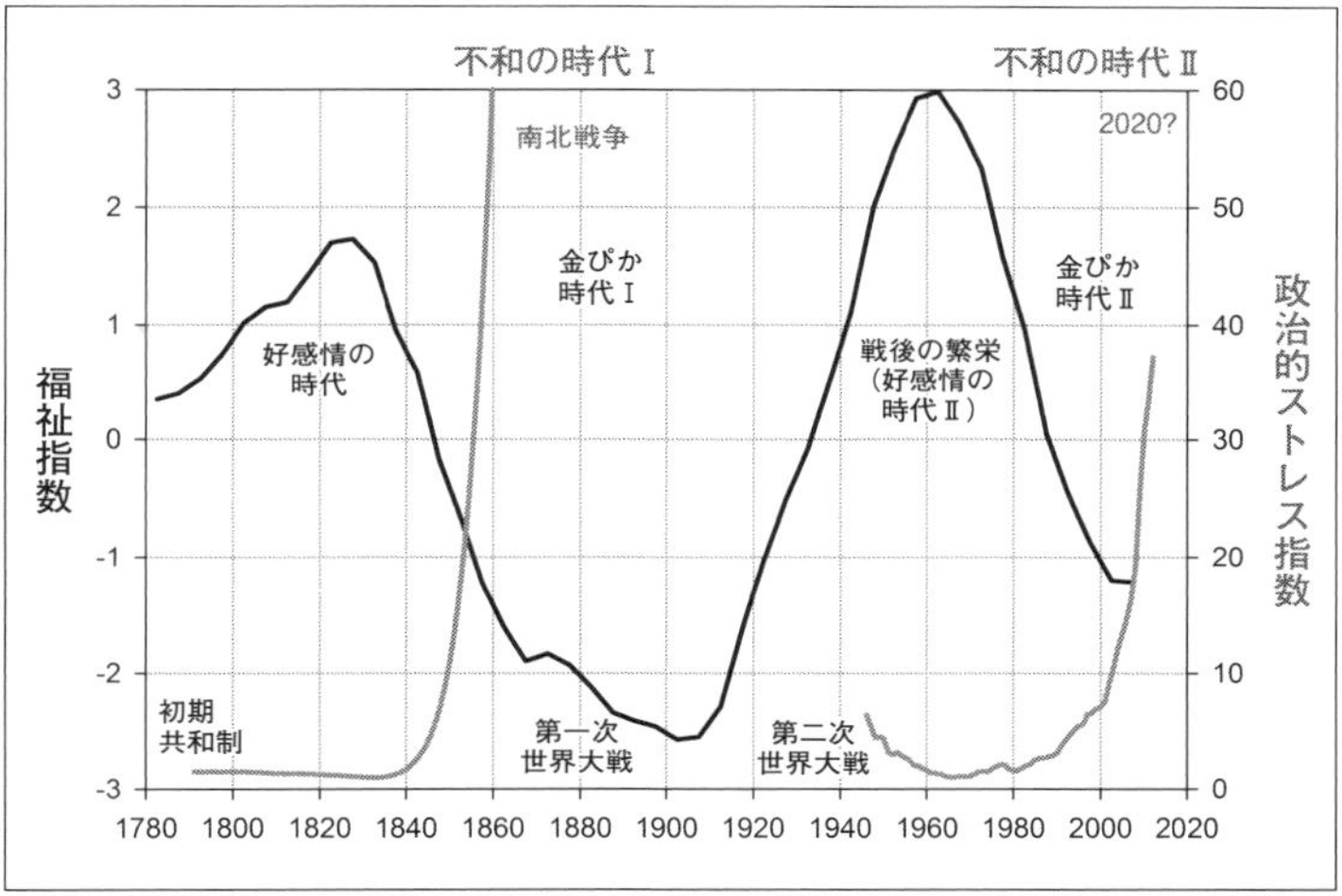

科学としての歴史。アメリカの福祉の度合いは、その歴史を通じて振り子のように揺れ、現在最低の値を示している。

は、トクヴィルが記述した一八三〇年代のアメリカではもはやなかった〔金ぴか時代、もしくは金メッキ時代は、アメリカで資本主義が急速に発展した、南北戦争後の数十年を指し、一九〇〇年はそれが終了する年にあたる〕。南北戦争は、時期的にこの下降のちょうど中間点で起こっていることに留意されたい。奇妙にも、このアメリカ史上の大激変が下降傾向を引き起こしたわけではないようだ。また、福祉指数に大きな影響を及ぼしたとも思えない。

外からは見えない力によって揺れ動く時計の振り子と同じように、福祉指数は再び上昇し始め、一九六〇年代にピークを迎える。アメリカ史上のもう一つの大激変である大恐慌は、この上昇の途上、福祉指数がやや上がった時点で生じている。南北戦争と同様、大恐慌がこの上昇傾向を引き起こしたのではなく、福祉指数に大きな影響を及ぼしたとも思えない。次の下降は一九七〇年代に起こっている。アメリカ政治史の分水嶺をなすと見なされている、ロナルド・レーガンの大統領就任は、この下降の途上で起こっており、したがって下降の原因ではなく症状であるように思われる。

私は本章でグラフを二つ取り上げたが、その種のグラフはごくありふれているので、人々はそれを作製した専門家を信用する、あるいは信用しないことで、自分で精査することなく自己の信念に基づいて受け入れたり受け入れなかったりする。したがって、進化論科学の巨匠であるピーターが用いている方法について、ここでもう少し検討してみる価値はある。ウィルキンソンとピケットが『平等社会』で用いているもののような調査データ《センサス》を、遠い過去にさかのぼって集めることはできない。アメリカ史全体にわたって福祉に関するグラフを描くために、ピーターは歴史記録から抽出可能な四つの代理指標《プロキシ》を用いている。①比較賃金、すなわち収入格差、②身体特徴（成人の身長など）、③平均結婚年齢、④平均寿命の四つで、そのうちの三つは生物学的な指標である。身長を十分に伸ばすに足る程度に食べ物を手にできなければ、あるいは婚期を遅らさなければならないとすれば、はたまた早死にしなければならないとすると、その人が受けている福祉の程度は、そうでない人と比べて低いと言わねばならない。

福祉の程度を示す代理指標のおのおのは、質の異なる種々の歴史的な情報に基づいている。しかし、たとえデータが不正確であったとしても、四つの指標をグラフに描画すると、それらはかなりの程度互いに並行する。四つの異なるタイプの情報源をもとに四つの方法で何かを見積もったところ、四つの並行する結果が得られたのなら、そこには原因を測定エラーに求めることのできない何かが起こっているはずだ。歴史的な時系列データを収集するピーターの手法について検討すればするほど、グラフに示されている時計の振り子のような揺れが、現実のものであることを確信するようになるだろう。

以上はピーターが『不和の時代』で達成した業績の半分にすぎない。もう半分の業績は、福祉の振り子を揺らす社会的な力に関するモデルの提起である。モデルは四つの主要な構成要素とそれらの相互作用から成る。四つの主要な構成要素には、①国家（大きさ、収入、支出、負債の合法性）、②国民（人口、年齢構造、都市化、収入、社会的楽観性）、③エリート層（数、構成、収入と富、衒示的消費、社会的協調の規範、エリート同士の競争やあつれき）、④不安定要因（過激なイデオロギー、テロリズムや暴動、革命や内戦）があげられる。彼は福祉指数に加え、歴史的なデータを用いてこれらすべての変数を見積もり、コンピューターシミュレーション、すなわちリアルなアメリカをシミュレートする仮想世界を構築している。

この方法が気の遠くなるほど複雑に思えるのなら、それはキクイムシの個体数や森林火災、あるいはピーターがかつて研究していた、疫病に関する振り子の揺れのモデル化より特にむずかしいものではないと指摘しておこう。言い換えると、複雑さによって堅実な科学の進歩が妨げられるわけではない。たとえば、疾病の伝播のモデルは、対象集団を、感染の可能性のある個人、感染した個人、回復して免疫を獲得した個人の集団という三つの項目に分類することが多い。彼は、そのモデルをほとんど変えずに、過激な政治イデオロギーの文化的伝播の調査に適用している。

ピーターのグラフに描かれている灰色の線は、合衆国議会における二つの主要な政党（現時点では民主党と共和党）の投票記録に基づいて得られた政治的ストレス指数である。二つの政党のイデオロギーの違いは、一八四〇年代までは小さく、その後南北戦争が始まるまで上昇し続けた。同じ傾向がたった今生じていることに注意されたい。私たちは、今まさに不和の時代に突入しようとしているのかもしれない。おそらく南北戦争のような内戦の形態をとることはなかろうが、暴動やテロリストの攻撃、あるいは社会的混沌などの形態をとることが考えられる。さらに都合の悪いことに、他の国も不和の時代に突入しつつあるように思える。どうやら選択レベル間の綱引きで、破壊的なグループ内競争が、勝利しようとしているらしい。

ありがたいことに、状況は絶望的ではない。人類の歴史は、機械的な振り子の揺れとは異なり、人間の主体性に反応する。正しい集団行動をとることで、私たちは不和の時代へ突入せずに済ませられる。これは単なる未来に関する憶測ではなく、私たちの過去について言えることでもある。

ここでアメリカ史上、福祉指数が最悪の値を示した一九〇〇年代を振り返ってみよう。収入格差は史上最悪であった。金持ちはかつてないほど金持ちになり、貧しい人々は飢餓賃金で働いていた。経済は崩壊しつつあった。暴動やテロリストが引き起こした事件は増加し、共産主義は、全世界の秩序を混乱させようとしていた。状況があまりにもひどかったので、ある程度自分を犠牲にしてでも、アメリカの全国民を念頭に置いた福祉政策を実施しようと考え始める、エリート層の人々が現れた。言い換えると彼らは、自分の福祉を国家の福祉に従属させなければ、船もろとも沈みかねないと悟ったのだ。この決断は、ジェームズ川の土手の上の小さな植民地が生き残るためには、もっと包摂的にならねばならないと悟ったバージニア会社の決断に類似する。

この集団的な決定のおかげで、アメリカは体勢を立て直し、平均的なアメリカ人の福祉の度合いは上昇し始めた。単に収入が増えただけでなく、背は高く、婚期は早く、寿命は長くなった。完全崩壊の時代にもなり得た状況が、ニューディール時代へと転じたのだ。ピーターはそれを「第二の好感情の時代」と呼び、「好感情の時代」との類似性を強調している。

ジョン・D・ロックフェラーは、心を入れ替えた企業経営者の巨人の一人だ。金銭は神のしるしであると、また、(権力は彼のような人々の手に握られるべきとする) 経営パターナリズムは国家にとって最善であるとかつて信じていた彼は、一九一九年に次のような声明を発表している。「代議制度は、根本的に公正であり、産業を成功へと導くためになくてはならないものである。(……) 私たちアメリカ人が政治では民主主義の実践を求めながら、産業界では独裁制をしけば、そこに一貫性がないことは明らかだ。(……) 産業の発達とともに、今日のアメリカ産業は、資本、労働者、国家のどれか一つの手になる独裁的な統制から、それら三者すべての手になる民主的かつ協調的な統制へと間違いなく進化を遂げていくだろう」

そしてそのとおりになった。労働組合は強くなり、国家は社会福祉の向上と産業の発達に積極的な役割を果たし、高額所得層の所得税率は、今日の北欧諸国に匹敵するレベルまで引き上げられた。これらの変化はエリート層に押しつけられたのではなく、エリート層の手で、自分たちの長期的な福祉の必要性ばかりでなく、国家全体の、すなわち組織全体の福祉を重視する政治哲学に基づいて、成し遂げられたのである。だが残念なことに、とりわけ都合よく過去を忘れることで短期的な利益が得られるとなると、人々は歴史の教訓をすぐに忘れる。グループ全体にとってよいこととして個人や企業の貪欲さを正当化する利己的な関心やイデオロギーが拡大し始め、ピーターのグラフが示すように、福祉の劣化と政治的な不和が今日に至るまで激化し続けているのだ。

最後の一段をのぼる

現実に対して私たちの目をくらます間違った理論を一つあげるとすると、「貪欲はよいこと」と考える現代の風潮をかもし出している主流派経済学の理論であろう。とはいえ、新しい理論を採用する前に古い理論を捨てることはできない。その意味でも、いとも簡単に思い描ける堅実な代替案を提供してくれる進化論の世界観は非常に有用である。単純に前ダーウィン的な自然の秩序の概念を、ダーウィン流の選択の単位という概念で置き換えさえすればよいのだから。マルチレベル選択理論は、小グループの設計、過去一万年にわたる社会の規模の拡大、そしてそれがそのまま全地球規模まで拡大されるのか、それとも人々が互いの生活をみじめなものにし合う、より小さな組織体へと解体していくかの分岐点に置かれている、現代における社会組織の最前線の様相を理解するための枠組みを与えてくれる。

一つの結論としてあげられるのは、いかなるグループであっても組織体としてうまく機能するためには、グループ内で利己的で破壊的な行動が生まれる可能性を抑えなければならないということだ。この結論はきわめて基本的なもので、あらゆる規模の人間のグループにも、人間以外の生物にも当てはまる。二〇世紀初期のアメリカが直面していた、また、今日のアメリカが直面している核心的な問題が、一七世紀初期の小さな植民地ジェームズタウンが直面していた問題、すなわち特定の人々が、他者やグループ全体を犠牲にして利益をあげることのできる搾取的な社会組織が呈する問題と同じなのは、特筆に値する。これは、人間社会のがんと言うべき問題である。

破壊的な利己的行動は、意図ではなく行為によって判断されなければならないという点を強調しておくことは重要だ。ここで一九八七年から二〇〇六年まで連邦準備制度理事会（FRB）議長を務めたアラン・グリーンスパンについて考えてみよう。どうやら彼は、自分が世界と自国の福祉を改善していると考える善意の人ではあったようだが、この期間にアメリカの福祉を衰退させる決定を下した主要な人物の一人でもあった。間違った理論に目をくらまされた善意の人は、利己的な衝動に駆り立てられて行動する人と大して変わらない。小説家で実存主義哲学者でもあったアルベール・カミュは、「世界の悪は、ほぼつねに無知からやって来る。啓蒙されていない善意は、悪意と同程度のダメージを引き起こし得る。（……）能う限りの明晰さを持っていなければ、真の善やすばらしい愛などというものは存在しない」と述べた。

二つ目の結論は、いかなるグループも組織体として機能するためには、生物学的な意味で適切に規制される必要があるというものだ。生存と繁殖という課題を全うするためには、無数のプロセスを一定の許容範囲内に留めておく必要がある。多細胞生物や社会性昆虫のコロニーに言えることは、人間社会にも当てはまる。規制を無条件に悪いものと決めつける話を聞くたびに、私は「規制されていない組織がもしあるのなら、それは死んだ組織だ！」と叫びたくなる。

とはいえ、あらゆる規制がよいものであると考えるのもばかげている。規制は突然変異にも似て、グループにとってうまく機能する規制もあれば、それに匹敵する数のうまく機能しない規制もある。また、規制をもっぱら政府の管理や中央計画に結びつけてとらえるのは間違いだ。生物の世界におけるほとんどの規制システムは、分散的で自己組織化する能力を持つ。人間の小グループにおける規制の多くは、遺伝的に進化した心理メカニズムのおかげで特に意図せずして自然に生まれる。生物学的概念としての規制は、現代のいかなる政治的イデオロギーにも対応しない。だからこそ進化論の世界観は、政治的イデオロギーの枠組みを超えて人々に訴えることのできる解決手段を提供してくれるのだ。

三つ目の結論は、マルチレベル選択理論からじかに引き出すことができる。複数の階層のどのレベルで生じる適応も、当該のレベルにおける選択プロセスを必要とする。全体の最適化は、それを構成するさまざまな部分を個別に最適化することでは達成し得ない。それゆえ、低次のレベルにおける利己的な利益の追求が、必ずや公共善に資するかのように思わせる、主流派経済学が主張する見えざる手という概念は、根本から間違っている。

一例として、世界各地で起こっている「スマートシティ」運動を取り上げよう。都市が賢明《スマート》であり得ると示唆することは、効率的な行動を導くよう情報を受け取り処理する、神経系や脳に相当する組織を都市が備えていると言うに等しい。それには交通の流れを監視するセンサーなどの技術的な構成要素も含まれるが、市民が道路の穴や、倒木、未回収のゴミなどに関する諸問題を報告することのできる苦情専用電話番号311のような人間的な構成要素も含まれる。[*16] 311という番号の使用は、一九九〇年代にメリーランド州ボルチモアで、緊急事態を処理することが目的の911に入って来る場違いな呼び出しに対処するために、「文化的突然変異」として始まった。すぐに311には、住民を市の「目と耳」に転じる能力があることが明らかになり、ボストンをはじめとする諸都市がこの運動を先導するようになった。二〇一一年にハリケーン・アイリーンがアメリカの東海岸を襲ったとき、ボストン市当局は311システムを通じて、四八時間のうちに一〇四五件の「樹木に関する緊急事態」の報告を受け取った。それによって、他の方法で情報を収集する必要なしに、メンテ要員の配置を決めることができた。現在ボストン市は、311を介して年間およそ一七万五〇〇〇件の報告を受けている。また四〇〇以上のアメリカの都市で、類似のシステムが実施されている。

311を「都市の目と耳」と呼ぶたとえや、「都市の脈動」などといったうたい文句は、効率的な活動を導くよう情報を受け取り処理する「社会生理」を備えた一個の生物として都市を見なす考えの直感的な魅力を示している。それらの処理は、生物の体内にあって「自動的で意思の介在を必要とせず、自己組織化の能力を持つ」ように思われる。私たちは特に意識することなく何かを見たり聞いたりするが、それが可能なのは、個々の生物のレベルで作用する自然選択によって進化した途轍もなく複雑なメカニズムが私たちには備わっているからだ。それと同じメカニズムが都市のレベルで進化しているのなら、それはシステム全体として選択される必要がある。システムエンジニアは、そのことを昔からよく知っているが、自分たちが行なっていることを高度に管理された形態の文化的なグループ選択としてとらえるようになったのは、ようやく最近になってからのことにすぎない。[*17]

生物学における自然選択と人為選択の区別と同様、「自然な」文化的グループ選択と「人為的な」文化的グループ選択を区別することは有益である。蛾《ガ》の持つ、止まっている葉にきわめてよく似た形状や色は、捕食者によって目立つ個体が除去されることで得られた自然選択の産物であるのに対し、庭に咲く花の形状や色は、人間によって見栄えの悪い花が除去されることで得られた人為選択の産物である。どちらのケースでも、同じ基本的な進化の原理が作用している。また自然選択と人為選択は、つねに明確に区別できるわけではない。多くの動物では、雌雄いずれかの個体（通常は雄だがつねにではない）がさまざまな装飾をまとっている理由は、庭師によって鑑賞に堪える花が選択されるのと同じように、異性の個体によって装飾をまとった個体が交尾の相手として選択されたからだ。イヌの家畜化はおそらく、オオカミの意図的な人為選択によってではなく、人間の住居のまわりを徘徊し始めたオオカミが自然選択されることで始まったと考えられる。

人間の文化的進化においては、人為選択と自然選択を分かつ境界線はさらに不明瞭だ。人間の文化的変化はある程度意図的に導かれてはいるが、さまざまな意図せざる社会的実験の結果でもあり、成功したものもあれば、失敗したものもある。プロテスタントの宗教改革は格好の例を提供してくれる。マルティン・ルターやジャン・カルヴァンらの宗教改革者は、熟慮して独自の神学や社会規範を築き上げたが、彼らの意図的な努力の結果は、予期されざる経緯を経て非常に変化に富んだものになった。ジュネーブのカルヴァン主義は、カルヴァン一人が築き上げたのではなく、彼の努力と他の多くの人々やできごとが複雑に相互作用することで形成された。この複雑な相互作用によって、チューリッヒのフルドリッヒ・ツヴィングリのような他の宗教改革者の努力の結果と比べて、より円滑に機能する一個の都市が生まれたという結果を前もって予測することは、不可能であっただろう。意図的な諸行為は、それらが互いに衝突すると偶然的な行為に転換しやすいのだ！

私たちの目的にとってもっとも重要な結論は、文化的なグループ選択が、もっと意図的で熟慮的なものにならなければならないということである。私たちは、何らかの社会的実験がたまたま成功し、それが拡大していくのを何十年も、あるいは何世紀も待っているわけにはいかない。だから私たちは、社会システムの設計者、そして自分たちが設計した社会システムへの参加者という二つの役割を担うことを学ばなければならない。設計者としては、311電話システムの構築による市民の福祉など、システム全体を念頭に置いた福祉政策を考案しなければならない。そこでは見えざる手という概念は当てはまらない。参加者としては、近所でもめごとが発生したときにはスマートフォンに三桁の数値を入力するなどといった、局所的な関心事を念頭に置いておけばよい。そこでは見えざる手という概念は当てはまる。というのも、公共善に資するよう局所的な行為を導く見えざる手はシステムレベルの選択が作用するからだ。見えざる手は構築されねばならない。この考えは、自由放任という概念と対立する。
最後につけ加えておくと、賢明な都市や国家の構築に成功したとしても、さらに大規模なレベルでの協調の問題は解決されないだろう。次の結論は避けられない。地球規模で問題を解決するためには、地球全体を念頭に置いた福祉政策を考案しなければならない。「自分が第一」「わが企業が第一」「わが国が第一」などといった考えでは不十分である。「私たちの地球が第一」でなければならない。だからといって、より低次の単位が消えてなくなるわけではない。それどころかそのレベルでの福祉はもっとも重要ではあるが、人類の繁栄という面で、高次の公共善を損なうのではなく、それに貢献するようでなければならない。多細胞生物は、細胞や組織が不健康では健康ではあり得ない。だがそれでも、健康な正常細胞と健康ながん細胞のあいだには違いがある。国家の単位では健全に機能しているノルウェーのような国でさえ、地球規模の問題の一部にならないよう、（年金基金を国際投資に用いる戦略などの）行動の規制が行なわれねばならない。[*18]
世界が一個の組織体になるための最後の一段をのぼることは言うまでもなく、あらゆる国をノルウェー（やデンマーク）のように健全に機能させることでさえ、気の遠くなるような課題だと言えよう。だが少なくとも、今や私たちは、その方向に自分たちを導くための正しい理論を手にしている。

第9章 変化への適応

変化は現代生活におけるマントラである。あらゆる世代が前世代とほぼ同じであるような時代は終わりを告げた。今や一〇年ごとに、世の中が大きく変化しているように思われる。この変化は、自分たちの願望に沿う活動によって駆り立てられている。だが一つだけ望みがかなえられることを許された説話の主人公のように、私たちはよく、もっと別のものを望めばよかったとあとで後悔する破目になる。ときに私たちは、自分が不幸をもたらしたことを認識できず、予期せぬ結果のせいで入り組んだ迷路から永遠に抜け出せなくなることさえある。

そんな激しい変化の最中にあって、また、「進化」や「適応」のようなキーワードが普段でも使われるようになったにもかかわらず、進化論に助言を求めることがめったにないのは皮肉としか言いようがない。本章は、グループが変化する環境に適応可能であることと、目下の環境にうまく適応していることは異なるという点を明らかにする。そしてビジネス界から、変化に適応できるグループに関する事例をいくつか取り上げる。ビジネス界におけるグループ間競争は至って激しいだけに、効率的に変化に適応するための手段が文化的進化を遂げやすい、一種のるつぼとして作用する。なぜなら適応可能な企業は、変化を受けつけない企業に比べてそれだけ長く存続し、その社会組織を複製することができるからだ。これはまさに、ヨーゼフ・シュンペーターやフリードリヒ・ハイエクらの経済学者が、「創造的な破壊」あるいは「自生的秩序」などといった言葉で表現していたものである。彼らは、進化論の世界観に向けて二、三歩前進したが、当時の彼らにはそれで精一杯であった。それに対し現代の進化論は、ビジネス界で効率的に変化に適応するための手段の文化的進化について、また、いかにしてその手段を他の分野における変化の管理に転用できるか、ということについて理解するための、はるかに強力で多様な道具を提供してくれる。

変化への適応にあたって効率的に機能する方法を検討する前に、まず機能しない方法について考えてみよう。

何が機能しないのか

機能しない方法の一つは、自由放任主義である。自由放任とは、社会は放っておいたほうがうまく機能するという考えである。進化が私たちに教えてくれることを一つあげるとすれば、それは「低次における自己利益の追求が、無条件に公共善に資することはない」というものになる。ここまでの各章で見てきたように、進化は、私や私たち、あるいは現世代の人々にとっては善き行動でも、あなたや彼ら、あるいは未来世代の人々にとっては悪しき行動を頻繁に生んできた。最終的には地球全体のレベルで共通善を実現するために社会を管理しようとするなら、その目標に向けて舵取りをしなければならないのは私たち自身である。私たちのためにその仕事を肩代わりしてくれる自然の秩序などありはしない。

もう一つ機能しない方法としてあげられるのは、専門家グループが何をすべきかを決め、かくして立てた一大計画を実施する中央計画である。中央計画がめったに機能しない理由は、誰にとっても理解しがたいほど世界が複雑だからだ。[*1] 意思決定する人々がいくら賢くても、あるいはいかにすぐれた理論に依拠していたとしても、予期せざる結果を招く可能性はつねにある。このことは、これまでさんざん中央計画が失敗してきた国家のレベルのみならず、変化に対応する指揮・統制の試みがうまくいっているとはとても言えない企業レベルにも当てはまる。[*2]

何が機能するのか

中央計画と自由放任の中間にはうまく機能し得る方法、すなわち変異と選択の管理プロセスがある。第一に、達成すべき目標がなければならない。ビジネスにおいては、目標は利益の獲得、社会的責任の全う、新製品の開発などになるだろう。地球規模で言えば、それは、堅実な世界経済、大気中の二酸化炭素の削減などといったところになろう。これらの目標は、産卵率の向上を目標にメンドリを選択したウィリアム・ミュアのような育種家の事例や、不具合を報告するための311システムを整備したスマートシティの構築の事例と同じように、選択の規準として機能する。

そして変異が起こらなければならない。変異は、計画的な形態と非計画的な形態という二つの様態で生じる。私たちは、目標を達成するために意図的にいくつかの戦略を考案し、厳密な統計技法を用いて相互に、あるいは現行の実践方法と比較することができる。私がリージェンツアカデミーを、ロン・プリンツがトリプルPを、そしてスティーヴ・ヘイズが自著の自己啓発書を評価したのも、そのような方法によってであった。科学それ自体を、その種の注意深く管理された変異と選択のプロセスとして見ることもできよう。なおこの場合、客観的知識の進歩が選択の基準になる。[*3]

さらに言えば、非計画的な形態の変異は、私たちのまわりにあまた存在する。どんな企業にも、その企業独自のやり方がある。また、どんな国にもその国独自の健康保険制度《ヘルスケア》があるし、前章で見たように国によって福祉の程度が大幅に異なる。このような「変異」を「非計画的」と呼ぶことが正しいとはとても言えない。というのも、どんな企業であれ、国であれ、さまざまな案が練られたうえで特定の案が実践されているはずだからである。それでもそれらの企業や国々のあいだには多くの相違点があるはずで、選択の基準としてもっともふさわしい相違を特定することは、非常にむずかしい。あなたが経営する企業が私の企業よりもうかっているのなら、私はいったい、あなたの企業の何を模倣すべきなのか？　一方、非計画的な変異には、計画をもとに比較を行なう人々の想像を超えた成功をもたらす実践が含まれる。したがって変異と選択のプロセスには、計画的な変異と非計画的な変異の両方を含めることが賢明であろう。

第5章で私は、他の進化プロセスによって構築される進化プロセスという重要な概念を紹介した。[*4] 免疫系、個人の学習、世代間での文化の変容などの進化プロセスは、それ自体が遺伝的進化の産物である。事実、遺伝的進化それ自体がこの概念を例証する。というのも、現在の遺伝的継承のメカニズムは、かつてのものよりはるかに洗練されているからだ。[*5] 人間の文化的進化のメカニズムも、とりわけそれまでよりはるかに多くの情報を世代間で受け渡すことを可能にした、文字、印刷術、コンピューターなどの新たな技術の登場とともに、数世紀で変化してきた。[*6] 考古学的、人類学的、歴史学的記録の精緻な分析を通じて、過去一万年間、適応性の低い社会を置き換えてきた適応性の高い社会が持つプロセスについて、その詳細がわかってくるだろう。企業は一種の社会であり、したがって同様なアプローチによって、ビジネス界における変化への適応を導く方法の文化的進化について説明することができるだろう。以下に三つの事例をあげよう。

現場に行く

ビジネスマンなら誰でも、トヨタが、自動車製造という絶えず変化する環境にうまく対応し適応してきた企業の輝かしき事例であることを必ずや知っていることだろう。一九三七年に設立されたトヨタ社は、(ドイツのフォルクスワーゲングループに次いで)世界で二番目に大きな自動車製造企業になり、ハイブリッド電気自動車の販売では世界を先導している。トヨタの成功に的を絞ったビジネス書は多い。だがトヨタの成功に倣うことは簡単ではない。自動車組立工場は、その設計の複雑さにおいて多細胞生物や、社会性昆虫のコロニーに匹敵する。シロアリのコロニーの女王は、一群の働きアリにエサを与えられ守られており、数秒おきに膨張した巨大な腹部から卵を生んでいる。ケンタッキー州ジョージタウンにあるトヨタの組立工場は、同様に一群の作業員を抱え、一分間に一台の割合で自動車を製造している。トヨタの自動車は非常に巧みに設計されているため、一台で地球から月までの距離にほぼ相当する数十万マイルを走行することができる。工場見学に参加すれば、ときに人間と機械の交響楽にもたとえられる光景を、すなわち二〇世紀初期にヘンリー・フォードによって開拓されたシステムに沿って、車がコンベヤベルトを整然と流れていく様子を目撃することができるだろう。

かくも複雑なシステムにおいて、いかに効率や生産性が管理されているのだろうか？　どのように改善がなされているのか？　企業経営者は国家レベルでの中央計画には不平をこぼすが、自分たちが経営する企業では「指揮・統制」の社会組織を採用していることが多い。経営陣は、業績データを収集し、従業員に履行を求める命令を下すことにより、トップダウン形態で企業を運営しているのだ。このや業績が改善しなければ、それに失敗した管理者は解雇され、新たな管理者が雇い入れられる。このやり方は、失敗した企業が別の企業によって取って代わられるのと同様、ある程度は機能する文化的進化の形態ではあるが、「指揮・統制」の成功は、政府と同じく一企業内でも限られている。人間が形成する社会組織は、その機能の様態を知るにはあまりにも複雑すぎ、通常収集されている業績データは、おおまかすぎてとても有用であるとは言えない。ある部署が割り当てられた生産量を達成できていないことや、欠陥品の割合が許容範囲を超えて大きいことが判明しても、その状況を改善するために何をすればよいのかはわからない。

ここで、自動車組立工場の日常における複雑さの例をあげよう。組立ラインのある部署では、作業員が手の届く場所に部品をいくつか置いておかねばならなかったとしよう。部品は小さめのビンに収められ、減ってきたら補充されなければならない。また、部品は工場にまとめて送られてくる。だから誰かがそれを細かく分け、組立ラインの該当部署まで頻繁に運んで行かなければならない。このように、組立ラインに配置されている作業員の仕事量を減らそうとすれば、部品を搬入し細かく分け組立ラインに配達する部署は、それだけ多くの仕事をこなさねばならなくなる。工場全体の生産性を最大にするためには、この交換条件をいかに管理すればよいのか？　そもそも管理すべき交換条件はたくさんあるうえ、それらのすべてが相互に関連し合う。これは、多細胞生物の生理や、昆虫コロニーの社会生理における交換条件にも似る。

トヨタの自動車組立工場は、1分に1台の割合で自動車を生産する、人と機械の交響楽を奏でている。

トヨタは、織機を製造する企業として設立された当初から、運営方法をつねに改善し続けてきた。次の記述は、豊田自動織機製作所の創設者、豊田佐吉が、彼が発明した織機の設計図を盗まれたときに、それにどう対応したかを示している。

確かに泥棒どもは、設計図を見て織機を組み立てることができるだろう。しかしわれわれは、毎日のように織機の修正や改良を行なっている。だから設計図を盗んだ泥棒どもがそれをもとに一台の織機を組み立てる頃には、われわれの織機はもっと先を行くものになっているだろう。また泥棒どもは、もとの織機を製作する際に重ねてきた失敗から学んだ専門知識を持っていないから、盗んだ織機を改良しようとしても、われわれよりはるかに多くの時間を無駄に費やさねばならないだろう。すでに起こったことを、気に病む必要はない。いつものように、改良の努力を続けさえすればよいのだ[*7]。

この記述でカギとなる部分は、「失敗から学んだ専門知識」である。おおかたの人は、失敗を避けるべきこととしてとらえる。たいていの企業では、昇進するには成功しなければならず、それがリスクを避け、失敗したときにはその事実を隠蔽しようとする強い動機を生む。しかし進化論の観点からすれば、失敗は適応の最前線をなす。いかなる失敗も、変異と選択のプロセスが、企業全体の運営の効率性を改善するよう作用する機会になる。

かつてトヨタの自動車組立工場では、「アンドン」と呼ばれる紐が天井〔のランプ〕から吊り下げられていた。作業員は、自分の持ち場で何か非効率なことが発生するとそれを引いたのだ。この紐は、現代のトヨタの工場では、もっと洗練された監視装置に置き換えられているが、多細胞生物の痛覚受容器や、社会性昆虫のコロニーの警報システムのような働きをしていた。シロアリ塚に穴をあけると、損傷を修復しようとシロアリの群れが活発に活動し始めるのとちょうど同じように、アンドンの紐を引くと、問題を解決するために一連のさまざまな活動が起こった。管理者の執務室は、別棟ではなく作業員の仕事場があるフロアに設置されていた。だから彼らは、作業員と連携しながら現場で起こった問題の解決にじかに関わることができたのである。組立ラインに配属されている作業員は、もっとも問題が起こりやすい状況のもとに置かれているので、問題解決にあたって、彼らの知識が必要不可欠になることが多い。それゆえ意思決定の手続きは、ボトムアップとトップダウンの両プロセスから構成され、四半期報告などの集計データに基づいて管理者が指示を出すといったような形態ではなく、きめ細かな現場レベルでの問題解決に焦点を置く方式になる。

複雑なシステムでは、変化が起こると、それがたとえ小さなものであっても、システムの各構成要素間の相互作用によって結果が増幅し得る。天候の予測がむずかしいのもそのためで、それに関連して、チョウがアフリカで羽ばたくとホンジュラスでハリケーンが発生するという意味の「バタフライ効果」という用語が生まれたくらいだ。[*8] 自動車組立工場では、ある部署の行なった小さな改善が、他の部署を混乱させるなどといった事態を招きやすい。あらゆる間接的な効果を予見できるほど賢い人などいない。だから実験が必要になる。トヨタは、変化をもたらすときには一度に一つとし、その採用前に全システムへの影響を監視すべきことを経験から学んでいた。たった二つか三つの変化でも、同時に引き起こせば、システムの各構成要素間で、追跡が不可能に近い相互作用が生じ得る。

トヨタは監視と改善のシステムを立ち上げ、達成不可能だと初めからわかっている生産量を設定した。複雑なシステムの分析家マイク・ローザーは著書『トヨタのカタ――驚異の業績を支える思考と行動のルーティン』で、トヨタのこの失敗に対するきわめて建設的な態度について次のように述べている。[*9]

「問題なし」＝一つの問題

私はトヨタの組立工場で、アンドンが引かれる回数は、シフトごとに通常一〇〇〇回程度だと言われたことがある。アンドンを一回引くことは、問題に遭遇した作業員がチームリーダーを呼び出して助力を請うことを意味する。「クロススレッドボルトが足りない」「作業に少し時間がかかっている」などといった具合である。もちろん、アンドンが引かれる回数はシフトごとに異なる。七〇〇回まで低下したこともあるそうだ。このような状況についてトヨタ以外の企業の管理者に尋ねたときには、「改善を祝福する」という回答が戻ってくるのが普通だった。

伝え聞くところによれば、アンドンを引く回数がシフトあたり一〇〇〇回から七〇〇回に減ったとき、トヨタの工場長は従業員全員を集めてミーティングを開き、次のように言ったのだそうだ。「アンドンを引く回数の低下が意味するところは、二つしか考えられない。一つは、問題があるのに支援を求めていないことだ。改めて指摘しておきたいが、問題が起こるたびにアンドンの紐を引くことは諸君の義務である。もう一つの可能性は、実際に問題の件数が減っていることだ。だが、われわれのシステムにはまだ無駄があり、シフトごとに一〇〇〇回紐を引かれても対応できるようスタッフを配置している。だから私は、状況を監視して、必要なら紐を引く回数が一〇〇〇回に戻るようインベントリーバッファーの常備量を減らすようグループリーダーに求めたい」

インベントリーバッファーとは、部品が組立ラインを流れてこなかった場合に作業員が利用することのできる現場の部品在庫を指し、短期的には生産性をあげるが、生産工程の非効率性を覆い隠すもとになる。インベントリーバッファーの常備数を減らせば、部品が組立ラインを流れてこなかった場合、作業員は手持ち無沙汰の状態になる。それは生産性を短期的に低下させるが、システム全体の非効率性を明らかにし除去することで長期的に向上させる。

改善の最前線としての、失敗に向き合うトヨタの系統的なアプローチは、作業員と管理者の両方に対する方針にも反映されている。指揮・統制の考えに支配されている企業では、成功や失敗の原因は個人に帰される。所定の目標を達成できなければ、達成されるまで解雇と雇用が繰り返される。それに対し、従業員は有能でよく働くというのがトヨタの暗黙の想定だ。問題が起こったときに改善が必要なのはシステムであり、作業員と管理者が連携をとりながらその改善に努力しなければならない。システムの問題のために個人を解雇することは、問題の解決にはならない。それゆえトヨタは従業員を解雇したりはせず、他の自動車製造企業に比べて、より多数のリーダーを自社内から任命する。またトヨタは、従業員全員が指導員を持つという独自の文化を組み込んだシステムを採用している。

ここまで私は、いかにトヨタが、多細胞生物が痛みに、あるいは社会性昆虫のコロニーが脅威に対応するのと同様な方法で、失敗に対処しているのかを見てきた。加えてトヨタは、個人が痛みに反応する以上のことを希求するのと同じように、建設的な長期的目標に向かって邁進する注目すべき能力を備えている。そのためには、まず達成すべき長期的な目標（選択の対象）を決め、しかるのちに一歩一歩その目標に向けて前進していくための具体的な方法を構築していかなければならない。たとえば目標が四半期の利益を最大化することであれば、それに応じた一連の実践方法を新たに考案しなければならない。トヨタの実践する、変化に適応する方法は、価値ある長期的目標に向けて意図的に努力する能力を磨くACTと、おもしろいほどよく似ている。

トヨタは、自由放任主義や中央計画を採用するのではなく、変異と選択の洗練されたプロセスを導入することで、非常に巧妙に運営方法を改善し、絶えず変化する環境に適応している。トヨタが自動車産業で支配的な地位を占めている理由は、同社の適応性に求められる。適応性のない企業はつぶれるか、他社の成功を模倣することで生き残るしかない。それはヨーゼフ・シュンペーターらの経済学者が想定していた創造的な破壊のプロセスであるが、現代の進化論の観点からすると、事態はもっと複雑なものに見える。

ここで、突然変異企業として豊田自動織機製作所を考えてみよう。創始者の豊田佐吉が、継続的な改善の方法をいかに思いついたにせよ、その方法は、彼の企業を競合他社より適応力のあるものにし、豊田自動織機製作所は紡績機の市場を支配するようになった。これは企業レベルの選択の一例であり、その方法が、自動車製造などの他の分野にも拡大したのだ。

競合他社はトヨタの成功にすぐに気づき、その方法を熱心に模倣した。文化的進化は、淘汰や置き換えという形態より、グループが他のグループで実践されているすぐれた方法を模倣するという形態をとることが多い。しかしそこには、非常に込み入った状況がある。というのも、トヨタを模倣しようとする企業は、織機の設計図を盗んだくだんの泥棒と同じように、普通はトヨタの現在の実践方法をもたらした進化のプロセスではなく、現在の実践方法のみを模倣する結果になる。トヨタを模倣しようとする試みが失敗に終わることが多いのは、この理由による。

マイク・ローザーのような複雑なシステムの分析家が、トヨタを支えているプロセスを解明するには、数年が必要とされる。そもそもトヨタの経営者でさえ、その秘訣を明確に述べることなどできはしない。しばしば文化的進化は、誰にも理由がわからずともうまく機能する実践方法を生む。ローザーらがその解明に成功した理由としては、彼らが科学的方法を用いたこと（ビジネスや経営の分野ではまれである）、複雑なシステムに対する深い理解を持っていたこと、進化や心理学などの他の分野の有用な知識を持っていたことなどがあげられる。彼らの努力のおかげで、他の企業は、トヨタの実践方法をより的確に模倣することができるようになった。というのも、現在の実践方法だけでなく進化のプロセスも模倣できるようになったからだ。最後にもう一つ指摘しておくと、ローザーはトヨタが構築した変異と選択のプロセスが、他の多くの業種にも、さらには日常生活に適応しようとしている個人を含め、ビジネス以外でも通用することを十分に認識している。[*10]

これはよいニュースだが、悪いニュースもある。この文化的変異が二〇世紀初期の日本で最初に生じて以来、すでにおよそ一世紀が経過している。それは徐々に拡大してきたものの、その速度は遅く、拡大範囲も十分でない。賭けてもいいが、本書で紹介したトヨタの実践方法に精通している読者は五パーセントもいないだろう。その一方、トヨタの「社会生理」の構成要素は時代遅れになりつつある。かつてトヨタは、全従業員に、自分より経験のある従業員の指導を受けさせることで（ローザーはそれを「カタを教える」と呼んでいる）、独自の文化を永続化させた。このシステムは、国外に建設された工場では、うまく機能しない。そもそも経験者がほんの一握りしかいないからだ。トヨタが多文化的な国際環境に今後適応できるか否かは、今のところはっきりしない。

明らかに、トヨタに代表される進化的プロセスがあらゆる分野に拡大するには、これまではなかった何かが必要とされる。ビジネス界で起こったもう一つの文化的変異の事例は、トヨタの事例から得られた洞察を補完してくれるだろう。

ラピッド・リザルツ

生物の世界は、系統発生的なつながりによってではなく、同一の選択圧力を受けることで、生物間で特徴が似通うようになるという収斂進化の事例に満ちている。収斂適応した特徴（たとえばカメとアルマジロの硬い甲羅や、タコと脊椎動物の目など）は、生物間で機能的に類似したものになるが、系統発生上の起源の相違のゆえにメカニズムや個体発生という点では通常、互いに異なる。つまり、それを理解するためには、ティンバーゲンの四つの問いのすべてと、それら相互の関係を明らかにする必要があるということだ。

　文化的収斂進化の事例は、ビジネス界にも見出せる。その一つとしてあげられるのは、トヨタの機能的な適応性に収斂する、「迅速な成果（rapid results）」と呼ばれる変化に適応するための方法である[*11]〔以下「ラピッド・リザルツ・メソッド」と訳す〕。ラピッド・リザルツ・メソッドは、トヨタとは異なる手順で文化的な連続性を維持する方法で、歴史的にトヨタとのつながりはまったくない。なおこの方法は、緊急時には人々が労を惜しまずうまく協力し合うことを見出した経営コンサルタント、ロバート・H・シェイファーの発案になる。この方法の実践者は奇跡を引き起こしたばかりでなく、一般に緊急時には沈うつな状態が支配するにもかかわらず、強い喜びを感じていた。そのこと自体、進化論的な観点から理解することができる。というのも、グループの結束を必要とする生死がかかった状況は、進化の歴史を通じて繰り返し生じてきたからである。私たちの心は、それに対する準備ができているのだ。[*12]

　ラピッド・リザルツ・メソッドは、ニュージャージー州の製油所で起こった山猫スト〔労働組合指導部の指示なしに、組合員が独自に行なうストライキ〕に啓発されて考案された。このできごとでは、通常は三〇〇〇人の労働者を動員して行なわれる作業を、およそ四五〇人の監督者、管理者、エンジニアが、数日どころか四か月間も、うまく遂行していた。

　シェイファーは、その種の最高の状態を通常の作業環境下でも達成できないかと考えた。そして、ある企業の小チームに、「新製品の顧客を一〇〇日で倍にせよ」などといった、気が重くなるような仕事を短期間でなし遂げるよう求めて、「緊急事態」をわざと作り出すことで実験を行なった。この実験の結果、彼はチームが活発に仕事に取りかかり、緊急時と同様な熱意を示すことを発見した。こうして「ラピッド・リザルツ・サイクル」という概念が生まれたのだ。

ラピッド・リザルツ・メソッドは、他にも利益をもたらしてくれる。（販売促進や顧客の満足度の向上などの）特定の課題にもっとも密接に関係する低位の従業員が、問題解決を求められると、彼らは最上位の管理者や外部コンサルタントの提案よりすぐれた解決方法を提示したのだ。というのも彼らは、問題の本質を理解し、有効な解決方法を考案するのにふさわしい立場にあったからである（トヨタのやり方との収斂に着目されたい）。また、「緊急事態」に置かれているという雰囲気は、官僚的な規則の緩和に役立った。さらに言えば、グループのメンバーは、すべてが上司の手柄に帰せられるのではなく、自分たちの力で成功したという喜びに浸ることができた。ときに上級管理者は、手綱を緩めてボトムアッププロセスを信頼することに困難を覚えるが、この実験の結果はすべてを物語っている。

ラピッド・リザルツ・メソッドはもう一つ、よりとらえにくい利益をもたらしてくれる。トヨタの事例に見たように、大企業とは、全体として機能するためには連携しながら仕事をこなさなければならない多数の部署から構成される、非常に複雑なシステムである。したがって、各部署を個別に最適化することによっては、システム全体を最適化することができない。また、各部署間の相互作用をすべて見通せるほど賢明な人などいない。それゆえ大企業で建設的な変化をもたらすことは非常に厄介な課題であり、トップダウンの介入は成功するより失敗する可能性のほうが高い。ラピッド・リザルツ・サイクルによって生み出される変化は、トヨタが組立ラインの運用に導入したわずかな変化のように、より広範な企業運営に統合することが可能なほど小さい。とはいえラピッド・リザルツ・サイクルは、根本的な変化を真似ごとのように部分的に試してみるのではまったくなく、短期的な利益を生みつつ徐々に根本的な変化を引き起こしていくための手段になり得る。しかもそれにあたって、大枚はたいて外部のコンサルタントを雇い入れる必要もない。このように数々の利益が得られるというのは、虫がよすぎると思われるかもしれないが、その種の成果は何度も記録されており、変化に適応するための第一の手段として、ラピッド・リザルツ・サイクルを採用している大企業もある。それにはボトムアッププロセス（ラピッド・リザルツチーム）とトップダウンプロセス（企業の長期的目標を達成できるようラピッド・リザルツチームを活用する戦略）の両方が必要とされることを、ここで特に強調しておく。どちらか一方のプロセスのみでは不十分である。

変化に対する適応度の高いトヨタの社会組織が、ある製造分野（織機）から別の製造分野（自動車）へと拡大したのとちょうど同じように、ラピッド・リザルツ・メソッドは、ラピッド・リザルツ研究所と呼ばれる非営利団体の創設によって、ビジネス界から国際援助という、見かけはまったく異なる世界へと広がっていった。[*13] たとえば、マダガスカルで以前実施された、家族計画クリニックへ通うよう女性を説得する試みは、一五年間で数パーセントの増加を見たにすぎなかった。そのような状況下で、現地の女性で構成されるいくつかのラピッド・リザルツチームに、一〇〇日間で三〇パーセントの増加という不可能に思える課題が与えられた。すると各チームともこの目標を達成したばかりでなく、五〇〇パーセントの増加を実現したチームさえあった。彼女たちがそれまでは行なったことのない方法で行動したことは、誰にでも想像できるだろう。ラピッド・リザルツ・メソッドは、現在一〇以上の発展途上国で、子どもの栄養不足、HIV・エイズ、汚職などのさまざまな問題に対処するために採用されている。

ラピッド・リザルツ・メソッドはトヨタ同様、文化的進化が作用していることを示す一例になる。その発現は、遺伝的進化と非常によく似ていて、予期が困難で特異的なものではあれ、それでも成功を基盤に拡大していく。機能的な観点から見ると、それはトヨタとほぼ同じ解決方法へと収斂する（たとえば、システム全体の利益を念頭に置きつつ、小チームの編成、ボトムアッププロセスとトップダウンプロセスの結合、小さな変化の段階的な導入を行なう）。歴史的な起源が異なることからも推察できるように、細部に関してはトヨタと異なる部分も多いが、ラピッド・リザルツ・メソッドは変化への迅速な適応を可能にする変異と選択のプロセスとしてみごとに成功したという点ではトヨタと一致する。

ここまではよいニュースだが、悪いニュースもある。ラピッド・リザルツ・メソッドが考案されてからすでに一〇年が経過しているにもかかわらず、ビジネス界でも、国際援助においても、それについて知っているグループの割合は依然として小さい。それに関するビジネスへの適用ではコンサルティング企業が、国際援助への適用では非営利団体が設立され、書籍や、『ハーバード・ビジネス・レビュー』誌、『スタンフォード・ソーシャルイノベーション・レビュー』誌などの一流雑誌で紹介され、世界銀行などの組織から支援を受けているにもかかわらず、そのような状況にあるのだ。この調子では、それに気づくのに、ましてや五パーセント程度でも実際の案件で採用されるに至るまでに、いったい何十年かかるのだろうか？

トヨタとラピッド・リザルツの事例は、文化的進化が、「創造的な破壊」という言葉で知られるシュンペーターのような経済学者の想定より複雑であることを示している。最適な実践方法は実際に拡大するが、変異から個体群内での固定に至る、遺伝子の迅速な進化を指して生物学者が言う「選択的一掃」につながることはめったにない。その拡大は緩慢で、とりわけ第6章で論じたCDPがしっかりと実施されていない場合に生じる、破壊的な形態のグループ内選択をはじめとする他の選択的な力に妨害されることも多い。模倣による拡大は、予想されるほど簡単には起こらない。というのも、完成品から模倣すべきプロセスを割り出すことは困難だからである。

これらの錯綜した要因によって、文化的適応は生物の地理的分布に似たものになる。特定のグループや分野だけで採用され、その境界の外側では不可視のまま終わるのだ。また、文化的進化をもっと大きな尺度で眺めても、同じことが当てはまる。

技術革新の生態系

ここまで私は、変異と選択のプロセスを活用することで変化への適応を可能にした企業を取り上げてきた。では、地域全体ではどうだろうか？　技術的な革新の起源を示したマップを製作すれば、それは地理的に極端に偏ったものになるだろう。技術革新のオアシスとも言うべきシリコンバレーのような地域がある一方で、他のほとんどの地域は乾燥した砂漠のような様相を呈しているだろう。シリコンバレーは稀有な例ではあれ、唯一ではない。オアシスは他にも存在する。たとえば、ダン・セノールとシャウル・シンゲルが著書『アップル、グーグル、マイクロソフトはなぜ、イスラエル企業を欲しがるのか？――イノベーションが次々に生まれる秘密』で取り上げているイスラエルなどだ。[*14] 生物やその突然変異にも似て、技術革新のオアシスはおのおの個別の歴史的起源を持ち、生物の地理的分布と同じように、限界につきあたるまで独自の長所をもとに拡大していく。

世界のほとんどの地域には技術革新のオアシスが存在しないという事実は、そこではその試みがまったくなされなかったことを意味するのではない。それどころか、技術革新のオアシスの構築は世界中の羨望の的であり、さまざまな政府、大学、企業によって無数の試みがなされてきた。しかしそれらの試みはほぼつねに、期待どおりの成果を生まなかった。技術革新のオアシスは、文化的進化の他の多くの産物と同じく、誰かの設計なしに機能する。日常生活でそれを実践している人々でさえ、その有効な成分はあえて発見しなければならない。現行の理論のレンズを通して見る限り、そのような成分は非常に見えにくいため、それを複製しようとするもっとも賢明で優秀な人々《ベスト・アンド・ブライテスト》の努力でさえくじいてしまうのだ。

幸いにも、トヨタの有効な構成要素について説明するマイク・ローザーの著書と同様、技術革新のオアシスの構成要素について語る本がある。ビクター・W・ファンとグレッグ・ホロウィットが書いた『熱帯雨林——次のシリコンバレーを生む秘訣（*The Rainforest: The Secret to Building the Next Silicon Valley*）』だ。[*15] 著者は二人とも、世界各地で技術革新のオアシス（彼らは「熱帯雨林」と呼んでいるが）を築くためのコンサルタントを務めている。またファンは、五〇年以上にわたり起業促進を先導してきたユーイング・マリオン・カウフマン財団の起業部門の副部門長を務めている。ファンとホロウィッツを際立たせている点は他にもある。二人は起業の専門家としての経験に加え、ダーウィンの知識を十二分に吸収している。またティンバーゲンの四つの問いのすべてを採用し、それを通して他の専門家が見落としている側面を見通すことができる。

ファンとホロウィットは、もっぱら金銭によって動機づけることのできる合理的な行為者として個人をとらえる、人間の本性に関するばかげた概念「ホモ・エコノミクス」に惑わされておらず、人間が、おもに小グループの単位で作用する遺伝的マルチレベル選択の産物であり、その事実が、技術革新に依拠する現代社会の形成に正負両面の影響を及ぼし得ることを理解している。正の側面に関して言えば、私たちは生まれつき向社会的であり、協力しようとしない人々の取り締まりを含め、協調的な試みに加わろうとする。負の側面では、私たちはたいてい、向社会性の対象を同質的な小グループに限定し、よそ者を信用しない。また私たちのほとんどは、リスクをとることを本能的に嫌い、当然のことのように長期的な可能性にすべてを賭けたりはしない。

さらに言えば、ファンとホロウィットは革新的な文化が革新的な個人の存在によって説明可能であるとする広く普及した仮定に惑わされず、技術革新が、さまざまな能力を持つ多数の人々が互いに協力し合うことで成り立つ社会的プロセスであると理解している。課題は、高度に協調的であると同時に高度に多様な社会の形成なのである。協調性と多様性の結合は尋常ならざるものなので、ほとんどの地域では、それぞれに必要な構成要素同士がうまくかみ合わず、技術革新の砂漠と化しているのだ。

シリコンバレーやイスラエルなどの地域で、多様な人々を連携し合えるようにしている要因は、偶然的で偶発的な性格を持つ。各技術革新のオアシスには独自のストーリーがあるが、たいていのケースでは、国籍や職業の異なる人々が連携することを余儀なくされるような状況が関与している。アメリカでは西漸運動が、イスラエルでは兵役がそれにあたる。確かにどちらのケースでも、連携の範囲から一定の他者が除外されている。アメリカの西漸運動ではネイティブ・アメリカンと多くのアフリカ系アメリカ人が、イスラエルではパレスチナ人が蚊帳の外に置かれていた。それでも連携の範囲は、新たな企業を設立するにあたっての必要条件を満たすに十分な程度には多様だったのだ。

技術革新のオアシスでは、関連技術が多様で、社会的な結束力が強い。また、互いに対する寛容と信頼の度合いが高く、現在ないものを作り出そうとする、未来への夢に満ちている。この心構えは、技術革新者の選択対象になる。結束力の強さは、共同体の誠実なメンバーが悪意のある行為者を検知し、通常は訴訟に持ち込まずに罰することを可能にする。他人のアイデアを盗む人や、不公正な取引を行なう人は、悪い評判が立ち、将来の取引から除外されるだろう。シリコンバレーのある弁護士は、「よきビジネスマンは弁護士を必要としない！」と言ったのだそうだ。その種の社会組織は、狩猟採集民の社会と似ている。そこでは、いばり屋は罰せられたり避けられたりして、一人で暮らさなければならなくなるのだ。しかし技術革新のオアシスでは、現在進行中の冒険的事業に貢献できる人なら誰でも、部族のメンバーになることができる。

そこで実行されているプロジェクトは一時的であっても、複雑である。これまたカリフォルニアの特技である映画産業にも比べられよう。映画産業では、エンドロールに列挙されている一群のスタッフが、協調の交響楽を奏でながら映画を製作している。それは自動車組立工場で奏でられているものとは異なるとしても、協調の交響楽である点に変わりはない。

ファンとホロウィットは、他者の学問的な成果に強く依拠しているとはいえ、学者ではなく変革推進者である。二人は、独自の「熱帯雨林」を築きたいと考えている人々のために、文化的進化の管理されたプロセス、すなわち政策として容易に理解することができる、七つの「熱帯雨林のルール」を提起している。

ルール#1：ルールを破り、夢を見るべし。何か新しいものごとを達成することが、革新者のグループの選択対象である。

ルール#2：門戸を開き、聞く耳を持つべし。革新は、協調を必要とする社会的プロセスである。

ルール#3：信用し、信用されるべし。取引コストの削減には信用が必要とされる。それが可能になるのは、非公式な取り締まりのメカニズムが働くからである。

ルール#4：実験し、反復すべし。複雑なシステムの全体を理解できるほど賢い人はいない。もっともすぐれた理論でさえ、あり得る選択肢の数を限定できるにすぎない。変異と選択が、複雑なシステムを進化させる唯一の方法である。

ルール#5：優位性ではなく、公正さを求めるべし。自グループに属する他のメンバーに対して優位性を得ようとすることは、集団の企てを阻害する。

ルール#6：間違いを犯し、失敗し、辛抱強く続けるべし。失敗は、自動車組立工場のみならず新興企業にとっても適応の最前線をなす。

ルール#7：他者を助けるべし。技術革新のオアシスを包み込む精神は寛大さ、そして自己の利益への狭量な期待をせずに他者を助けようとする意欲である。これは、主流の経済理論が提起する、人間の本性に関する概念の対極をなす。

複雑なシステムの文化的進化

本章で私は、変化に適応できる社会の事例を三件取り上げた。三件とも、グループ間選択の圧力がとりわけ強く、現在や未来における環境の変化にうまく対応できるグループを選択する文化的進化のるつぼである、ビジネス界から得た事例であった。

しかし各ストーリーとも、経済学における企業選択の標準的な考えより複雑である。現在の環境と変化する環境の両方に適応可能な企業は、「文化的突然変異」として生じ、他社と競合しながら拡大していく。また、さまざまな経済ニッチを占めるにつれ多様化していく。しかしそれには数十年を要し、生物の地理的な分布と同様、その拡大を妨げる文化的な障害が立ちはだかる。その結果、トヨタのような著名な事例でさえ、自動車産業以外ではほとんど知られておらず、その成功の秘訣は、トヨタのやり方を真摯に模倣したがっている企業の多くに届いていない。

いかなるグループも、現代の無数の問題を解決するのに必要な規模と速度で、変化に適応することが求められていることは明白である。それには、まず正しい理論を採用しなければならない。人間の本性をホモ・エコノミクスとしてとらえたり、変化に適応できるグループを築くには、類まれなる才能を持つ個人を見つけさえすればよいなどと考えたりすれば、私たちは、実際に適応可能な社会を築くために必要な要件を見通せなくなるだろう。それでは、間違った青写真を使って何かを築こうとしているエンジニアのようなもので、いかに賢くても、どれだけ懸命に努力しても、うまくいきはしない。

正しい理論は、複雑なシステムの文化的進化という概念に基礎を置く。それによれば、複雑なシステムは、部分を個別に扱うことでは最適化することができない。私たちは、選択の対象たるシステム全体の能力を念頭に置き、最善の実践方法を確立するための変異と選択のプロセスを活用することで能力を改善していかなければならない。この方法は、自由放任や中央計画よりはるかにうまく機能するはずだ。社会の適応度を向上させることは、とりわけ社会の規模が大きくなれば簡単ではない。それでも、進化論、マルチレベル選択、ティンバーゲンの四つの問いのアプローチに基づいて描かれた正しい青写真を持っていれば、可能であろう。

第10章 未来に向けての進化

私は、科学者でイエズス会士でもあったピエール・テイヤール・ド・シャルダンと、彼の著書『現象としての人間』を取り上げることで本書を開始した。テイヤールは人間を生物の一種としてのみならず、新たな進化のプロセスとしてとらえ、それゆえ生命の起源として独自の重要性を持つ存在と考えていた。彼の考えでは、人類は、スーパーオーガニズムとして地球を統制できる、オメガポイントと呼ばれるただ一つの地球大の意識へと至る進化の道を歩んでいるのだ。

私は序で、本書を『現象としての人間』のバージョンアップ版と見なした。テイヤールの本はスピリチュアルな色合いを濃厚に含んではいるが、純然たる科学論文として評価することも可能である。人類は、新たな進化のプロセスを代表しているのだろうか？　意識の進化という概念は正当化できるのか？　スーパーオーガニズムは存在するのか？　地球全体を包摂するべくスーパーオーガニズムの境界を拡大することが理論的に可能なのか？

これらの問いは、進化や人間の本性をめぐるもっとも深遠なる問いの一部だ。とはいえ本書は、著しく実践的な側面も含んでいる。現代生活につきまとう身体や心の病気の流行をいかにすれば回避できるのか？　もっともすぐれた子どもの養育方法とはいかなるものか？　どうすれば個人として充実感が得られるのだろうか？　自分が属するグループの効率をあげるにはどうすればよいのか？　いかにすれば持続可能な経済を構築できるのか？　どうすれば人間は、他の生物の世話役になれるのか？

思うに、進化論の世界観をかくも説得力のあるものにしている要因は、哲学的な深さと実践的な妥当性が組み合わされている点にある。ダーウィンが『種の起源』の末尾に「この生命観には荘厳さがある」と記した理由は、よくわかるのではないだろうか。本書の最終章では、深い哲学的な問いと、ダーウィンの道具箱を用いてよりよい世界を築く実践的な方法の両方を評価してみよう。

進化の科学の必要性

現代の諸問題を解決するためには科学的な理解が必要であることをまじめに否定できる人がいるとは、とても思えない。しかし非常に多くの人々の科学に対する態度は、進化に対する姿勢から切り離されている。宗教信奉者は、科学に好意を寄せる創造論者でもあり得る。政治家は、科学の忠実な支持者でありながら、進化の「し」の字も口にしないかもしれない。社会科学者や他の人文分野の専門家は、進化に関する訓練を特に受けていないにもかかわらず、自分の専攻する学問が進化論と整合すると仮定しているかもしれない。

本書が何かに貢献できるとすれば、その一つは、このような科学と進化の分離が孕む問題を暴露することにある。人間性のあらゆる側面を追求するのなら、科学者は進化論者でもあるべきだ。進化を無視する科学者は、解釈の枠組みのない情報の山を築いたり、ティンバーゲンの四つの問いの一部のみを追求したり、あるいは進化論と不整合な解釈枠組みを採用したりする危険を冒さねばならない。科学者であるか否かを問わず、誰もが科学と進化を密接に関連するものとして考えられるようになって初めて、ダーウィンの革命は完全に成就されると言えるだろう。

ひとたび現代の進化の科学に参照するようになれば、冒頭にあげた深い哲学的な問いのおのおのに肯定的に答えることができるだろう。それらを順に検討しよう。二〇世紀のほとんどの期間を通じて、進化生物学者は遺伝子を中心とする見方をとっていたのは確かだが、現在では、変異、選択、遺伝という用語で進化を定義することで基本に戻るようになった。遺伝子は、いくつかある遺伝メカニズムのうちの一つにすぎない。多くの生物では、文化的な伝達は、もう一つの遺伝メカニズムとして作用しており、人類における象徴的な思考の誕生とともにはるかに強力なメカニズムになった。人類は新たな（あるいは少なくとも大幅に拡張された）進化のプロセスを代表する存在であると述べたとき、テイヤールは核心をついていたのだ。

意識の進化の問いに移ろう。二〇世紀のほとんどの期間を通じて、進化はいかなる目的も持たない方向性のないプロセスだとするドグマが通用していた。とりわけこのドグマによれば、環境によって選択される特徴に関して、変異はランダムであると見なされた。キリンが高所の木の葉に向けて首を伸ばしたとしても、それが不可解にも子孫の背の高さの伸長を引き起こしたりはしない。子孫は、背が高くなることもあれば低くなることもあるが、長い時間が経過するうちに、キリンの個体群の背の高さが伸びるよう進化する理由は、生存と繁殖の成功度の違いによって説明できる。

　歴史的に見れば、その種のドグマが堅固に根づいた理由を理解し、ハーバート・スペンサーらに結びつけられている定向進化〔進化は一定の方向に向かっていくという学説〕というあいまいな考えを否定することは、いとも簡単にできる。また当初は、生物の経験がいかに生殖細胞の遺伝子に影響を及ぼすのかを見通すことは困難であった。今日では、生殖細胞中の遺伝子ではなく、遺伝子の発現パターンを変えることで（エピジェネティクス）、それが可能であることが判明している。言い換えると、両親の経験は、一部の遺伝子の発現が促進されたり抑制されたりすることにつながる場合があり、これらの遺伝子の発現パターンは、ある程度子どもに受け渡される。あなたの特徴は、祖父母や曽祖父母の経験の痕跡を宿している場合さえあり得るのだ。

　次に進化のプロセスとしての個人の学習と文化的伝達に目を向けると、そこには強い方向性を帯びた構成要素があることは明らかだ。だから進化に方向性はないとするドグマは、遺伝子中心の進化生物学の産物であるとおおむね見ることができよう。また、学習や文化的伝達は遺伝的進化を劇的に変えられる。たとえば、成人してからも乳糖《ラクトース》を消化できる遺伝的な能力を進化させた人々の集団があるが、それが可能になったのは、その前に家畜の飼育を学習していたからにほかならない。このように、遺伝的進化という緩慢なプロセスは、文化的進化という迅速なプロセスを後追いする場合がある。

結論を言えば、意識的な進化という概念に特に問題はない。たとえば意識的な意思決定のプロセスについて考えてみよう。進化の文脈において選択の対象になる、さまざまな代替選択肢を評価することには明らかな目的がある。進化のプロセスの一部を構成する変異には、方向性を持った構成要素と持たない構成要素の両方が含まれる。私たちは、ランダムに選択肢を提案したりはしない。通常は、一連の期待に導かれてそうする。その一方、「どこからともなく出来した」かのように思える選択肢もあり、それが実際に選択される場合も多い。集団思考《ブレインストーミング》の肝はそこにある。任意の構成要素の重要性を示す方法の一つは、いくつかのグループに同じ課題を与えて意思決定をさせることだ。それらのグループは通常、リチャード・レンスキーの実験における大腸菌の系統のそれぞれが、グルコースを消化するための異なる方法を進化させたのと同じように、グループ間で異なる解決方法を提起する。

コンピューター科学で用いられている進化のアルゴリズムは〔遺伝的アルゴリズム（GA）を指す〕、それと同じ手順を追う。地方の諸都市を巡回して製品を販売するセールスマンがたどるべき最短経路を割り出すなどといった課題を解決することは、非常にむずかしい。なぜなら、取り得る経路の数があまりにも多いからだ。一つの方法は、染色体上に配置された遺伝子のように、可能な選択肢〔諸都市間を巡回する種々の経路〕のおのおのを情報の連鎖に置き換え、経路の短さに基づいて選択することである。さらに情報の連鎖の一部に突然変異を起こしたり、遺伝子組み換えのように二つの情報の連鎖を互いに組み換えたりすることで変異を発生させる。このプロセスを繰り返して無数の「世代」を経過させることで、最短経路の発見という課題を達成することができる〔必ずしも実際の最短経路が得られるとは限らないが、それに近い結果が得られる〕。このプロセス全体が、特定の課題を解決することを特に意図して設計されているが、それでも進化のプロセスと見なすことができよう。

意識的な進化という概念にひとたび馴染めば、コンピューター上で走らせる進化のアルゴリズムを設計するのと同じように、自己の、あるいは文化的な進化のプロセスを設計する必要があることが明らかになる。これは生物学者によって「進化性の進化」と呼ばれている。[*1] 私たちが進化のプロセスの賢明な管理者にならなかったとしても、進化は続いていくだろう。だが、私たちの規範的な目的に沿わない結果がもたらされるだろう。国民総生産（GNP）を最大化する経済実践の選択は、格好の例の一つである。たとえそれに成功したとしても、GNPは社会福祉のすぐれた指標にはならないことがやがて判明するはずだ。それは選択の対象として間違っており、私たちがそのような選択をすれば、進化のプロセスは解決ではなくさらなる問題をもたらすだろう。その種の事例は、延々と列挙することができる。

スーパーオーガニズムは存在するのか？　この問いに対する答えは、明らかに「イエス」だ。ある実体が有機体《オーガニズム》として分類されるにあたっては、それがどの程度マルチレベル選択の単位として機能するかが一つの要件になる。細菌細胞にせよ、有核細胞にせよ、あるいは多細胞生物にしろ、現在オーガニズムとして分類されている実体はすべて、グループとして選択されたがゆえに、あるがままに振る舞う低次の構成要素の、高度に統制された社会を構成しているのだ。選択がグループ内で作用する限り、低次の構成要素は、がん細胞のような実体に進化し得る。真社会性昆虫のコロニーがオーガニズムとして分類されるのは、コロニーのメンバーが物理的に分散しているときでも、コロニー自体が第一の選択の単位になるからだ。この考えが等しく人間の遺伝的、文化的進化にも適用されるという事実の発見は、科学における第一級の革新だと言えるだろう。

人間によって構成されるスーパーオーガニズムの境界は、地球全体を包摂するほどまで拡大できるのか？　この境界は、過去一万年を通じてすでにかなりの程度拡大しており、今日のメガ社会に結実している。いかなる国家も、その統治形態《ガバナンス》を改善することができる。しかし現代社会における協力や協調の程度は、狩猟採集民であった私たちの先祖には想像もつかないものであった。マルチレベル選択理論の教えに従えば、地球全体を一つのスーパーオーガニズムにしたいのなら、地球規模の福祉を選択の対象にしなければならない。言うは易く行なうは難しではあるが、それに対抗する物語《ナラティブ》が、規制のない低次の利益の追求を公共善に資する方法として描くものであるだけに、選択の対象を明確に設定することは特に重要な第一歩になるだろう。

最近の進化の科学の発展に照らしてみれば、『現象としての人間』でテイヤールが提起したあらゆる哲学的な問いに肯定的に答えることができる。二〇年前なら、本書はとうてい書けなかっただろう。ダーウィンの革命がまだ完成していないと言える理由の一つは、進化生物学者の進化に関する見解が非常に限定的であるために、非遺伝的な進化のプロセスの研究を他の分野の学者にまかせているからである。この状況は急速に変わりつつあるとはいえ、やらねばならないことはたくさん残されている。

理論から世界観へ

本書では、「進化の理論」よりも「進化論の世界観」という言い方を多用してきた。理論はその対象が何であるのかを教えてくれるにすぎないのに対し、世界観はいかに行動すべきかを教えてくれる。テイヤールは彼が提唱するオメガポイントを、科学的な可能性としてのみならず、それに向けて歩んでいくこと自体に価値があるものとして描いている。このメッセージは非常に啓発的であるがゆえに、彼の著書は、ほとんどの科学者に忘れ去られてからも、広く読み継がれてきたのである。

私たちはたいてい、見解の不一致に気をとられているために、共通の基盤を見失いやすい。私たちのほぼすべてが、少なくとも一定の道徳共同体《モラルサークル》のもとで、共通の目標を達成するために破壊的な利己的行動を避け、他者と協力し合うことが正しいと考えている。だから第4章で私は、読者がどう答えるかが前もってわかっているにもかかわらず、道徳的に完全な人間を各人で思い描いてみるよう促したのだ。道徳共同体の定義、共通の目標を達成するために何をすべきかをめぐる考えや、道徳的な理想を伝える物語《ナラティブ》に関しては各人が見解を異にしたとしても、そのことは、グループを形成して協力し合えるよう設計された、誰もが共有する道徳的な心理と比べれば表面的なものにすぎない。

私たちは道徳的な心理を共有しているばかりでなく、いかに奇妙に思えようと、地球全体を究極的な道徳共同体と見なすことを比較的簡単に承認できる。偉大な小説家ジョゼフ・コンラッドは、「海を題材とする小説を書くことを好む理由は、船上での生活が道徳的にきわめて単純なものだからだ」

と述べたことがある。船に乗り組んでいる誰にとっても、船を沈まないよう保つことが共通の目標であることは、自明の理である。『スタートレック』シリーズや『スター・ウォーズ』シリーズなどの宇宙冒険活劇《スペースファンタジー》には、同様な魅力がある。地球を一隻の船として思い描くよう求めれば、誰もが地球を適切な道徳共同体と見なすようになるだろう。

諸宗教は、永遠に争い合うものと見なされることがあるが、その見方は真実からほど遠い。宗教戦争は、どんな戦争とも同じように、高度に文脈に依存する。宗教団体は文化的なスーパーオーガニズムとして、攻撃的な社会戦略をとることもできれば、協調的な社会戦略をとることもできる。どちらの戦略が採用されるかは、社会的、ならびに生態学的条件に依存する。戦争の勃発を避けたいのなら、進化生態学者のように考えて、ダーウィン流の競争に勝つために平和的な社会戦略を適用できる条件を整えるべきだ。

さらに言えば、キリスト教の僧院の修道士から洞穴で修行する仏教徒の隠者に至る、すべての主要な宗教の瞑想家は、豊かなつながりに対する気づきを共有している。ひとたび生命を相互に結合した巨大なシステムとして認識するようになると、そこには一定の倫理的態度が生まれ、とりわけそのようなシステムの一部が他の一部を攻撃することの無益さが明らかになる。システムの問題は、システムを考慮に入れた解決策を必要とする。フランシスコローマ教皇は、「私たちが共有する家のケアに関して（*On Care for Our Common Home*）」という環境に関する回勅を全人類に向けて発信している。またダライ・ラマは、『ダライ・ラマ　宗教を越えて――世界倫理への新たなヴィジョン』と題する本を書きさえしている。

環境論者も同じ結論に達している。彼らは、自然の研究を通じて豊かなつながりを評価しているが、同じ倫理的結論に至ったのだ。だから「ディープエコロジー」という言葉を造語したアルネ・ネスらの環境哲学者たちの考えは、神を持ち出すことこそないものの、スピリチュアルな色彩を帯びているのである。

奇妙に思えるかもしれないが、経済学者や政治家でさえ、全地球倫理をめぐって基盤を共有することができる。「貪欲さはよいことだ」とのたまう人々は、たとえ世界が崩壊しようが貪欲に行動してもよいと主張しているわけではない。彼らは、貪欲さが世界経済を含め社会に有益だと主張しているのである。現職の米大統領ドナルド・トランプは、他国を犠牲にしてまでアメリカを最優先《ファースト》すべきだと主張しているのではない。少なくとも彼が世界の舞台で自分の政策を正当化するときには、あらゆる国が自国を最優先すれば、公共善に関して適正な取引がなされるはずだと主張しているのだ。彼の戦略は間違っているのかもしれないが、修辞的には全地球倫理を放棄しているわけではない。世界の舞台に立ちながらほんとうにそれを放棄しているのなら、その人は、単なる非道徳的な輩と見なされるだけであろう。

そのような背景をもとに、進化論の世界観は、全地球倫理を単に思いつきで主張するのではなく、実際に構築することに向けて二つの貢献を行なうことができる。一つは、次のようなものだ。進化論の世界観は、低次のレベルのあらゆる政策立案を調整できる包括的な政策の立案において、その選択の対象として地球全体の福祉を据える必要性に対し、強力な科学的支援を与えることができる。それと同時に、低次における無規制の自己利益の追求が、共通善に資すると考える代替ナラティブに対する科学的支援を取り除くことにもなる。ありていに言えば、政策立案ということになると、自由放任主義は死んだも同然である。

二つ目の貢献は、複雑なシステムの設計手段としては、自由放任主義同様死んだも同然の中央計画の代替案を提供する点にある。政策立案は、最初に適正な選択の対象を決め、計画されたものか否かを問わず変異を監視し、しかるのちに政策の実施が強く文脈に依存する点を念頭に置きつつ、最善の実践《ベストプラクティス》方法を広げていくという手続きをとらねばならない。エンジニアは、複雑なシステムを設計するにあたって、すでにこの結論に達している。[*2] 地球全体とそれを構成する多数のサブシステムに関しても、違いはまったくないのではなかろうか？

また、進化論の世界観から「変化は段階的でなければならない」というもう一つの洞察を引き出すことができる。一歩先なら、到達できる可能性はきわめて高い。最適な進歩とは、適応という高峰の頂を目指して、谷底に下りる事態を招くことなく一歩一歩よじ登っていくようなものであろう。

私たちにできること

私たち（ここでは書き手たる私と読者諸兄を指す）は、一つの多様なグループを構成している。読者のなかには、大規模なものごとを起こせる立場にある人もいるだろう。また誰もが、自分の人生や身近な環境をめぐってではあれ、何らかの規模でものごとを起こせるはずだ。幸いにも、全地球倫理に基づいて行動するとは、地球のために自己を犠牲にすることではない。それは、自分への見返りが大きく、より大規模な変化を引き起こせる強力な運動主体であるグループに参加することで、あなたが個人として繁栄できるよう支援してくれるのだ。

　誰もの教訓になる注目すべき事例として、ミズーリ州の農村地帯にあるダンシングラビットと呼ばれるエコビレッジがあげられる。[*3] ダンシングラビットは、自分たちを他の社会から切り離そうとはしていない。ニューイングランドの村落をモデルにしているが、それは、平均的なアメリカ人の持つ資産の一〇分の一を公的に用いながら、各人がよき生活を送れるよう意識して努力する共同体である。以下にダンシングラビットの綱領をあげておこう。

〔ダンシングラビットの目標は〕個人や大小さまざまな規模のコミュニティによって構成され、構成員が持続可能《サステナブル》な生活[※]を送ることができ、またそのような生活を促進する、小さな町や村の大きさの社会を構築することである。

そして、そのような持続可能な社会を、範例や教育やリサーチを通じて、グローバルコミュニティに影響を及ぼせるだけの規模と評価を得ることができるよう成長させることである。

※「持続可能性」とは、一定の領域内で、いかなる資源も、自然の再生速度を超えて消費される

ことがなく、閉じたシステムが、そのシステム内で獲得可能な資源や生活水準やシステム内の生態系の劣化、ならびに外部の生態系の持続可能性の阻害を招かずに無限に存続可能であることを意味する。

ラビッツ（彼らは自分たちをそう呼んでいる）は、この任務を真摯にとらえている。新規加入者は、車の利用、化石燃料の使用、農法、建築資材、電気や水道の利用、そしてゴミの廃棄を規制する契約に署名するよう求められる。争いの解決には非暴力的な手段を用いることを、また、自分の空き時間や収入の一部をコミュニティに寄与することを誓わされる。ビレッジは、この契約を繰り返し破ったメンバーを追放する権利を持つ。

持続可能な暮らしを求めるこれらの規範は、可能な限り厳格に課される。とはいえ、暮らしの他の側面においては、ラビッツはできる限り寛容さを保っている。無信仰を含め、いかなる宗教を信奉しても構わない。性的嗜好、人種、生活様式は問われない。またダンシングラビットの綱領や契約は、持続可能性に関する規範をいかに遵守すべきかについては細かく規定していない。その代わり、実験が奨励されている。このようにダンシングラビットエコビレッジは、全地球の福祉を念頭に置いて、はっきりとした選択の対象を定めた進化のプロセスとして設計されているのだ。

ダンシングラビットは、本書の主題の一つ、つまり個人の福祉とグループレベルでの有効な行動という両側面において、育成的な小グループが果たす役割の重要性を例証する。私はダンシングラビットを訪れたことがあるが、そこでの生活の質の高さを検証できたことをここに証言できる。最初に気づいたのは、車を見かけないことだった。コミュニティの所有する車が村の片隅に駐車され、建物は歩道によって分離されていた。次に気づいたのは、子どもたちが保護者の監視なしに自分たちだけで走り回っていたことだ。車にひかれたり見知らぬ人に誘拐されたりする可能性がまったくないのに、過保護な親の監視が必要であるとは思えない。それから身体を動かしている人の多さに気づいた。人々は、おもに戸外で庭いじり、家屋の建築、公園の保守などの作業を行なっていた。大昔と違って現代では、公園や家屋は自分たちで作って管理しなければならない。その作業は、一人では不可能に近いがグループでなら可能である。

ダンシングラビットでの生活は楽ではない。さまざまな側面で、ラビッツは開拓者生活の苦難を味わっている。しかしそれと同時に、その生活はとても充実している。彼ら自身の内部調査によれば、「ダンシングラビットは暮らしやすいと思いますか?」という質問に対し、ラビッツの八八パーセントが、「暮らしやすい」か「非常に暮らしやすい」と答えている。また多くの人々が、ビレッジを自己の成長にふさわしい場所としてコメントしている。厳格な規範であっても、それを課される人々の価値観に符合していれば恨みを買うことはない。またその他すべての側面で寛容さを求める規範は、人々に実験する余地を与える。

このようにダンシングラビットは、高度に育成的なグループとして、個人の福祉に貢献している。またグループレベルでも、有効な行動を促進している。ラビッツはリサーチ好きで、自分たちの行動の生態系への影響を注意深く精査しているようだ。日常生活に関して言えば、全国平均と比べ、固形廃棄物は七パーセント、車の使用は一〇パーセント未満、プロパンガスの消費は五・五パーセント、ほぼ完全に地元で発電されている電気の使用量は一七・七パーセント、水の使用量は七・五パーセントという数値が得られている。平均年収はおよそ一万ドルで、アメリカの他の地域であれば、この額では貧困生活を強いられるだろう。最後につけ加えておくと、彼らは他のグループのモデルになるばかりでなく、種々の教育活動や広報活動を通じて自分たちのモデルを積極的に外部に宣伝している。グループは、どんなに優秀なメンバーであっても一人ではできないことを、はるかに効率的にやってのけることができるのだ。

私はノルウェー出身の同僚ビョルン・グリンド、ラグンヒル・バング・ネス、そして私の学生の一人イアン・マクドナルドと、フェローシップ・オブ・インテンショナル・コミュニティ（FIC）と呼ばれるコンソーシアムに所属する一〇〇を超える目的共同体《インテンショナルコミュニティー》の調査を行なった。[*4] それには農村地帯に位置するものもあれば、都市部に位置するものもある。また宗教的なものもあれば、世俗的なものもある。エコビレッジもあれば、高齢者介護などそれ以外の目的で設立されたものもある。それらの目的共同体はすべて、小グループという概念が、個人の福祉と、より大きな規模での有効な活動の両方に資することを例証している。また、世界各地の標本集団に適用されている、満足度や充実度を測定する尺度で、トップに近い成績を収めている。そして彼らは、目的共同体に参加した理由、現在満足を感じている理由、未来の変化によってさらに何を望んでいるかに関して、「コミュニティ生活」をあげている。

われわれが調査した目的共同体は、満足度や充実度が平均的に高かったが、目標をどの程度達成できたかの評価には変動が見られた。われわれが予測していたとおり、この変動は、ＣＤＰをどれだけうまく実施できているかに部分的に依存することがわかった。平均的な目的共同体はよい結果を得てはいるものの、進化論の知見をもう少し活かせばもっとうまくやれるはずだ。

目的共同体に加わるためには、すべてを捨て去らねばならないのか？　その必要はない。あなたはすでに数々のグループ活動に参加しているはずだ。それらのどの活動においても、ダンシングラビットによって有効性が示されている原理の恩恵を受けられるだろう。以下に誰もが遵守できる指針をあげておく。

1．自分自身の価値観と目標にもっと注意を向けるべし。世界を変えることは、全地球倫理を自分自身が採用し、日常生活でできることへと翻訳していくことから始まる。私が強く推薦するのは、ＡＣＴ（第７章参照）などの、科学の裏づけのある実践方法についてもっと学ぶことだ。自分が立てた規範的な目標に自己の進化を沿わせるためには、それについてもっと意識的になる必要がある。セラピストやコーチの相談を希望する読者は、ＡＣＴ（Association for Contextual Behavioral Science）のウェブサイトを訪問されたい。[*5]

2．価値あるグループのメンバーになるべし。私たちは、自分の行動に対して承認や尊敬が得られることが期待できる協調的な小グループのメンバーになるべく進化によって設計されている。また、活動方針の異なるいくつかのグループに同時に参加できるよう設計されている。人類の狩猟採集民の祖先が行なっていた社会活動は、現代に生きる私たちがさまざまなグループ活動に時間を割くのとそれほど変わらないやり方をとっていた。だから可能な限り多くの時間を、自分の価値観や目標を反映するグループに参加し活動することに費やそう。

3．CDPやADPを実施することで自分のグループを強くしよう。人類は、小グループを形成して暮らすよう進化によって設計されているのだとしても、そのことは私たちが本能的に正しい設計原理を実施できることを意味するのではない。設計原理の実施の様態は、グループごとに異なり得る。しかもうまく実施できていたとしても、そのグループのメンバーは、正しい設計原理を実施していることに、必ずしも意識的に気づいているわけではない。したがってそこに、いかなるグループであっても、メンバーがグループの進化により大きな注意を払うことで改善を試みる余地が残されている。これは、個人が自己の進化により大きな注意を払う必要があるのと同じである。

4．自分のグループを多細胞社会の健康な細胞にしよう。堅実に組織化された小グループへの参加は、自分自身の福祉に驚異的な改善をもたらすかもしれないが、そのグループは、より大きな尺度で社会に建設的な貢献をしなければならない。尺度に依存しないCDPは、ものごとの進め方を描く青写真を提供する。あなたが属するグループは、協調的なスーパーオーガニズムとして他の協調的なスーパーオーガニズムを探し出し、収奪的なスーパーオーガニズムを避け、より大きな尺度でCDPを確立していかなければならない。それを実行するために、いかなる権威筋からも許可を得る必要などない。第6章で取り上げたBコーポレーション運動は、独自にCDPを実施することで、啓蒙されたビジネスを実践しようとする試みの一例である。とはいえ、第6章で紹介したバッファロー市のブロッククラブの例に見たように、適正なトップダウンの支援を得るためには、十分に啓蒙された（政府などの）権威筋の助力を求める必要があることも念頭に置くべきであろう。

運よくあなたは、大きな規模で何らかの違いをもたらせる立場にあったとしたら何をすればよいのか？　あなたが政治家、政策専門家、企業経営者、慈善団体の委員会のメンバーだったとしたら？　そうであれば、あなたはたった今説明したトップダウンの支援を提供できる立場にある。その場合、中央計画の誘惑に屈しないようにしよう。あなたや専門のコンサルタントは、自分が対応しようとしている複雑なシステムの改善方法がわかるほど賢明ではないと心得ておこう。根本から包摂的なCDPを採用すべきである。また、選択の対象を正しく選び、計画されたものであろうがなかろうが変化を監視し、最善の実践方法を、その実施が文脈の違いに鋭敏である点を念頭に置きつつ広げよう。第9章で取り上げたトヨタ、ラピッド・リザルツ・メソッド、技術革新の生態系の事例が示すように、複雑なシステムの内部にいる誰もが実践に参加する必要がある。それを達成できれば、あなたは宇宙の支配者を気取る以上に、成功や他者からの認知や充実感を手にすることができるはずだ。

誰にでもできることが他にもある。進化論の世界観についてもっと学ぶことだ。本書をさらなる探究へ読者を誘う門《ポータル》として考えるとよい。この門をすでに通過した人は、世界人口に比べればわずかとしてもかなりの数にのぼる。教師として著者としての私の最大の喜びの一つは、私の案内で読者にこの門をくぐってもらうことだ。進化論の世界観に馴染んだこと、それについて友人に語ったこと、日常生活のさまざまな側面にそれを応用してきたことについて、私は何度も聞かされた。明らかに彼らは、基本的な情報を与えられただけで世界を新たな視点から眺められるようになっていた。もちろんそれは、さらなる勉強によって深めていくことができる。これは単なる私の個人的な感想などではなく、私と同じように進化について教えたり本を著したりしてきた人たちの感想でもある。そのような変容をもたらしたのは、教師や書き手というより、適度に一般的な形態で提示された理論なのである[*6]。

私自身に関して言えば、ドブジャンスキーが「生物学では、進化の光のもとでなければ何ごとも意味をなさない」と書いた一九七三年に、大学院生として研究を始めてからずいぶん長い年月が経った。私は、「生物学」という概念に、「人間」や「文化」に関連するあらゆる事象を含めることに自分も一役買ったという事実に誇りを感じている。幸運にも私は、より大きな規模で違いをもたらすことができる立場にいた。それに対して進化研究所に感謝する。[*7] 進化研究所（ＥＩ）は、明示的に進化論に依拠しながら公共政策の考案を行なっている、現時点でただ一つのシンクタンクである。とりわけ利用しやすい二つのＥＩプロジェクトとして「Ｐｒｏｓｏｃｉａｌ」[*8]と「ＴＶＯＬ１０００」[*9]があげられる。Ｐｒｏｓｏｃｉａｌは、グループの進化の促進や、協調的なマルチグループ生態系の構築への参加を、本書に提示されている考えに基づいて支援する実践的な方法である。ＴＶＯＬ１０００は、ＥＩのオンラインマガジン『This View of Life』の発行を支援する団体で、ビジネス、教育、養育、健康などのトピックを専門に扱う各種活動グループに分かれている。[*10]

私は、政策立案に関してどのトピックを選ぼうが、ベストプラクティスがすでにたくさんあることを学んできた。たとえば教育のための善行ゲーム、バッファロー市ウエストサイド近隣共同体、福音細胞教会、企業向けのラピッド・リザルツ・メソッドなどである。これらのベストプラクティスはすべて、たいていは偶然に「文化的変異」が生じることで生まれ、その成功を基盤に拡大していった。それが文化的進化というものだ。ただし拡大の速度は遅く数十年かかることが多く、生物の地理的分布と同様、さまざまな境界につきあたってそこで止まることも頻繁にある。またベストプラクティスの多くは、うまく機能する理由がはっきりとはわかっていない。説明があっても、その理由は特定の領域に限定され、他の領域には当てはまらない場合が多い。

私たちはつねにベストプラクティスを探し出して、その成功から学ぶ一方、現代の問題を地球規模でなるべく迅速に解決するためには、もっと多くが必要とされる。進化論の主たる貢献は、一度も試されたことのない解決手段を発見することではなく、これまで取り上げてきたようなベストプラクティスに効果がある理由を説明したり、あらゆる知識の領域や政策の適用にそれらを拡大していくための方法を特定したりすることができる、地球大の普遍的な枠組みを提供することにある。それは、私が若かりし頃に生物科学を組織化するのに用いた統合手段だったのであり、現在も「人間」と「文化」に関連するあらゆる事象に適用するために研究を続けているものなのである。

私は、本書で取り上げた考えが未来の波になると固く信じている。まず尋ねるべき問いは、「それは、どれほど早くやって来るのか?」「その到来は、私たちがたった今直面している、今まさに襲ってこようとしている危機を回避するのに間に合うのか?」である。私は、全世界の人々がトマス・ハクスリーとともに、「そんなことも思いつかなかったとは、私たちはなんと愚かだったのか!」と慨嘆する日が来るのを楽しみにしている。

訳者あとがき

本書は *This View of Life: Completing the Darwinian Revolution*（Pantheon Books, 2019）の全訳である。メインタイトルの This View of Life は、ダーウィンの著書『種の起源』の末尾の文章からとられている。著者のデイヴィッド・スローン・ウィルソンは、ニューヨーク州立大学ビンガムトン校で教鞭をとる進化生物学者で、社会的協調の文化的進化をめぐるマルチレベル選択説で知られている。既存の邦訳には『みんなの進化論』（中尾ゆかり訳、日本放送出版協会、二〇〇九年）があるが、宗教の文化的進化に自説を適用した *Darwin's Cathedral: Evolution, Religion and the Nature of Society*（University of Chicago Press, 2002）は、社会を進化論的観点から分析する他の本でよく引用されている。また、訳者が最初に読んだ著者の本でもある。本書『社会はどう進化するのか』の理論的基盤も、マルチレベル選択（グループ選択）にあるが、学術系のシカゴ大学出版局から刊行されている *Darwin's Cathedral* はかなり専門色が濃いのに対し、本書は誰にでも読みやすい一般読者向けの本として書かれている。ちなみにグループ選択を含めたマルチレベル選択説の是非に関しては、専門家のあいだで見解が分かれているようであり、否定する学者も少なからずいる。訳者が最近読んだ本で言えば、本書の原書とほぼ同時期に、同じPantheon Books社から刊行された、リチャード・ランガム著*The Goodness Paradox*では、あからさまな否定はしていないものの、協力関係の文化的進化はグループ選択の理論を用いずとも説明可能であると論じられている。いずれにせよこの点については、専門家ではない訳者があれこれ述べるべきところではないので、その是非は読者諸兄の判断にゆだね、これ以上触れることはしない。なお著者の父親は一九五〇年代に活躍した人気作家スローン・ウィルソンで、映画化もされている『灰色の服を着た男』や『避暑地の出来事』は、当時はよく知られていた（どちらも今では忘れ去られているが、マックス・スタイナーが作曲した、映画『避暑地の出来事』の主題歌『夏の日の恋』は映画音楽のスタンダード・ナンバーとして有名で、現在でも耳にする機会が多い）。

さてここで、各章の内容を簡単に紹介しておく。大雑把に言えば、第5章までが理論面重視の基礎編、第6章以後が実践面重視の応用編と見なすことができる。

まず基礎編から。「序」と「はじめに　この生命観」は本書全体の概観を示す。「第1章　社会進化論をめぐる神話を一掃する」では、進化論の枠組みを用いて社会の進化を説明しようとする理論に対する誤った認識、すなわち社会進化論の神話がいかに根拠のないものであるかを明らかにする。本書の議論を進めるにあたり、この釈明は必須のものと言えよう。「第2章　ダーウィンの道具箱」は、進化の過程を通じて形成された事象を理解するために有用な概念ツールとして、ティンバーゲンの四つの問い（「機能に関する問い」「系統発生（歴史）に関する問い」「メカニズムに関する問い」「個体発生（発達）に関する問い」）を紹介する。この概念ツールは以後の章で頻繁に言及され、その観点からさまざまな分析がなされる。「第3章　生物学の一部門としての政策」では、政策を生物学的知識に基づかせる必要性を端的に示す三つの事例が取り上げられる。「第4章　善の問題」は、神学における悪の問題とは異なり、進化論の世界観では善の問題、すなわち「自然選択が支配する進化の過程で、なぜ善が生じ得るのか」という問いが重要になることが示され、進化における善悪の顕現に関する三つのストーリーが語られる。「第5章　加速する進化」は、遺伝的進化と文化的進化が相互作用することで進化が加速してきたことについて、三つの具体例を用いて解説する。

次に実践編に移ろう。「第6章　グループが繁栄するための条件」は、社会が成立するための基礎単位と著者が見なす「グループ」のメカニズムが検討される。ちなみに第6章はすべての章のなかでもっとも長く、本書の核をなす章でもある。本章の前半は理論編の続きと見なせ、グループが繁栄するための条件を、政治学者でありながら二〇〇九年のノーベル経済学賞を受賞したエリノア・オストロムが提唱する八つの中核設計原理（CDP）に見出す。後半はCDPの実践面での有効性が、学校、近隣社会、宗教団体、企業という四つのグループを対象に検討される。「第7章　グループから個人へ」は、グループに関して第6章で提示された見方を個人の生活に適用する。「第8章　グループから多細胞社会へ」は、第7章とは逆に第6章の見方を、国家を含むより大規模なグループへと拡大適用する。「第9章　変化への適応」では、グループが変化にいかに適応できるのかが、トヨタの事例などを用いて論じられる。「第10章　未来に向けての進化」は、よき社会を形成するために自分たちに何ができるのかを検討しつつ、本書を総括する。

ここまで見てきたとおり、本書の主眼は、「よき社会を形成し維持するための政策を立案するにあたっては、生物学、とりわけ進化の科学に参照する必要がある」という論点をわかりやすく解説することにある。実のところ、英語圏では最近になって進化と社会の関係を扱う本が続々と刊行されている。今年（二〇一九年）の前半に限っても、本書の他に次の本があげられる。

・マイケル・トマセロ著 *Becoming Human: A Theory of Ontogeny*（Belknap Press）
・リチャード・ランガム著 *The Goodness Paradox: The Strange Relationship Between Virtue and Violence in Human Evolution*（Pantheon Books）
・ニコラス・A・クリスタキス著 *Blueprint: The Evolutionary Origins of a Good Society*（Little, Brown Spark）
・エドワード・O・ウィルソン著 *Genesis: The Deep Origin of Societies*（Liveright）
・マーク・W・モフェット著 *The Human Swarm: How Our Societies Arise, Thrive, and Fall*(Basic Books)

以上の書籍のうち、Ｅ・Ｏ・ウィルソンの小著を除きすべてを読んでいるが、一般読者にもっとも読みやすく、分量的にも手頃な本として本書に特に着目し邦訳した。では、進化の観点から社会やグループを考察する本が続々と刊行されている理由は何か？　進化論関連の本には、もとより相応の人気があることを考えれば、単なる偶然にすぎないのだろうか？　もちろんその可能性もあろうが、個人的には、国連やＥＵなどの超国家的組織が円滑に機能しているとはとても言えず、ポピュリズムが猖獗《しょうけつ》を極める昨今の世界情勢に鑑みると、国家、一般社会、企業、家族などのグループが円滑に機能する条件とは何かがこれまでになく問われるようになりつつあるからではないかと考えている。それらの問題について考える際、単なる思いつきや特定のイデオロギーに絡め取られないようにするためにもっとも重要になる留意点は、少なくとも何がしかの科学的基盤に依拠することであり、その基盤の一つを与えてくれるのが進化の科学なのである。

ここで昨今世間の耳目を集めている政治的、政策的なトピックと絡めてそれについて考えてみよう。日本人の誰もが知るとおり、日本は二〇一九年五月をもって令和の新時代に突入した。それにあたり頻繁に取り沙汰されるようになったトピックの一つが天皇制である。なぜ天皇制は、かくも長く続いているのか？　のみならず、イギリスやスペインはおろか、カトリックとは異なり共同体より個人の信仰を重視するプロテスタントの影響を強く受け、これまでもっともリベラル的、進歩的な国と見なされてきた北欧三国（スウェーデン、ノルウェー、デンマーク）、ならびにベネルクス三国（オランダ、ベルギー、ルクセンブルク）で、現在でも君主制が存続している。なぜか？　単にフランスのように打倒する機会がこれまで一度もなかったからなのか？　個人的な考えを言えば、そうではなく、日本にせよ、北欧ならびにベネルクス諸国にせよ、人間の本性や社会のあり方の根源に通ずる何かが、君主制にはあるからなのではないだろうか。ポピュラーサイエンス書の訳者あとがきで、天皇制の是非やあり方について議論するつもりは毛頭ないが、次の点だけは指摘しておきたい。天皇制の議論になると、いかなる立場をとろうがとかく感情的になりがちだが、社会を維持する装置として君主制というシステムがいかに機能しているのか、あるいはしていないのかを生物学、とりわけ進化の科学に基づいてもっと客観的に明確化してから、本書に即してさらに言えばティンバーゲンの四つの問いに答えてから論ずるべきであろう。余談になるが、現代における君主制の様態をわかりやすく解説した本として（ただし進化論的観点はとられていない）、国際政治学者、君塚直隆氏の著書『立憲君主制の現在――日本人は「象徴天皇」を維持できるか』（新潮選書、二〇一八年）をあげておきたい。

もう一つトピックをあげよう。昨今世界の至るところで、人権や表現の自由などといった、啓蒙の時代を経て人類が苦労して、そして血を流しながら手にしてきた気高い理念をいざ実践に適用しようとした途端に、さまざまな問題が噴出し、あつれきを生んでいる状況にある。人権に関して言えば、たとえばアファーマティブアクションをめぐる問題や移民の問題をあげられよう。表現の自由に関して言えば、最近の日本でもそれに関するいくつかの案件をめぐって、左右両陣営が論争を展開しているのは誰もが承知のはずだ。なぜそのような状況に陥っているのか？　思うに、人権や表現の自由などの普遍的な権利に関する概念であっても、それが実践に適用される際には、つねに特定のグループ（または個人）がその対象になり、それゆえ皮肉にもグループの境界を際立たせるというパラドックスに陥ってしまうからではないか。たとえば、あるグループを人権の適用の対象とすれば、別のグループがその範囲から逸脱せざるを得ず、その時点で普遍性を失ってしまうのである。

ここでそれに関して、昨今改正をめぐる議論がかまびすしい日本国憲法に即して考えてみよう。日本国憲法において、基本的人権は第一一条で、そして表現の自由は第二一条で保障されている。しかしながら第一二条には「この憲法が国民に保障する自由及び権利は、国民の不断の努力によって、これを保持しなければならない。又、国民は、これを濫用してはならないのであって、常に公共の福祉のためにこれを利用する責任を負ふ」とある。端的に言えば、第一一条と第二一条は個人の普遍的な権利の保障に関する規定であるのに対し、第一二条はそれを実践面に適用する際の条件を規定し、その後半では公共（共同体＝グループ）の福祉に対する配慮に明確に言及されている。個人にはグループの維持や安寧に資する社会的責任があるとするその見方は、とりわけ協調の進化に関する進化論の世界観とも符合する（本書ではとりわけ第6章を参照されたい）。したがって第一二条の後半の記述を無視して、言い換えると進化論の知恵を等閑に付して無条件に人権や表現の自由をふりかざせば、人間の本性が発露せざるを得ない実践面で、さまざまな問題が噴出してしまうのである（そもそも人権と表現の自由でさえ、実践面では相互に対立し得る）。その意味で、そのような態度は非科学的だとさえ言えよう。

このように、普遍的な権利であるはずの基本的人権や表現の自由を、普遍的という理由で文脈を考えずに、あるいは日本国憲法に従って言えば公共の福祉を無視して特定のグループに適用しようとすると、逆説的にも、人間がその本性として持つ、自グループを選好しようとするバイアスがあちこちで頭をもたげてくる。その点に関しては、本書ではおもに第4章で論じられており、たとえば「グループ単位での選択は、不道徳な行動を排除するより、行動のレベルをグループ間のやり取りへと高めるのである。かくしてグループ内の利他主義は、他のグループに対する集団的な利己主義と化し得る」(二〇九頁)とある。また前掲のクリスタキスの浩瀚《こうかん》な新著*Blueprint*でも、彼が社会性一式(social suite)と呼ぶ、人間が青写真《ブループリント》として持って生まれた八つの能力の一つとして「自グループを選好する傾向」があげられ、「グループの外部の人々より内部の人々を選好することで境界を画し、自グループを形成する」ことを基盤に人々は協力し合うようになると述べられている。グループ内での協調は善だとしても、その形成には、グループ間の争いという、より高次のレベルでのトレードオフがつきまとうとも言えよう。

これらの事例によって訳者が言いたいのは、それぞれのトピックに関して左右どちらの陣営が正しいかということではなく、科学的な視点、とりわけ人間の本性を理解するにあたってカギの一つとなる進化論的な視点を欠けば、対立するイデオロギー同士の無益な空中戦にしかならないということである。それに関連して著者は、第4章の冒頭で、「政策を生物学の一部門として見ることは、すべしとされる行動が、深く進化に依拠したものでなければならないことを意味する。世界のどこで暮らしていても、私たちは、制度、政治イデオロギー、聖典、個人の哲学を参考にするのと少なくとも同程度に、進化論を参考にすべきである」（七四頁）と述べている。まさに本書は、政策を立案するにあたって、生物学、とりわけ進化論に参照することの重要性を、具体的な事例を多用して誰にもわかりやすく解説する入門書だと言える。理想や理念においてだけではなく実践面において、家族、近隣社会、企業、国家など、さまざまな単位の社会の改善に興味を持つ読者にはぜひ推薦したい本である。

最後に、本書の刊行を引き受けてくれた亜紀書房と、担当編集者の小原央明氏にお礼の言葉を述べたい。

二〇一九年一一月

高橋洋

巻末注

凡例　巻末注、参考文献の URL はすべて原著刊行当時（2019.2）のもの。

序

＊1　テイヤールのすぐれた伝記としては、Amir（2007）、King（2015）があげられる。私は、著書『近隣プロジェクト（The Neighborhood Project）』（Wilson 2011）で一章を割いて彼について論じた。また、クリスタ・ティペットのラジオ番組『存在について（*On Being*）』で彼に関してインタビューを受けた出演者の一人でもあった。それについては次のサイトを参照されたい。www.onbeing.org/programs/ursula-king-andrew-revkin-and-david-sloan-wilson-teilhard-de-chardins-planetary-mind-and-our-spiritual-evolution/

はじめに　新しい生命の見方

＊1　そのような強力な理論が、たった一段落で表現可能であることには驚きを禁じえない。もっと詳しい説明は、私の著書『みんなの進化論』を参照されたい。
＊2　Dobzhansky（1973）
＊3　Wilson（1973）
＊4　私は、オンラインマガジン『*This View of Life*』に掲載されている、ピーター＆ローズマリー・グラントとのインタビューで、このテーマを探究した。二人は、ガラパゴス島に生息するフィンチの研究で世界的に知られている。次のサイトを参照されたい。https://evolution-institute.org/when-evolutionists-acquire-superhuman-powers-a-conversation-with-peter-and-rosemary-grant/
＊5　進化論と絡めての社会学や文化人類学の歴史は、わがオンラインマガジン『*This View of Life*』で行なった、ラッセル・シュットとロバート・ポールとのインタビューのテーマでもある。次の記事を参照されたい。https://evolution-institute.org/article/why-did-sociology-declare-independence-from-biology-and-can-they-be-reunited-an-interview-with-russell-schutt/（ラッセル・シュットとのインタビュー）、https://evolution-institute.org/article/cultural-anthropology-and-cultural-evolution-tear-down-this-wall-a-conversation-with-robert-paul/（ロバート・ポールとのインタビュー）
＊6　Beinhocker（2006）
＊7　Veblen（1898）
＊8　Nelson and Winter（1982）
＊9　Frank, R.（2011）

第1章　社会進化論をめぐる神話を一掃する

＊1　https://www.youtube.com/watch?v=s56Z5I0fYV0
＊2　Hodgson（2004）。「参考文献」に記されているホジソンの他の業績を、社会的な変化に対する建設的な対応を導く進化論の世界観の一例として参照されたい。
＊3　マルサスに関する最新のすぐれた伝記と業績については、Bashford and Chaplin（2016）を参照されたい。
＊4　スペンサーに関する最新のすぐれた伝記と業績については、Francis（2007）を参照されたい。
＊5　ダーウィンの伝記は多数あるが、個人的にはジャネット・ブラウンの2冊（1995, 2002）を推奨する。
＊6　Darwin（1871）, vol. I, p162
＊7　ゴルトンに関する最新のすぐれた伝記と業績については、Brookes（2004）を参照されたい。
＊8　http://galton.org/essays/1870-1879/galton-1872-fort-rev-prayer.pdf
＊9　ハクスリーに対する1世紀後の評価についてはBarr（1997）を参照されたい。ハクスリーとダーウィンの関係については、Browne（1995, 2002）に詳しい。
＊10　この時代の進化思想についての興味深い解説は、Provine（2001）を参照されたい。

＊11　ハクスリー自身の論文に加え、Paradis and Williams（2016）を参照されたい。"I doubt whether": p. 23

＊12　同上、p. 29

＊13　同上、p. 95

＊14　クロポトキンに関する最新のすぐれた伝記と業績については、Dugatkin（2011）を参照されたい。

＊15　A. Novoa（2016）は、いかにダーウィンの理論が、さまざまな文化のレンズを通して曲げられていたかを論じている。

＊16　Richards（2013）。表題の論文は Wilson and Johnson（2016b）で引用されている。

＊17　本節での引用はすべて Richards（2013）からのものである。

＊18　デューイに関する詳細な議論は、Wilson and Johnson（2016b）所収の哲学者トレバー・パースとのインタビューを参照されたい。

＊19　Dewey, J.（1910）, pp. 1-2

＊20　Jablonka and Lamb（2006）、Richerson and Boyd（2005）、Henrich（2015）

＊21　社会学をはじめとする社会科学の分野における進化の扱いの歴史については、Wilson and Johnson（2016b）所収の社会学者ラッセル・シャットとのインタビュー、ならびに参考文献としてあげておいたジェフリー・ホジソンの著書を参照されたい。

第2章　ダーウィンの道具箱

＊１　私は、2009 年に書いたブログ記事でこのテーマをはじめて取り上げた。http://scienceblogs.com/evolution/2009/10/20/goodbye-huffpost-hello-science/

＊２　4 つの問いの概要を説明したティンバーゲンの古典的論文の表題は、「動物行動学の目標と方法について（On Aims and Methods of Ethology）」（Tinbergen 1963）である。彼の著書『好奇心の強い博物学者（*The Curious Naturalist*）』（Tinbergen 1969）は読んでおもしろい本で、彼自身の研究で「4 つの問い」をどのように活用しているかが書かれている。Bateson and Laland（2013）は、現代におけるその評価と再解釈について論じている。

＊３　ウィキペディアの該当項目には、この言葉の起源に関する記述がある。https://en.wikipedia.org/wiki/Laissez-faire#Etymology_and-usage

＊４　自然のバランスの概念については、Bodkin（1990）と Kricher（2009）を参照されたい。

＊５　経済学において自由放任の考えを超える必要性については、Wilson and Kirman（2016）、Colander and Kupers（2014）、Wilson and Gowdy（2014）を参照されたい。

＊６　スティーヴン・ジェイ・グールドとリチャード・レウォンティン（1979）は古典的な論文で、あらゆる事象を適応によって解釈することに反対している。わがオンラインマガジン『*This View of Life*』に掲載されているリチャード・レウォンティンとのインタビューで、興味深い歴史的事情が語られている。https://evolution-institute.org/the-spandrels-of-san-marco-revisited-an-interview-with-richard-c-lewontin/

＊７　Lloyd, Wilson, and Sober（2014）は、進化によるミスマッチに関するチュートリアルを提供している。

＊８　ティンバーゲンの機能に関する問いが、「部分は、全体の性質の顕現を可能にするが、引き起こすわけではない」などといった全体論的な言明に対して、堅実な科学的基盤を与えることは注目に値する事実である。

＊９　わがオンラインマガジン『*This View of Life*』に掲載されている、レンスキーとのインタビューを参照されたい。https://evolution-institute.org/evolutionary-biologys-master-craftsman-an-interview-with-richard-lenski/

第3章　生物学の一部門としての政策

＊１　目の進化に関するすぐれた一般書として、Schwab（2012）があげられる。

＊２　Gómez at al.（2009）

＊３　目の発達の説明はおもに、この分野の巨人の一人であるデイヴィッド・ヒューベルが運営するウェブサイト「Eye, Brain, and Vision」（http://hubel.med.harvard.edu/index.html）に基づいている。

＊ 4　Morgan et al.（1975）
＊ 5　この例、ならびに本節の残りの例は、Sherwin et al.（2012）、Goldschmidt and Jacobsen（2014）、Cordain et al.（2002）を参照した。
＊ 6　「自然実験」とは、他の要因を一定に保ったうえで行なうことのできる、計画された実験に類似する比較調査を意味する。このケースで言えば、自然実験によって、シンガポールで暮らす中国人とオーストラリアで暮らす中国人を対象に、戸外で活動する時間の長さの影響を、中国人に特異な他の行動の影響を一定に保ったうえで比較し評価することができる。もちろん自然実験は、計画された実験に比べてどうしてもコントロール〔他の要因の統計的な抑制〕の程度が甘くなる。
＊ 7　Nuland（2003）
＊ 8　Gaynes and the American Society for Microbiology（2011）
＊ 9　マイクロバイオームに関する一般書としては、Yong（2006）があげられる。本節を執筆するために参照した文献は次のとおりである。Bloomfield et al.（2016）、Dethlefsen et al.（2007）、Flandroy et al.（2018）、Hanski et al.（2012）、Miller and Raison（2016）、Rook（2012, 2013）、Rook and Lowry（2008）、Sender et al.（2016）
＊10　Sender et al.（2016）
＊11　Miller and Raison（2016）
＊12　この件や他のインタビュー、ならびに衛生仮説に関する他の資料については、グラハム・ルークが運営するウェブサイト（https://grahamrook.net）を参照されたい。
＊13　Hanski et al.（2012）。Rook（2013）、Flandroy et al.（2018）も参照されたい。
＊14　この言葉は、進化的な観点に基づいた人間の発達の研究の開拓者であったジョン・ボウルビィによって造語された。彼の業績の概観は、Bowlby（1990）を参照されたい。
＊15　Lickliter and Virkar（1989）
＊16　この件に関するすぐれた一般書として、Gray（2013）があげられる。また、専門的な文献としては、Bjorklund and Ellis（2014）があげられる。子どもの早期教育についてはGray（2013）、Geary and Berch（2016）を参照されたい。読みやすいオンライン記事としては、https://www.psychologytoday.com/us/blog/freedom-learn/201505/early-academic-training-produces-long-term-harm があげられる。
＊17　Darling-Hammond and Snyder（1992）
＊18　Schweinhart and Weikart（1997）
＊19　Barr（2013）
＊20　DeLoache et al.（2010）
＊21　Zimmerman et al.（2010）
＊22　Radesky et al.（2014）
＊23　Gray（2013）

第4章　善の問題

＊ 1　これに関する簡潔な解説は、私の著書『利他主義は存在するのか？　文化、遺伝子、他者の福祉（*Does Altruism Exist? Culture, Genes, and the Welfare of Others*）』（Wilson 2015）を参照されたい。
＊ 2　Wilson and Wilson（2007）
＊ 3　エピジェネティクスには、個体の生涯の途上で発生し、細胞分化に必要とされるものに加え、世代間で受け渡され、したがって通常の遺伝とともに作用する独自の継承システムを構成するものもある。このトピックに関しては、Jablonka and Lamb（2006）を参照されたい。
＊ 4　Martincorena et al.（2015）
＊ 5　がん研究への進化論の適用の新しさについては、わがオンラインマガジン『*This View of Life*』に掲載されている、がん研究者アテナ・アクティピスとのインタビューを参照されたい。https://evolution-institute.org/article/the-evolutionary-ecology-of-cancer-an-interview-with-athena-aktipis/
＊ 6　Muir（1995）、Craig and Muir（1995）、Muir et al.（2010）

＊7　Margulis（1970）
＊8　Maynard Smith and Szathmáry（1995, 1999）
＊9　Szathmáry and Maynard Smith（1997）、Higgs and Lehman（2015）
＊10　Holldobler and Wilson（2008）、Seeley（1996, 2010）
＊11　Seeley（2010）
＊12　Ehrenpreis et al.（1978）
＊13　Boehm（1999, 2011）
＊14　https://evolution-institute.org/evolution-and-morality-l-simon-blackburn/

第5章　加速する進化

＊1　免疫系の働きに関するわかりやすい解説は、Sompayrac（2008）を参照されたい。
＊2　Benard（2008）
＊3　スキナーの伝記は Bjork（1993）を参照されたい。O'Donohue et al.（2001）は、創始者たちの個人的な履歴を通じて行動療法について物語る。
＊4　認知革命の歴史については、Miller（2003）、Gardner（1985）を参照されたい。
＊5　進化心理学に関するもっとも影響力のある文献として、Barkow et al.（1992）があげられる。一般向けに書かれた最新の記事には次のものがある。「What's Wrong (and Right) About Evolutionary Psychology」(https://evolution-institute.org/wp-content/uploads/2016/03/20160307_evopsych_ebook.pdf)
＊6　T. D. Wilson（2015）、Hayes and Smith（2005）
＊7　人間と人間以外の生物における、ストレスに満ちた環境への適応に関しては、Ellis et al.（2017）を参照されたい。Ellis et al.（2012）は、この概念を人間の青少年の危険な行動に適用している。
＊8　この例、ならびに本節の残りの例に関しては、Ellis et al.（2017）を参照されたい。
＊9　一般の読者にも読みやすい重要な本として、Jablonka and Lamb（2006）、Henrich（2015）、Richerson and Boyd（2005）があげられる。
＊10　Turchin（2015）
＊11　文化人類学の歴史に関しては、わがオンラインマガジン『*This View of Life*』に掲載されている、ロバート・A・ポールとのインタビューを参照されたい。https://evolution-institute.org/cultural-anthropology-and-cultural-evolution-tear-down-this-wall-a-conversation-with-robert-paul/
＊12　私はこのテーマを、わがオンラインマガジン『This View of Life』に掲載されている論文「The One Culture: Four New Books Indicate That the Barrier Between Science and the Humanities Is at Last Breaking Down」で敷衍している。https://evolution-institute.org/focus-article/the-one-culture/
＊13　Wilson（2005a）
＊14　Chudek et al.（2012）
＊15　Gregory and Webster（1996）

第6章　グループが繁栄するための条件

＊1　それについてはわが著書『近隣プロジェクト―進化論を用いて1ブロックごとわが街を改善する（*The Neighborhood Project: Using Evolution to Improve My City, One Block at a Time*）』（Wilson 2011）で取り上げた。われわれは多数のプロジェクトを実施しているが、それらについては進化研究所のウェブサイト（https://evolution-institute.org）を参照されたい。
＊2　Campbell（1994）
＊3　経済学の新たなパラダイムとしての進化論という考えについては、Wilson and Kirman (2016)、Wilson and Gowdy（2014）を参照されたい。オンラインマガジンの『*Economics.com*』は、それに関して一般向けの記事を掲載している。
＊4　Wilson（1988）
＊5　Swaab et al.（2014）

＊6　Boehm（2011）
＊7　http://freakonomics.com/2009/10/12/what-this-years-nobel-prize-in-economics-says-about-the-nobel-prize-in-economics/
＊8　Hardin（1968）
＊9　オストロムのもっともよく知られた著書は、『共有地を管理する—集団行動に関する制度の進化（*Governing the Commons: The Evolution of Institutions for Collective Action*）』（Ostrom 1990）である。より最近の業績には、Ostrom（2010a, 2010b, 2013）がある。
＊10　Cox et al.（2010）
＊11　私は、著書『近隣プロジェクト』（Wilson 2011）の「Evonomics」と題する章でこのストーリーを語った。
＊12　Wilson, Ostrom, and Cox（2013）
＊13　Csikszentmihalyi et al.（1993）
＊14　Wilson, Kaufman, and Purdy（2011）
＊15　Embry（2002）では、ＧＢＧとその機能に関してすぐれた議論が繰り広げられている。またWilson et al.（2014）、Domitrovich et al.（2016）も参照されたい。
＊16　Barrish et al.（1969）
＊17　Kellam et al.（2011, 2014）
＊18　Domitrovich et al.（2016）。ＧＢＧに関する最新の情報や、自分が住む地域の学校にＧＢＧを導入するためにはどうすればよいのかを知りたい場合、https://paxis.org を参照されたい。
＊19　Sampson（2003）
＊20　Oakerson and Clifton（2011）。Wilson, Ostrom, and Cox（2013）で取り上げられている。
＊21　Jacobs（1961）、Putnam（2000）
＊22　わが著書『ダーウィンの大聖堂—進化、宗教、そして社会の本質（*Darwin's Cathedral: Evolution, Religion, and the Nature of Society*）』（Wilson 2002）は、現代の進化論の観点から宗教を考察する研究を始動するのに一役買った。この分野の最近の進展に関しては、Wilson et al.（2017）と Sosis et al.（2017）を参照されたい。
＊23　私は、著書『ダーウィンの大聖堂』（Wilson 2002）のまるまる一章をカルヴァン主義に費やした。
＊24　Cho（1981）
＊25　Jones（2012）
＊26　https://www.youtube.com/watch?v=3pS2LthVoac
＊27　本節は、進化研究所の報告「Doing Well by Doing Good」（Wilson et al. 2015）に基づいて書かれている。
＊28　Pfeffer（1988）
＊29　Welbourne and Andrews（1996）
＊30　Jackall（2009）
＊31　ハイトのウェブサイト http://ethicalsystems.org を参照されたい。
＊32　Grant（2013）
＊33　Nuttall（2012）
＊34　https://www.bcorporation.net
＊35　Chen and Kelly（2014）

第7章　グループから個人へ

＊1　コーンの研究の概要と学問的業績へのリンクは、彼が運営するアフェクティブ神経科学実験室のウェブサイト（http://affectiveneuroscience.org）を参照されたい。
＊2　Coan et al.（2006）、Coan and Sbarra（2015）、Beckes and Coan（2011）、Beckes et al.（2013）
＊3　最新版は Davies, Krebs, and West（2012）である。
＊4　http://circleofwillispodcast.com/bonus-david-sloan-wilson-interviews-me
＊5　Bhalla and Proffitt（1999）
＊6　Gallace and Spence（2010）

＊7　スキナーのもっとも有名な論文の一つ（Skinner 1981）にそれをタイトルにしたものがある。この論文は彼の死の数年前に書かれている。
＊8　Trivers（1972）、Burt and Trivers（2006）、Daly and Wilson（1988）
＊9　Haig（1993, 2015）
＊10　アロペアレンティングの重要性は、サラ・ハーディーが著書『母親と他者―人間の理解の進化的な起源（*Mothers and Others: The Evolutionary Origins of Human Understanding*）』で強調している。
＊11　Ofek（2001）
＊12　Turchin（2015）
＊13　これについては Biglan（2015）を参照されたい。
＊14　http://www.triplep.net/glo-en/home/
＊15　Prinz et al.（2009）
＊16　Hayes and Smith（2005）、Hayes et al.（2011）
＊17　Grunbaum（1984）。現代の長期的な精神分析の方法に関しては、Smit et al.（2012）を参照されたい。
＊18　Muto et al.（2011）
＊19　Jeffcoat and Hayes（2012）
＊20　Wilson and Hayes（2018）、Hayes et al.（2017）、Wilson et al.（2014）
＊21　このシナリオは、組織的な機能不全によって引き起こされる精神病理があることを否定するものではない。
＊22　適応度地形の考案者シューアル・ライトの伝記 Provine（1986）には、それに関する興味深い議論が繰り広げられている。より最近の文献には、Svensson and Calsbeek（2012）がある。
＊23　象徴的思考を遺伝メカニズムとしてとらえる考えは、Jablonka and Lamb（2006）、Wilson et al.（2014）を参照されたい。
＊24　Pennebaker and Seagal（1999）、Pennebaker（2010）
＊25　Walton and Cohen（2011）
＊26　象徴型の概念は、リチャード・ドーキンスが 1976 年に著した『利己的な遺伝子』で広めたミームの概念とは大きく異なる。彼はミームを、それ自体問題があることがやがて判明する彼の遺伝子の概念に類似するものとして考えている。象徴型の概念は、機能的に遺伝子型の概念に類似し、（遺伝的組み換えに似た）組み合わせ多様性などの重要な特徴を共有しているものの、同じなのはそこまでである。文化的進化に関する昨今の研究がミームの概念といかに異なるかについては、Henrich et al.（2008）を参照されたい。
＊27　Polk et al.（2014）
＊28　ＡＣＴについてもっと知りたい場合、あるいはＡＣＴのトレイナーの訓練を受けたいと考えている場合には、https://contextualscience.org/acbs（Association for Contextual Behavioral Science）を訪問されたい。
＊29　Wilson and Hayes（2018）の第 16 章を参照されたい。

第8章　グループから多細胞社会へ

＊1　Ellis（2015）
＊2　Turchin（2015）
＊3　「この生命観」を志向する非常に読みやすい経済史の本に Beinhocker（2006）がある。
＊4　Mandeville（[1714] 1988）
＊5　アダム・スミスは、見えざる手というたとえの考案者とされているが、彼の全著作を通じてたった 3 回しかそのたとえを使っておらず、彼の思想の全体を表すものではない。Wight（2005）を参照されたい。
＊6　Wilson and Gowdy（2014）
＊7　遺伝的進化、ならびに文化的進化の観点から恥について検討する文献には、Fessler（2004）、Nichols（2015）、Folger et al.（2014）、Tanaka et al.（2015）、Sznycer et al.（2016）などがある。
＊8　Smail（2008）

＊9　ピーター・ターチンのウェブサイト（http://peterturchin.com）を訪問されたい。
＊10　Turchin（2010, 2015, 2016）
＊11　Dawkins（2006）は、ほとんどの宗教的信念を寄生的なミームとして解釈しているが、もっとも深く根づいた宗教的な信念や実践は、宗教的なグループにとってよきものとして理解したほうが妥当である（Wilson 2002）。しかしそれでも、寄生的なミームは理論的な可能性としては考えられ、たとえば私は、セブンスデー・アドベンチスト教会の先駆で、短期間で潰えたミラー派の宗教運動を寄生的と見なしている（Wilson 2011, chapter 18）。
＊12　進化研究所は、質の高い生活をもたらす文化的進化の事例として特にノルウェーを研究している。https://evolution-institute.org/projects/norway
＊13　Acemoglu and Robinson（2012）
＊14　Picket and Wilkinson（2009）
＊15　Fukuyama（2012）
＊16　O'Brien（2018）
＊17　このテーマは、わがオンラインマガジン『*This View of life*』に掲載されている、システムエンジニアのグールー・マッドヘイバンとの対話に基づく。https://evolution-institute.org/systems-engineering-as-cultural-group-selection-a-conversation-with-guru-madhavan/
＊18　わがオンラインマガジン『*This View of life*』に掲載されている、ノルウェーの生物学者ダグ・ヘッセンとの共著論文「Blueprint for the Global Village」は、このテーマを探究している。https://evolution-institute.org/focus-article/blueprint-for-the-global-village/

第9章　変化への適応

＊1　進化する複雑なシステムの持つ特殊な問題については、Wilson and Kirman（2016）、Colander and Kupers（2014）を参照されたい。
＊2　Colander and Kupers（2014）
＊3　哲学の世界では、科学を進化するプロセスとしてとらえる見方には長い歴史がある。加えて、科学は文化的進化の産物として研究することができる。たとえば、Campbell（1974）、Hull（1990）、Shapin（1995）、McCauley（2011）を参照されたい。
＊4　Wagner（1996）
＊5　Vasas et al.（2011）
＊6　ヤシャ・ハートバーグと私は、神聖な文書が文化的進化によって達成された重要な前進であり、生物学的な遺伝システムの研究方法と同じ手段を用いて研究することができるという考えを探究してきた。
＊7　Rother（2009）
＊8　複雑系理論のすぐれた入門書としてGleick（1987）があげられる。
＊9　トヨタに関する本章の説明は、システム分析家マイク・ローザーの著書『トヨタのカタ―驚異の業績を支える思考と行動のルーティン』に多くを負っている。
＊10　ビジネス以外への適用に関しては、Rother（2017）、Rother et al.（2017）を参照されたい。
＊11　Schaffer and Ashkenas（2007）
＊12　Hedges（2002）、Solnit（2009）
＊13　Matta and Ashkenas（2003）、Matta and Morgan（2011）
＊14　Senor and Singer（2009）
＊15　Hwang and Horowitt（2012）

第10章　未来に向けての進化

＊1　Wagner（1996）。
＊2　わがオンラインマガジン『*This View of life*』に掲載されている、システムエンジニアのグールー・マッドヘイバンとの対話を参照されたい。https://evolution-institute.org/systems-engineering-as-cultural-group-selection-a-conversation-with-guru-madhavan/
＊3　https://www.dancingrabbit.org
＊4　https://www.ic.org

＊ 5　https://contextualscience.org

＊ 6　一般読者向けに書いたわが著書『みんなの進化論』（Wilson 2007）の他にも、『*Evolution, Education, and Outreach*』誌の特集号（volume 4, issue 1）やオックスフォード大学出版局から刊行された編書（Geher et al. 2018）など、それに関する専門的な文献はかなりある。また進化論研究（ＥｖｏＳ）コンソーシアムは、独自のウェブサイトを運営し、オンラインジャーナルを発行している（http://evostudies.org）。

＊ 7　https://evolution-institute.org

＊ 8　https://www.prosocial.world

＊ 9　https://evolution-institute.org/tvol1000/

＊10　https://evolution-institute.org/this-view-of-life/

参考文献

◉Acemoglu, D., and J. Robinson. 2012. *Why Nations Fail: The Origins of Power, Prosperity, and Poverty*. New York: Crown ［『国家はなぜ衰退するのか―権力・繁栄・貧困の起源』鬼澤忍訳、早川書房、2013年］.

◉Aktipis, C. A., A. M. Boddy, R. A. Gatenby, J. S. Brown, and C. C. Maley. 2013. "Life History Trade-offs in Cancer Evolution." *Nature Reviews Cancer* 13(12): 883–892. https://doi.org/10.1038/nrc3606.

◉Aktipis, C. A., V. S. Y. Kwan, K. A. Johnson, S. L. Neuberg, and C. C. Maley. 2011. "Overlooking Evolution: A Systematic Analysis of Cancer Relapse and Therapeutic Resistance Research." *PloS One* 6(11): e26100. https://doi.org/10.1371/journal.pone.0026100.

◉Aktipis, C. A., and R. M. Nesse. 2013. "Evolutionary Foundations for Cancer Biology." *Evolutionary Applications* 6(1): 144–159. https://doi.org/10.1111/eva.12034.

◉Amir, A. 2007. *The Jesuit and the Skull: Teilhard de Chardin, Evolution, and the Search for Peking Man*. New York: Riverhead (Penguin) ［『神父と頭蓋骨―北京原人を発見した「異端者」と進化論の発展』林大訳、早川書房、2010年］.

◉Ann Arbor Science for the People Collective (ed.). 1977. *Biology as a Social Weapon*. Minneapolis: Burgess.

◉Barkow, J. H., L. Cosmides, and J. Tooby. 1992. *The Adapted Mind: Evolutionary Psychology and the Generation of Culture*. Oxford: Oxford University Press.

◉Barr, A. P., ed. 1997. *Thomas Henry Huxley's Place in Science and Letters: Centenary Essays*. Athens: University of Georgia Press.

◉Barr, R. 2013. "Memory Constraints on Infant Learning from Picture Books, Television, and Touchscreens." *Child Development Perspectives* 7(4): 205–210. https://doi.org/10.1111/cdep.12041.

◉Barrish, H. H., M. Saunders, and M. M. Wolf. 1969. "Good Behavior Game: Effects of Individual Contingencies for Group Consequences on Disruptive Behavior in a Classroom." *Journal of Applied Behavior Analysis* 2(2): 1311049. www.ncbi.nlm.nih.gov/pmc/articles/PMC1311049/.

◉Bashford, A., and J. E. Chaplin. 2016. *The New Worlds of Thomas Robert Malthus: Rereading the Principle of Population*. Princeton, NJ: Princeton University Press.

◉Bateson, P., and K. N. Laland. 2013. "Tinbergen's Four Questions: An Appreciation and an Update." *Trends in Ecology & Evolution* 28: 712–718.

◉Beck, D. E., and C. C. Cowan. 2006. *Spiral Dynamics: Mastering Values, Leadership and Change: Exploring the New Science of Memetics*. Oxford: Blackwell.

◉Beckes, L., and J. A. Coan. 2011. "Social Baseline Theory: The Role of Social Proximity in Emotion and Economy of Action." *Social and Personality Psychology Compass* 5(12): 976-988. https://doi.org/10.1111/j.1751.9004.2011.00400.x.

◉Beckes, L., J. A. Coan, and K. Hasselmo. 2013. "Familiarity Promotes the Blurring of Self and Other in the Neural Representation of Threat." *Social Cognitive and Affective Neuroscience* 8(6), 670–677. https://doi.org/10.1093/scan/nss046.

◉Beinhocker, E. D. 2006. *Origin of Wealth: Evolution, Complexity, and the Radical Remaking of Economics*. Cambridge, MA: Harvard Business School Press.

◉Benard, M. F. 2006. "Survival Trade-Offs Between Two Predator-Induced Phenotypes in Pacific Treefrogs (Pseudacris Regilla)." *Ecology* 87(2): 340–346. https://doi.org/10.1890/05-0381.

◉Bhalla, M., and D. R. Proffitt. 1999. "Visual-Motor Recalibration in Geographical Slant Perception." *Journal of Experimental Psychology: Human Perception and Performance* 25(4): 1076–1096. https://doi.org/10.1037/0096-1523.25.4.1076.

◉Biglan, A. 2015. *The Nurture Effect: How the Science of Human Behavior Can Improve Our Lives and Our World*. Oakland, CA: New Harbinger Publications.

◉Bingham, P. M. 1999. "Human Uniqueness: A General Theory." *Quarterly Review of Biology* 74: 133–169.

●Bingham, P. M., and J. Souza. 2009. *Death from a Distance and the Birth of a Humane Universe*. BookSurge. Retrieved from http://www.deathfromadistance.com/.
●Bjork, D. W. 1993. *B. F. Skinner: A Life*. New York: Basic Books.
●Bjorklund, D. F., and B. J. Ellis. 2014. "Children, Childhood, and Development in Evolutionary Perspective." *Developmental Review* 34(3): 225–264. https://doi.org/10.1016/j.dr.2014.05.005.
●Bloomfield, S. F., G. A. W. Rook, E. A. Scott, F. Shanahan, R. Stanwell-Smith, and P. Turner. 2016. "Time to Abandon the Hygiene Hypothesis: New Perspectives on Allergic Disease, the Human Microbiome, Infectious Disease Prevention and the Role of Targeted Hygiene." *Perspectives in Public Health* 136(4): 213–224.https://doi .org/10.1177/1757913916650225.
●Bodkin, D. B. 1990. *Discordant Harmonies: A New Ecology for the Twenty-First Century*. New York: Oxford University Press.
●Boehm, C. 1999. *Hierarchy in the Forest*. Cambridge, MA: Harvard University Press.
——. 2011. *Moral Origins: The Evolution of Virtue, Altruism, and Shame*. New York: Basic Books ［『モラルの起源―道徳、良心、利他行動はどのように進化したのか』斉藤隆央訳、白揚社、2014年］.
●Bowlby, J. 1990. *A Secure Base: Parent-Child Attachment and Healthy Human Development*. New York: Basic Books.
●Brookes, M. 2004. *Extreme Measures: The Dark Visions and Bright Ideas of Francis Galton*. London: Bloomsbury Press.
●Browne, J. 1995. *Charles Darwin: Voyaging*. New York: Knopf.
——. 2002. *Charles Darwin: The Power of Place*］.New York: Knopf.
●Burt, A., and R. Trivers. 2006. *Genes in Conflict*. Cambridge, MA: Harvard University Press ［『せめぎ合う遺伝子―利己的な遺伝因子の生物学』藤原春彦監訳、遠藤圭子訳、共立出版、2010年］.
●Campbell, D. T. 1974. "Evolutionary Epistemology." In P. A. Schilpp (ed.), *The Philosophy of Karl Popper*, pp. 413–463. LaSalle, IL: Open Court Publishing.
——. 1990. "Levels of Organization, Downward Causation, and the Selection-Theory Approach to Evolutionary Epistemology." In G. Greenberg and E. Tobach (eds.), *Theories of the Evolution of Knowing*, pp. 1–17. Hillsdale, NJ: Lawrence Erlbaum Associates.
——. 1994. "How Individual and Face-to-Face-Group Selection Undermine Firm Selection in Organizational Evolution." In J. A. C. Baum and J. V. Singh (eds.), *Evolutionary Dynamics of Organizations*, pp. 23–38. New York: Oxford University Press.
●Chen, X., and T. F. Kelly. 2014. "B-Corps--a Growing Form of Social Enterprise: Tracing Their Progress and Assessing Their Performance." *Journal of Leadership & Organizational Studies* 22(1): 102–114. https://doi.org/10.1177/1548051814532529.
●Cho, Y. 1981. *Successful Home Cell Groups*. Alachua, FL: Logos International.
●Chudek, M., S. Heller, S. Birch, and J. Henrich. 2012. "Prestige-Biased Cultural Learning: Bystander's Differential Attention to Potential Models Influences Children's Learning." *Evolution and Human Behavior* 33(1): 46–56. https://doi.org/10.1016/j.evolhumbehav.2011.05.005.
●Coan, J. A., and D. A. Sbarra. 2015. "Social Baseline Theory: The Social Regulation of Risk and Effort." *Current Opinion in Psychology* 1: 87–91.
●Coan, J. A., H. S. Schaefer, and R. J. Davidson. 2006. "Lending a Hand." *Psychological Science* 17(12): 1032–1039. https://doi.org/10.1111/j.1467-9280.2006.01832.x.
●Colander, D., and R. Kupers. 2014. *Complexity and the Art of Public Policy: Solving Society's Problems from the Bottom Up*. Princeton, NJ: Princeton University Press.
●Cordain, L., S. B. Eaton, J. Brand Miller, S. Lindeberg, and C. Jensen. 2002. "An Evolutionary Analysis of the Aetiology and Pathogenesis of Juvenile-Onset Myopia." *Acta Ophthalmologica Scandinavica* 80(2): 125–135. https://doi.org/10.1034/j.1600-0420.2002.800203.x.
●Cox, M., G. Arnold, and S. Villamayor-Tomas. 2010. "A Review of Design Principles for Community-Based Natural Resource Management." *Ecology and Society* 15. Retrieved from http://www.ecologyandsociety.org/vol15/iss4/art38/.

Craig, J. V., and W. M. Muir. 1995. "Group Selection for Adaptation to Multiple-Hen Cages: Beak-Related Mortality, Feathering, and Body Weight Responses." *Poultry Science* 75(3): 294–302.

Crespi, B., and K. Summers. 2005. "Evolutionary Biology of Cancer." *Trends in Ecology & Evolution* 20(10): 545–552. https://doi.org/10.1016/j.tree.2005.07.007.

Csikszentmihalyi, M., K. Rathunde, and S. Whalen. 1993. *Talented Teenagers: The Roots of Success and Failure*. Cambridge, UK: Cambridge University Press.

Dalai Lama, H. H. 2011. *Beyond Religion: Ethics for a Whole World*. New York: Houghton Mifflin Harcourt ［『ダライ・ラマ 宗教を越えて―世界倫理への新たなヴィジョン』三浦順子訳、サンガ、2012年］.

Daly, M., and M. Wilson. 1988. *Homicide*. New York: Aldine de Gruyter.

Darling-Hammond, L., and J. Snyder. 1992. "Curriculum Studies and the Traditions of Inquiry: The Scientific Tradition." In P. W. Jackson (ed.), *Handbook of Research on Curriculum*, pp. 41–78. New York: Macmillan.

Darwin, C. 1859. *The Origin of Species*. London: John Murray ［『種の起源』渡辺政隆訳、光文社、2009年］.

——. 1871. *The Descent of Man and Selection in Relation to Sex*. 2 vols. London: John Murray ［『人間の由来』長谷川眞理子訳、講談社、2016年］.

——. 1887. *The Autobiography of Charles Darwin, 1809–1882*. With Original Omissions Restored. New York: Harcourt Brace.

Davies, N. B., J. R. Krebs, and S. A. West. 2012. *An Introduction to Behavioural Ecology*. 4th ed. Hoboken, NJ: Wiley-Blackwell ［『行動生態学』野間口眞太郎，山岸哲，巌佐庸訳、共立出版、2015年］.

Dawkins, R. 1976. *The Selfish Gene*. Oxford: Oxford University Press ［『利己的な遺伝子』日高敏隆，岸由二，羽田節子，垂水雄二訳、紀伊國屋書店、2018年］.

——. 2006. *The God Delusion*. Boston: Houghton Mifflin ［『神は妄想である―宗教との決別』垂水雄二訳、早川書房、2007年］.

DeLoache, J. S., C. Chiong, K. Sherman, N. Islam, M. Vanderborght, G. L. Troseth, . . . and K. O'Doherty. 2010. "Do Babies Learn from Baby Media?" *Psychological Science* 21(11): 1570–1574. https://doi.org/10.1177/0956797610384145.

Dethlefsen, L., M. McFall-Ngai, and D. A. Relman. 2007. "An Ecological and Evolutionary Perspective on Human-Microbe Mutualism and Disease." *Nature* 449(7164): 811–818. https://doi.org/10.1038/nature06245.

Dewey, J. (1910). *The Influence of Darwin on Philosophy and Other Essays on Contemporary Thought*. New York: Henry Holt and Company.

Dobzhansky, T. 1973. "Nothing in Biology Makes Sense Except in the Light of Evolution." *The American Biology Teacher* 35: 125–129.

Domitrovich, C. E., C. P. Bradshaw, J. K. Berg, E. T. Pas, K. D. Becker, R. Musci, . . . and N. Ialongo. 2016. "How Do School-Based Prevention Programs Impact Teachers? Findings from a Randomized Trial of an Integrated Classroom Management and Social-Emotional Program." *Prevention Science* 17(3): 325–337. https://doi.org/10.1007/s11121-015-0618 -z.

Dugatkin, L. A. 2011. *The Prince of Evolution: Peter Kropotkin's Adventures in Science and Politics*. CreateSpace Independent Publishing Platform.

Ehrenpreis, A., C. Felbinger, and R. Friedmann. 1978. "An Epistle on Brotherly Community as the Highest Command of Love." In R. Friedmann (ed.), *Brotherly Community: The Highest Command of Love*, pp. 9–77. Rifton, NY: Plough Publishing Co.

Ehrenreich, B., and J. McIntosh. 1997. "The New Creationism: Biology Under Attack." *The Nation*, June 9, 11–16.

Ellis, B., J. Bianchi, V. Griskevicius, and W. Frankenhuis. 2017. "Beyond Risk and Protective Factors: An Adaptation-Based Approach to Resilience." *Perspectives on Psychological Science* 12(4): 561–587.

●Ellis, B. J., M. Del Giudice, T. J. Dishion, A. J. Figueredo, P. Gray, V. Griskevicius, . . . and D. S. Wilson. 2012. "The Evolutionary Basis of Risky Adolescent Behavior: Implications for Science, Policy, and Practice." *Developmental Psychology* 48(3): 598–623. https://doi.org/10.1037/a0026220.
●Ellis, E. C. 2015. "Ecology in an Anthropogenic Biosphere." *Ecological Monographs* 85(3): 287–331. https://doi.org/10.1890/14-2274.1.
●Embry, D. D. 2002. "The Good Behavior Game: A Best Practice Candidate as a Universal Behavioral Vaccine." *Clinical Child and Family Psychology Review* 5: 273–297.
●Fessler, D. 2004. "Shame in Two Cultures: Implications for Evolutionary Approaches." *Journal of Cognition and Culture* 4(2): 207–262. https://doi.org/10.1163/1568537041725097.
●Flandroy, L., T. Poutahidis, G. Berg, G. Clarke, M. C. Dao, E. Decaestecker, . . . and G. Rook. 2018. "The Impact of Human Activities and Lifestyles on the Interlinked Microbiota and Health of Humans and of Ecosystems." *Science of the Total Environment* 627: 1018–1038. https://doi.org/10.1016/j.scitotenv.2018.01.288.
●Folger, R., M. Johnson, and C. Letwin. 2014. "Evolving Concepts of Evolution: The Case of Shame and Guilt." *Social and Personality Psychology Compass* 8(12): 659–671. https://doi.org/10.1111/spc3.12137.
●Francis, M. 2007. *Herbert Spencer and the Invention of Modern Life*. Newcastle, UK: Acumen Publishing.
●Frank, R. 2011. *The Darwin Economy: Liberty, Competition, and to Common Good*. Princeton, NJ: Princeton University Press［『ダーウィン・エコノミー――自由、競争、公益』若林茂樹訳、日本経済新聞出版社、2018年］.
●Fukuyama, F. 2012. *The Origins of Political Order: From Prehuman Times to the French Revolution*. New York: Farrar, Straus & Giroux.
●Gallace, A., and C. Spence. 2010. "The Science of Interpersonal Touch: An Overview." *Neuroscience and Biobehavioral Reviews* 34: 246–259.
●Gardner, H. 1985. *The Mind's New Science: A History of the Cognitive Revolution*. New York: Basic Books［『認知革命―知の科学の誕生と展開』佐伯胖，海保博之監訳，無藤隆訳、産業図書、1987年］.
●Gaynes, R. P., and the American Society for Microbiology. 2011. *Germ Theory: Medical Pioneers in Infectious Diseases*. Washington, DC: ASM Press.
●Geary, D. C., and D. B. Berch (eds.). 2016. *Evolutionary Perspectives on Child Development and Education*. Switzerland: Springer International Publishing.
●Geher, G., A. C. Gallup, and D. S. Wilson. 2018. *Darwin's in Higher Education Roadmap to the Curriculum: Evolutionary Studies*. Oxford: Oxford University Press.
●Gershon, D. 2006. *Low Carbon Diet: A 30-Day Program to Lose 5,000 Pounds*. Berwyn Heights, MD: Empowerment Institute［『ダイエットCO_2―もっと快適に！エコライフ22の方法：あなたにもすぐにできる』枝廣淳子訳、PHP研究所、2008年］.
――. 2009. *Social Change 2.0: A Blueprint for Reinventing Our World*. White River Junction, VT: High Point.
●Gleick, J. 1987. *Chaos: Making a New Science*. New York: Penguin Books［『カオス―新しい科学をつくる』上田睆亮監修，大貫昌子訳、新潮社、1991年］.
●Goldschmidt, E., and N. Jacobsen. 2014. "Genetic and Environmental Effects on Myopia Development and Progression." *Eye* 28(2): 126–133. https://doi.org/10.1038/eye.2013.254.
●Gomez, F., P. Lopez-Garcia, and D. Moreira. 2009. "Molecular Phylogeny of the Ocelloid-Bearing Dinoflagellates *Erythropsidinium* and *Warnowia* (Warnowiaceae, Dinophyceae)." *Journal of Eukaryotic Microbiology* 56(5): 440–445. https://doi.org/10.1111/j.1550-7408.2009.00420.x.
●Gould, S. J., and R. C. Lewontin. 1979. "The Spandrels of San Marco and the Panglossian Paradigm: A Critique of the Adaptationist Program." *Proceedings of the Royal Society of London* B205: 581–598.
●Grant, A. M. 2013. *Give and Take: A Revolutionary Approach to Success*. New York: Viking.

●Gray, P. 2013. *Free to Learn: Why Unleashing the Instinct to Play Will Make Our Children Happier, More Self-Reliant, and Better Students for Life*. New York: Basic Books ［『遊びが学びに欠かせないわけ―自立した学び手を育てる』吉田新一郎訳、築地書館、2018年］.

●Gregory, S. W., and S. Webster. 1996. "A Nonverbal Signal in Voices of Interview Partners Effectively Predicts Communication Accommodation and Social Status Perceptions." *Journal of Personality and Social Psychology* 70(6): 1231–1240. https://doi.org/10.1037/0022-3514.70.6.1231.

●Grunbaum, A. 1984. *The Foundations of Psychoanalysis: A Philosophical Critique*. Berkeley: University of California Press ［『精神分析の基礎―科学哲学からの批判』村田純一，伊藤笏康，貫成人，松本展明訳、産業図書、1996年］.

●Haig, D. 1993. "Genetic Conflicts in Human Pregnancy." *Quarterly Review of Biology* 68(4): 495–532. https://doi.org/10.1086/418300.

——. 2015. "Maternal-Fetal Conflict, Genomic Imprinting and Mammalian Vulnerabilities to Cancer." *Philosophical Transactions of the Royal Society* B: Biological Sciences 370(1673). Retrieved from http://rstb.royalsocietypublishing.org/content/370/1673/20140178.

●Hanski, I., L. von Hertzen, N. Fyhrquist, K. Koskinen, K. Torppa, T. Laatikainen . . . and T. Haahtela. 2012. "Environmental Biodiversity, Human Microbiota, and Allergy Are Interrelated." *Proceedings of the National Academy of Sciences of the United States of America* 109(21): 8334–8339. https://doi.org/10.1073/pnas.1205624109.

●Hardin, G. 1968. "The Tragedy of the Commons." *Science* 162: 1243–1248.

●Hartberg, Y. M., and D. S. Wilson. 2016. "Sacred Text as Cultural Genome: An Inheritance Mechanism and Method for Studying Cultural Evolution." *Religion, Brain & Behavior* 7(3): 1–13. https://doi.org/10.1080/2153599X.2016.1195766.

●Hayes, S. C., B. T. Sanford, and F. T. Chin. 2017. "Carrying the Baton: Evolution Science and a Contextual Behavioral Analysis of Language and Cognition." *Journal of Contextual Behavioral Science* 6(3): 314–328. https://doi.org/10.1016/j.jcbs.2017.01.002.

●Hayes, S. C., and S. Smith. 2005. *Get Out of Your Mind and into Your Life: The New Acceptance and Commitment Therapy*. Oakland, CA: New Harbinger Press.

●Hayes, S. C., K. Strosahl, and K. G. Wilson. 2011. *Acceptance and Commitment Therapy: The Process and Practice of Mindful Change*. 2nd ed. New York: Guilford ［『アクセプタンス&コミットメント・セラピー（ＡＣＴ）―マインドフルな変化のためのプロセスと実践』武藤崇，三田村仰，大月友訳、星和書店、2014年］.

●Hedges, C. 2002. *War Is a Force That Gives Us Meaning*. PublicAffairs. Retrieved from http://www.amazon.com/Force-That-Gives-Meaning-ebook/dp/B006MK0HYQ ［『戦争の甘い誘惑』中谷和男訳、河出書房新社、2003年］.

●Henrich, J. 2015. *The Secret of Our Success: How Culture Is Driving Human Evolution, Domesticating Our Species, and Making Us Smarter*. Princeton, NJ: Princeton University Press ［『文化がヒトを進化させた―人類の繁栄と〈文化-遺伝子革命〉』今西康子訳、白揚社、2019年］.

●Henrich, J., R. Boyd, and P. J. Richerson. 2008. "Five Misunderstandings About Cultural Evolution." *Human Nature* 19: 119–137.

●Higgs, P. G., and N. Lehman. 2015. "The RNA World: Molecular Cooperation at the Origins of Life." *Nature Reviews Genetics* 16(1): 7–17.

●Hodgson, G. M. 2004. "Social Darwinism in Anglophone Academic Journals: A Contribution to the History of the Term." *Journal of Historical Sociology* 17(4): 428–463.

——. 2007. "Taxonomizing the Relationship Between Biology and Economics: A Very Long Engagement." *Journal of Bioeconomics* 9: 169–185.

——. 2015. *Conceptualizing Capitalism: Institutions, Evolution, Future*. Chicago: University of Chicago Press.

●Hodgson, G. M., and K. Thorbjorn. 2010. *Darwin's Conjecture: The Search for General Principles of Social and Economic Evolution*. Chicago: University of Chicago Press.

Hofstadter, R. 1959. *Social Darwinism in American Thought*. Boston: Beacon Press ［『アメリカの社会進化思想』後藤昭次訳、研究社出版、1973年］.

Hölldobler, B., and E. O. Wilson. 2008. *The Superorganisms*. New York: Norton.

Horne, S. D., S. A. Pollick, and H. H. Q. Heng. 2015. "Evolutionary Mechanism Unifies the Hallmarks of Cancer." *International Journal of Cancer. Journal International Du Cancer* 136(9): 2012–2021. https://doi.org/10.1002/ijc.29031.

Hrdy, S. 2011. *Mothers and Others: The Evolutionary Origins of Human Understanding*. Cambridge, MA: Belknap.

Hull, D. L. 1990. *Science as a Process: An Evolutionary Account of the Social and Conceptual Development of Science*. Chicago: University of Chicago Press.

Hwang, V., and G. Horowitt. 2012. *The Rainforest: The Secret to Building the Next Silicon Valley*. Los Altos Hills, CA: Regenwald.

Jablonka, E., and M. Lamb. 2006. *Evolution in Four Dimensions: Genetic, Epigenetic, Behavioral, and Symbolic Variation in the History of Life*. Cambridge, MA: MIT Press.

Jackall, R. 2009. *Moral Mazes: The World of Corporate Managers*. New York: Oxford University Press.

Jacobs, J. 1961. *The Death and Life of Great American Cities*. New York: Vintage ［『アメリカ大都市の死と生』山形浩生訳、鹿島出版会、2010年］.

Jansen, G., R. Gatenby, and C. A. Aktipis. 2015. "Opinion: Control vs. Eradication: Applying Infectious Disease Treatment Strategies to Cancer: Fig. 1." *Proceedings of the National Academy of Sciences* 112(4): 937–938. https://doi.org/10.1073/pnas.1420297111.

Jeffcoat, T., and S. C. Hayes. 2012. "A Randomized Trial of ACT Bibliotherapy on the Mental Health of K-12 Teachers and Staff." *Behaviour Research and Therapy* 50(9): 571–579. https://doi.org/10.1016/j.brat.2012.05.008.

Johnson, K., and S. L. Coates. 2001. *Nabokov's Blues: The Scientific Odyssey of a Literary Genius*. New York: McGraw-Hill.

Johnson, K., and D. Ord. 2013. *The Coming Interspiritual Age*. Vancouver: Namaste.

Jones, D. S. 2012. *Masters of the Universe: Hayek, Friedman, and the Birth of Neoliberal Politics*. Princeton, NJ: Princeton University Press. Retrieved from http://www.amazon.com/Masters-Universe-Friedman-Neoliberal-Politics/dp/0691151571/ref=pd_sim_b_1?ie=UTF8&refRID=1ZMKMGNWTPZPQ2FBQHXV.

Kellam, S. G., A. C. L. Mackenzie, C. H. Brown, J. M. Poduska, W. Wang, H. Petras, and H. C. Wilcox. 2011. "The Good Behavior Game and the Future of Prevention and Treatment." *Addiction Science & Clinical Practice* 6(1): 73.84. Retrieved from http://www.scopus.com/inward/record.url?eid=2-s2.0-84864950294&partnerID ZOtx3y1.

Kellam, S. G., W. Wang, A. C. L. Mackenzie, C. H. Brown, D. C. Ompad, F. Or, . . . and A. Windham. 2014. "The Impact of the Good Behavior Game, a Universal Classroom-Based Preventive Intervention in First and Second Grades, on High-Risk Sexual Behaviors and Drug Abuse and Dependence Disorders into Young Adulthood." *Prevention Science* 15(S1): 6–18. https://doi.org/10.1007/s11121-012-0296-z.

King, U. 20115. *Spirit of Fire: The Life and Vision of Teilhard de Chardin*. Maryknoll, NY: Orbis Books.

Kricher, J. 2009. *The Balance of Nature: Ecology's Enduring Myth*. Princeton, NJ: Princeton University Press.

Laland, K. N. 2017. *Darwin's Unfinished Symphony: How Culture Made the Human Mind*. Princeton, NJ: Princeton University Press.

Lickliter, R., and P. Virkar. 1989. "Intersensory Functioning in Bobwhite Quail Chicks: Early Sensory Dominance." *Developmental Psychobiology* 22(7): 651–667. https://doi.org/10.1002/dev.420220702.

Lloyd, L., D. S. Wilson, and E. Sober. 2014. "Evolutionary Mismatch and What to Do About It: A Basic Tutorial." Evolution Institute White Paper. Retrieved from http://evolution-institute.org/sites/

default/files/articles/Mismatch-Sept-24-2011.pdf.
Mandeville, B. (1714) 1988. *The Fable of the Bees: or Private Vices, Publick Benefits*. Indianapolis, IN: Liberty Fund ［『蜂の寓話―私悪すなわち公益』泉谷治訳、法政大学出版局、2015年］.
Margulis, L. 1970. *Origin of Eukaryotic Cells*. New Haven, CT: Yale University Press.
Martincorena, I., A. Roshan, M. Gerstung, P. Ellis, P. Van Loo, S. Mclaren, . . . and P. J. Campbell. 2015. "High Burden and Pervasive Positive Selection of Somatic Mutations in Normal Human Skin." *Science* 348(6237): 880–887.
Matta, N. F., and R. N. Ashkenas. 2003. "Why Good Projects Fail Anyway." *Harvard Business Review* 81(9):109–114, 134.
Matta, N., and P. Morgan. 2011. "Local Empowerment Through Rapid Results." *Stanford Social Innovation Review* (Summer) 201: 49–55.
Maynard Smith, J., and E. Szathmáry. 1995. *The Major Transitions in Evolution*. New York: W. H. Freeman ［『進化する階層―生命の発生から言語の誕生まで』長野敬訳、シュプリンガー・フェアラーク東京、1997年］.
——. 1999. *The Origins of Life: From the Birth of Life to the Origin of Language*. Oxford: Oxford University Press ［『生命進化８つの謎』長野敬訳、朝日新聞社、2001年］.
McCauley, R. N. 2011. *Why Religion Is Natural and Science Is Not*. New York: Oxford University Press.
Menand, L. 2001. *The Metaphysical Club: A Story of Ideas in America*. New York: Farrar, Straus & Giroux ［『メタフィジカル・クラブ―米国１００年の精神史』野口良平，那須耕介，石井素子訳、みすず書房、2011年］.
Miller, A. H., and C. L. Raison. 2016. "The Role of Inflammation in Depression: From Evolutionary Imperative to Modern Treatment Target." *Nature Reviews Immunology* 16(1): 22–34. https://doi.org/10.1038/nri.2015.5.
Miller, G. A. 2003. "The Cognitive Revolution: A Historical Perspective." *Trends in Cognitive Sciences* 7(3): 141–144. https://doi.org/10.1016/S1364-6613(03)00029-9.
Morgan, R. W., J. S. Speakman, and S. E. Grimshaw. 1975. "Inuit Myopia: An Environmentally Induced 'Epidemic'?" *Canadian Medical Association Journal* 112(5): 575–577.
Muir, W. M. 1995. "Group Selection for Adaptation to Multiple-Hen Cages: Selection Program and Direct Responses." *Poultry Science* 75(4): 447–458.
Muir, W. M., M. J. Wade, P. Bijma, and E. D. Ester. 2010. "Group Selection and Social Evolution in Domesticated Chickens." *Evolutionary Applications* 3: 453–465.
Muto, T., S. C. Hayes, and T. Jeffcoat. 2011. "The Effectiveness of Acceptance and Commitment Therapy Bibliotherapy for Enhancing the Psychological Health of Japanese College Students Living Abroad." *Behavior Therapy* 42(2): 323–335. https://doi.org/10.1016/j.beth.2010.08.009.
Nabokov, V. V., S. H. Blackwell, H. Stephen, and K. Johnson. 2016. *Fine Lines: Vladimir Nabokov's Scientific Art*. New Haven, CT: Yale University Press.
Naess, A., A. R. Drengson, and B. Devall. 2010. *Ecology of Wisdom: Writings by Arne Naess*. Berkeley, CA: Counterpoint.
Nelson, R. R., and S. G. Winter. 1982. *An Evolutionary Theory of Economic Change*. Cambridge, MA: Harvard University Press ［『経済変動の進化理論』後藤晃，角南篤，田中辰雄訳、慶應義塾大学出版会、2007年］.
Nichols, R. 2015. "Civilizing Humans with Shame: How Early Confucians Altered Inherited Evolutionary Norms Through Cultural Programming to Increase Social Harmony." *Journal of Cognition and Culture* 15(3–4): 254–284. https://doi.org/10.1163/15685373-12342150.
Novoa, A. 2016. "Social Darwinism: A Case of Designed Ventriloquism." In D. S. Wilson and E. M. Johnson (eds.), *Truth and Reconciliation for Social Darwinism*. Special issue of *This View of Life*. https:// evolution-institute.org/wp -content/uploads/2016/11/2Social-Darwinism_Publication.pdf.
Nuland, S. B. 2003. *The Doctors' Plague: Germs, Childbed Fever, and the Strange Story of Ignac Semmelweis*. New York: W. W. Norton.

Nuttall, G. 2012. *Sharing Success: The Nuttall Review of Employee Ownership*. https://www.gov.uk/government/uploads/system/uploads/attachment_data/file/31706/12.933-sharing-success-nuttall-review-employee-ownership.pdf.

Oakerson, R. J., and J. D. W. Clifton. 2011. "Neighborhood Decline as a Tragedy of the Commons: Conditions of Neighborhood Turnaround on Buffalo's West Side." *Workshop in Political Theory and Policy Analysis* W11–26.

O'Brien, D. T. 2018. *The Urban Commons: Leveraging Digital Data and Technology to Better Understand and Manage the Maintenance of City Neighborhoods*. Cambridge, MA: Harvard University Press.

O'Brien, D. T., A. C. Gallup, and D. S. Wilson. 2012. "Residential Mobility and Prosocial Development Within a Single City." *American Journal of Community Psychology* 50(1–2): 26–36. https://doi.org/10.1007/s10464-011-9468-4.

O'Brien, D. T., and D. S. Wilson. 2011. "Community Perception: The Ability to Assess the Safety of Unfamiliar Neighborhoods and Respond Adaptively." *Journal of Personality and Social Psychology* 100(4): 606–620. https://doi.org/10.1037/a0022803.

O'Brien, D. T., D. S. Wilson, and P. H. Hawley. 2009. " 'Evolution for Everyone': A Course That Expands Evolutionary Theory Beyond the Biological Sciences." *Evolution: Education and Outreach* 2(3): 445–457. https://doi.org/10.1007/s12052-009-0161-0.

O'Connell, M. E., T. Boat, and K. E. Warner (eds.). 2009. *Preventing Mental, Emotional, and Behavioral Disorders Among Young People: Progress and Possibilities*. Washington, DC: National Academies Press.

O'Donohue, W. T., D. Henderson, S. C. Hayes, J. Fisher, and L. Hayes. 2001. *A History of the Behavioral Therapies: Founders' Personal Histories*. Oakland, CA: Context Press ［『認知行動療法という革命―創始者たちが語る歴史』石川信一，金井嘉宏，松岡紘史訳，坂野雄二，岡島義監修、日本評論社、2013年］.

Ofek, H. 2001. *Second Nature: Economics Origins of Human Evolution*. Cambridge: Cambridge University Press.

Ostrom, E. 1990. *Governing the Commons: The Evolution of Institutions for Collective Action*. Cambridge: Cambridge University Press.

——. 2010(a). "Polycentric Systems for Coping with Collective Action and Global Environmental Change." *Global Environmental Change* 20: 550–557.

——. 2010(b). "Beyond Markets and States: Polycentric Governance of Complex Economic Systems." *American Economic Review* 100: 1–33.

——. 2013. "Do Institutions for Collective Action Evolve?" *Journal of Bioeconomics* 16(1): 3–30. https://doi.org/10.1007/s10818-013-9154-8.

Paradis, J. G., and G. C. Williams. 2016. *Evolution and Ethics: T. H. Huxley's Evolution and Ethics with New Essays on Its Victorian and Sociobiological Context*. Princeton, NJ: Princeton University Press ［『進化と倫理―トマス・ハクスリーの進化思想』小林傳司，小川眞里子，吉岡英二訳、産業図書、1995年］.

Paul, R. A. 2015. *Mixed Messages: Cultural and Genetic Inheritance in the Constitution of Human Society*. Chicago: University of Chicago Press.

Pennebaker, J. W. 2010. *Writing to Heal: A Guided Journal for Recovering from Trauma and Emotional Upheaval*. Oakland, CA: New Harbinger ［『こころのライティング―書いていやす回復ワークブック』獅々見照，獅々見元太郎訳、二瓶社、2007年］.

Pennebaker, J. W., and J. D. Seagal. 1999. "Forming a Story: The Health Benefits of Narrative." *Journal of Clinical Psychology* 55: 1243–1254.

Pfeffer, J. 1998. *The Human Equation: Building Profits by Putting People First*. Cambridge, MA: Harvard Business Review Press ［『人材を活かす企業―「人材」と「利益」の方程式』佐藤洋一訳、守島基博監修、翔泳社、2010年］.

Pickett, K., and R. Wilkinson. 2009. *The Spirit Level: Why Greater Equality Makes Societies Stronger*.

London: Bloomsbury Press.
Polk, K. L., B. Schoendorff, and K. G. Wilson. 2014. *The ACT Matrix: A New Approach to Building Psychological Flexibility Across Settings and Populations*. Oakland, CA: Context Press.
Prinz, R. J., M. R. Sanders, C. J. Shapiro, D. J. Whitaker, and J. R. Lutzker. 2009. "Population-Based Prevention of Child Maltreatment: The U.S. Triple P Population Trial." *Prevention Science* 10: 1–12.
Provine, W. B. 1986. *Sewall Wright and Evolutionary Biology*. Chicago: University of Chicago Press.
——. 2001. *The Origins of Theoretical Population Genetics*. Chicago: University of Chicago Press.
Putnam, R. D. 2000. *Bowling Alone: The Collapse and Revival of American Community*. New York: Simon & Schuster ［『孤独なボウリング―米国コミュニティの崩壊と再生』柴内康文訳、柏書房、2006年］.
Radesky, J. S., M. Silverstein, B. Zuckerman, and D. A. Christakis. 2014. "Infant Self-Regulation and Early Childhood Media Exposure." *Pediatrics* 133(5). Retrieved from http://pediatrics.aappublications.org/content/133/5/e1172.short.
Richards, R. J. 2013. *Was Hitler a Darwinian? Disputed Questions in the History of Evolutionary Theory*. Chicago: University of Chicago Press.
Richerson, P. J., and R. Boyd. 2005. *Not by Genes Alone: How Culture Transformed Human Evolution*. Chicago: University of Chicago Press.
Rook, G. A. W. 2012. "Hygiene Hypothesis and Autoimmune Diseases." *Clinical Reviews in Allergy & Immunology* 42(1): 5–15. https://doi.org/10.1007/s12016-011-8285-8.
——. 2013. "Regulation of the Immune System by Biodiversity from the Natural Environment: An Ecosystem Service Essential to Health." *Proceedings of the National Academy of Sciences of the United States of America* 110(46): 18360.18367. https://doi.org/10.1073/pnas.1313731110.
Rook, G. A. W., and C. A. Lowry. 2008. "The Hygiene Hypothesis and Psychiatric Disorders." *Trends in Immunology* 29(4): 150–158. https://doi.org/10.1016/J.IT.2008.01.002.
Rother, M. 2009. *Toyota Kata: Managing People for Improvement, Adaptiveness, and Superior Results*. New York: McGraw-Hill ［『トヨタのカタ―驚異の業績を支える思考と行動のルーティン』稲垣公夫訳、日経ＢＰ社、2016年］.
——. 2017. *The Toyota Kata Practice Guide*. New York: McGraw-Hill.
Rother, M., G. Aulinger, and L. Wagner. 2017. *Toyota Kata Culture: Building Organizational Capability and Mindset Through Kata Coaching*. New York: McGraw-Hill.
Sampson, R. J. 2003. "The Neighborhood Context of Well-Being." *Perspectives in Biology and Medicine* 46: S53–S64.
Schaffer, R. H., and R. Ashkenas. 2007. *Rapid Results! How 100-Day Projects Build the Capacity for Large-Scale Change*. New York: Jossey-Bass.
Schwab, I. R. 2012. *Evolution's Witness: How Eyes Evolved*. New York: Oxford University Press.
Schweinhart, L. J., and D. P. Weikart. 1997. "The High/Scope Preschool Curriculum Comparison Study Through Age 23." *Early Childhood Research and Practice* 12: 117–143.
Seeley, T. 1996. *The Wisdom of the Hive*. Cambridge, MA: Harvard University Press ［『ミツバチの知恵―ミツバチコロニーの社会生理学』長野敬，松香光夫訳、青土社、1998年］.
——. 2010. *Honeybee Democracy*. Princeton, NJ: Princeton University Press ［『ミツバチの会議―なぜ常に最良の意思決定ができるのか』片岡夏実訳、築地書館、2013年］.
Sender, R., S. Fuchs, and R. Milo. 2016. "Revised Estimates for the Number of Human and Bacteria Cells in the Body." *PLoS Biology* 14(8): 1–14. https://doi.org/10.1371/journal.pbio.1002533.
Senor, D., and S. Singer. 2009. *Start.up Nation: The Story of Israel's Economic Miracle*. New York: Twelve Books ［『アップル、グーグル、マイクロソフトはなぜ、イスラエル企業を欲しがるのか？―イノベーションが次々に生まれる秘密』宮本喜一訳、ダイヤモンド社、2012年］.
Shapin, S. 1995. *A Social History of Truth: Civility and Science in Seventeenth-Century England*. Chicago: University of Chicago Press.
Sherwin, J. C., M. H. Reacher, R. H. Keogh, A. P. Khawaja, D. A. Mackey, and P. J. Foster. 2012. "The Association Between Time Spent Outdoors and Myopia in Children and Adolescents: A Systematic

Review and Meta-Analysis." *Ophthalmology* 119(10): 2141–2151. https://doi.org/10.1016/j.ophtha.2012.04.020.
●Skinner, B. F. 1981. "Selection by Consequences." *Science* 213: 501–504.
●Smail, D. L. 2008. *On Deep History and the Brain*. Berkeley, CA: University of California Press.
●Smit, Y., M. J. H. Huibers, J. P. A. Ioannidis, R. van Dyck, W. van Tilburg, and A. Arntz. 2012. "The Effectiveness of Long-Term Psychoanalytic Psychotherapy--a Meta-Analysis of Randomized Controlled Trials." *Clinical Psychology Review* 32(2): 81–92. https://doi.org/10.1016/J.CPR.2011.11.003.
●Solnit, R. 2009. *A Paradise Built in Hell: The Extraordinary Communities That Arise in Disasters*. New York: Viking ［『災害ユートピア―なぜそのとき特別な共同体が立ち上がるのか』高月園子訳、亜紀書房、2010年］.
●Sompayrac, L. M. 2008. *How the Immune System Works*. 3rd ed. Hoboken, NJ: Wiley, Blackwell ［『免疫系のしくみ―免疫学入門』桑田啓貴，岡橋暢夫訳、東京化学同人、2015年］.
●Sosis, R. 2000. "Religion and Intragroup Cooperation: Preliminary Results of a Comparative Analysis of Utopian Communities." *Cross-Cultural Research* 34: 70–87.
●Sosis, R., U. Schjoedt, J. Bulbulia, and W. J. Wildman. 2017. "Wilson's 15-Year-Old Cathedral." *Religion, Brain & Behavior* 7(2): 95–97. https://doi.org/10.1080/2153599X.2017.1314409.
●Svensson, E. I., and R. Calsbeek. 2012. *The Adaptive Landscape in Evolutionary Biology*. Oxford: Oxford University Press.
●Swaab, R. I., M. Schaerer, E. M. Anicich, R. Ronay, and A. D. Galinsky. 2014. "The Too-Much-Talent Effect: Team Interdependence Determines When More Talent Is Too Much or Not Enough." *Psychological Science* 25(8): 1581–1591. https://doi.org/10.1177/0956797614537280.
●Szathmáry, E., and J. Maynard Smith. 1997. "From Replicators to Reproducers: The First Major Transitions Leading to Life." *Journal of Theoretical Biology* 187(4): 555–571. https://doi.org/10.1006/jtbi.1996.0389.
●Sznycer, D., J. Tooby, L. Cosmides, R. Porat, S. Shalvi, and E. Halperin. 2016. "Shame Closely Tracks the Threat of Devaluation by Others, Even Across Cultures." *Proceedings of the National Academy of Sciences of the United States of America* 113(10): 2625–2630. https://doi.org/10.1073/pnas.1514699113.
●Tanaka, H., A. Yagi, A. Komiya, N. Mifune, and Y. Ohtsubo. 2015. "Shame-Prone People Are More Likely to Punish Themselves: A Test of the Reputation-Maintenance Explanation for Self-Punishment." *Evolutionary Behavioral Sciences* 9(1): 1–7. https://doi.org/10.1037/ebs0000016.
●Teilhard de Chardin, P. 1959. *The Phenomenon of Man*. New York: Collins ［『現象としての人間』美田稔訳、みすず書房、2019年］.
●Tinbergen, N. 1963. "On Aims and Methods of Ethology." *Zeitschrift Für Tierpsychologie* 20: 410–433.
——. 1969. *The Curious Naturalist*. New York: Anchor Books.
●Trivers, R. 1972. "Parental Investment and Sexual Selection." In B. Campbell (ed.), *Sexual Selection and the Descent of Man*. Chicago: Aldine.
●Turchin, P. 2005. *War and Peace and War*. Upper Saddle River, NJ: Pi Press.
——. 2010. "Warfare and the Evolution of Social Complexity: A Multilevel-Selection Approach." *Structure and Dynamics* 4(3), 1–37.
——. 2015. *Ultrasociety: How 10,000 Years of War Made Humans the Greatest Cooperators on Earth*. Storrs, CT: Beresta Books.
——. 2016. *Ages of Discord: A Structural-Demographic Analysis of American History*. Storrs, CT: Beresta Books.
●Vasas, V., C. Fernando, M. Santos, S. Kauffman, and E. Szathmary. 2011. "Evolution Before Genes." *Biology Direct* 7(1). https://doi.org/10.1186/1745-6150-7-1.
●Veblen, T. 1898. "Why Is Economics Not an Evolutionary Science?" *The Quarterly Journal of Economics* 12: 373–397.

Wagner, G. P. 1996. "Perspective: Complex Adaptations and the Evolution of Evolvability." *Evolution* 50: 967–976.

Walton, G. M., and G. L. Cohen. 2011. "A Brief Social-Belonging Intervention Improves Academic and Health Outcomes of Minority Students." *Science* 331(6023): 1447–1451. https://doi.org/10.1126/science.1198364.

Welbourne, T., and A. Andrews. 1996. "Predicting the Performance of Initial Public Offerings: Should HRM Be in the Equation?" *Academy of Management Journal* 39: 891–919.

Wilson, D. S. 1973. "Food Size Selection Among Copepods." *Ecology* 54: 909–914.

——. 1988. "Holism and Reductionism in Evolutionary Ecology." *Oikos* 53: 269–273.

——. 2002. *Darwin's Cathedral: Evolution, Religion and the Nature of Society*. Chicago: University of Chicago Press.

——. 2005(a). "Evolutionary Social Constructivism." In J. Gottshcall and D. S. Wilson (eds.), *The Literary Animal: Evolution and the Nature of Narrative*, vol. 2005, pp. 20–37. Evanston, IL: Northwestern University Press.

——. 2005(b). "Evolution for Everyone: How to Increase Acceptance of, Interest in, and Knowledge About Evolution." *Public Library of Science (PLoS) Biology* 3: 1001–1008.

——. 2007. *Evolution for Everyone: How Darwin's Theory Can Change the Way We Think About Our Lives*. New York: Delacorte ［『みんなの進化論』中尾ゆかり訳、日本放送出版協会、2009年］.

——. 2011. *The Neighborhood Project: Using Evolution to Improve My City, One Block at a Time*. New York: Little, Brown.

——. 2015. *Does Altruism Exist? Culture, Genes, and the Welfare of Others*. New Haven, CT: Yale University Press.

Wilson, D. S., and J. M. Gowdy. 2014. "Human Ultrasociality and the Invisible Hand: Foundational Developments in Evolutionary Science Alter a Foundational Concept in Economics." *Journal of Bioeconomics* 17(1): 37–52. https://doi.org/10.1007/s10818-014-9192-x.

Wilson, D. S., Y. Hartberg, I. MacDonald, J. A. Lanman, and H. Whitehouse. 2017. "The Nature of Religious Diversity: A Cultural Ecosystem Approach." *Religion, Brain & Behavior* 7(2): 134–153. https://doi.org/10.1080/2153599X.2015.1132243.

Wilson, D. S., and S. C. Hayes. 2018. *Evolution and Contextual Behavioral Science: An Integrated Framework for Understanding, Predicting, and Influencing Human Behavior*. Menlo Park, CA: New Harbinger Press.

Wilson, D. S., S. C. Hayes, A. Biglan, and D. Embry. 2014. "Evolving the Future: Toward a Science of Intentional Change." *Behavioral and Brain Sciences* 37: 395–460. Retrieved from http://journals.cambridge.org/repo_A93SJz6p.

Wilson, D. S., and E. M. Johnson. 2016a. "Truth and Reconciliation for Social Darwinism." In D. S. Wilson and E. M. Johnson (eds.), *Truth and Reconciliation for Social Darwinism*. Special issue of *This View of Life*. https://evolution-institute.org/wp -content/uploads/2016/11/2Social -Darwinism_Publication.pdf.

Wilson, D. S., and E. M. Johnson (eds.). 2016b. *Truth and Reconciliation for Social Darwinism*. Special issue of *This View of Life*. https://evolution-institute.org/wp-content/uploads/2016/11/2Social-Darwinism_Publication.pdf.

Wilson, D. S., R. A. Kauffman, and M. S. Purdy. 2011. "A Program for At-Risk High School Students Informed by Evolutionary Science." *PLoS ONE* 6(11): e27826. https://doi.org/10.1371/journal.pone.0027826.

Wilson, D. S., T. F. Kelly, M. M. Philip, and X. Chen. 2015. *Doing Well by Doing Good: An Evolution Institute Report on Socially Responsible Businesses*. Evolution Institute Report: https://evolution-institute.org/wp-content/uploads/2016/01/EI-Report-Doing-Well-By-Doing-Good.pdf.

Wilson, D. S., and A. Kirman. 2016. *Complexity and Evolution: Toward a New Synthesis for Economics*. Cambridge, MA: MIT Press.

Wilson, D. S., D. T. O'Brien, and A. Sesma. 2009. "Human Prosociality from an Evolutionary

Perspective: Variation and Correlations on a City-wide Scale." *Evolution and Human Behavior* 30: 190–200.

●Wilson, D. S., E. Ostrom, and M. E. Cox. 2013. "Generalizing the Core Design Principles for the Efficacy of Groups." *Journal of Economic Behavior & Organization* 90: S21–S32. https://doi.org/10.1016/j.jebo.2012.12.010.

●Wilson, D. S., and E. O. Wilson. 2007. "Rethinking the Theoretical Foundation of Sociobiology." *Quarterly Review of Biology* 82: 327–348.

●Wilson, E. O. 1975. *Sociobiology: The New Synthesis*. Cambridge, MA: Harvard University Press［『社会生物学』坂上昭一他訳、新思索社、1999年］.

●Wilson, T. D. 2015. *Redirect: The Surprising New Science of Psychological Change*. New York: Back Bay Books.

●Wight, J. B. 2005. "Adam Smith and Greed." *Journal of Private Enterprise* 21: 46–58. Retrieved from http://journal.apee.org/index.php/Fall2005_4.

●Yong, E. 2006. *I Contain Multitudes: The Microbes Within Us and a Grander View of Life*. New York: Ecco［『世界は細菌にあふれ、人は細菌によって生かされる』安部恵子訳、柏書房、2017年］.

●Zimmerman, F. J., D. A. Christakis, and A. N. Meltzoff. 2007. "Associations Between Media Viewing and Language Development in Children Under Age 2 Years." *Journal of Pediatrics* 151(4): 364–368. https://doi.org/10.1016/j.jpeds.2007.04.071.

図版クレジット

p.7 Sokoljan/Wikimedia Commons, under Creative Commons 3.0
p.19 Science History Images/Alamy Stock Photo
p.29 Cartoon by Jim Morin, copyright © 2012. First Published in *The Miami Herald* on April 13, 2012. Used by permission of Jim Morin.
p.31 Courtesy of Geoffrey M. Hodgson
p.55 Jan Arkesteijn/Rob Mieremet(ANEFO)/ Wikimedia Commons, under Creative Commons 3.0
p.56 Illustration by Jennifer Campbell-Smith
p.57 Kichigin/Shutterstock
p.63 Louloukaɪ/Shutterstock
p.67 Photograph by Greg L.Kohuth, courtesy of Michigan State University
p.76 Courtesy of Antony J. Durston
p.79 Illustration by Jennifer Campbell-Smith
p.85 Kateryna Kon/ Shutterstock
p.93 メルビル /Wikimedia Commons, under Creative Commons 4.0
p.95 Paul Inkles/flickr, under Creative Commons 2.0
p.113 Courtesy of Inigo Martincorena, Wellcome Sanger Institute, Genome Resarch Limited
p.118 Courtesy of William Muir
p.119 Courtesy of William Muir
p.131 National Institute of Allergy and Infectious Diseases
p.135 By permission of Michael Benard
p.157 Courtesy of the Ostrom Workshop/Indiana University
p.161 Jorge Moro/Shutterstock
p.169 Creativa Images/ Shutterstock
p.174 Courtesy of Carolyn Wilczynski
p.177 Courtesy of Dennis Embry
p.208 logoboom/Shutterstock
p.217 Erika Cross/Shutterstock
p.231 Courtesy of Alan Honick
p.255 Courtesy of Dr.Kate E.Pickett and Dr.Gerald S. Wilkinson
p.259 Courtesy of Peter Turchin
p.277 Sergey Merzliakov/ Shutterstock

デイヴィッド・スローン・ウィルソン
David Sloan Wilson

1949年生まれ。アメリカの進化生物学者でビンガムトン大学（ニューヨーク州立大学ビンガムトン校）教授。マルチレベル選択説の提唱者。主著*Darwin's Cathedral: Evolution, Religion, and the Nature of Society*は、大きな反響を呼んだ。邦訳書に『みんなの進化論』（NHK出版）がある。

高橋 洋
たかはし・ひろし

翻訳家。訳書にジョナサン・ハイト『社会はなぜ左と右にわかれるのか』、ノーマン・ドイジ『脳はいかに治癒をもたらすか』、エムラン・メイヤー『腸と脳』、リサ・フェルドマン・バレット『情動はこうしてつくられる』（以上、紀伊國屋書店）、ポール・ブルーム『反共感論』（白揚社）、エリック・R・カンデル『なぜ脳はアートがわかるのか』（青土社）ほか多数。

THIS VIEW OF LIFE by David Sloan Wilson
Copyright © 2019 by David Sloan Wilson

Japanese translation rights arranged with
The Evolution Institute f/s/o David Sloan Wilson
c/o Tessler Literary Agency, New York through Tuttle-Mori Agency, Inc., Tokyo

社会はどう進化するのか

進化生物学が拓く新しい世界観

2020年 1月29日 第1版第1刷発行
2020年 3月26日 第1版第2刷発行

著 者 デイヴィッド・スローン・ウィルソン

訳 者 高橋 洋

装 幀 芦澤泰偉＋五十嵐徹(芦澤泰偉事務所)

発行所 株式会社亜紀書房
東京都千代田区神田神保町1-32
電話 03-5280-0261
http://www.akishobo.com
振替 00100-9-144037

印 刷 株式会社トライ
http://www.try-sky.com

ISBN 978-4-7505-1629-5 C0040
Printed in Japan
Translation copyright © Hiroshi Takahashi, 2020
乱丁本、落丁本はお取り替えいたします。